Bibliografía sobre GAMETOFITOS DE HELECHOS y Plantas Afines

1699 – 1996

Blanca Pérez-García y Ramón Riba

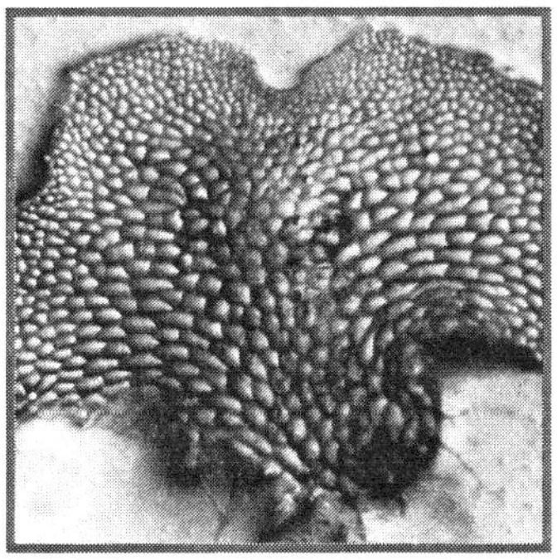
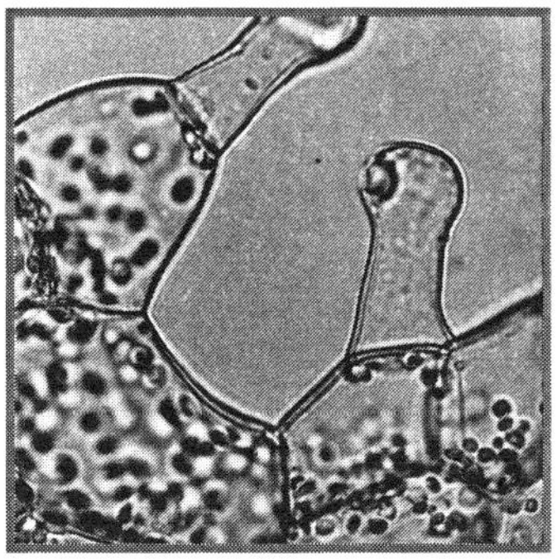

Missouri Botanical Garden Press

MONOGRAPHS IN SYSTEMATIC BOTANY
FROM THE MISSOURI BOTANICAL GARDEN

Volume 70

ISBN 0-915279-61-4
ISSN 0161-1542

AUTHORS' ADDRESS

Universidad Autónoma Metropolitana-Iztapalapa
Departamento de Biología, C.B.S.
Apartado Postal 55-535
09340 México, D. F.

Ilustraciones de la cubierta y portada del libro. Izquierda: Gametofito adulto de *Phlebodium araneosum* (M. Martens & Galeotti) Mickel & Beitel. Centro: Tricomas glandulosos marginales de *Dryopteris rossii* C. Chr. Derecha: Primera hoja del esporofito de *Thyrsopteris elegans* Kze.

CONTENIDO

INTRODUCCIÓN

El estudio de la fase gametofítica de las pteridofitas por observaciones directas en ambientes naturales y mediante su cultivo en el laboratorio proporciona un medio incomparable para conocer sus rasgos adaptativos y el importante papel que juega, como la fase colonizadora, en el ciclo de vida de estas plantas.

Su estudio data de fines del siglo XVII, cuando Morison en *Plantarum Historiae Universitas Oxoniensis. Pars Tertia*, 1699, presenta la primera relación publicada acerca del cultivo de helechos a partir de esporas y en el siglo XVIII, casi cien años después, Lindsay publica la primera descripción del desarrollo de gametofitos de helechos en cultivo (*Transactions of the Linnean Society*, vol. 2, 1794). Durante el siglo XIX se incrementó el interés de los botánicos en el cultivo de los gametofitos y se inició el estudio experimental orientado fundamentalmente al efecto de la luz y de sales inorgánicas en su crecimiento. Este enfoque se ha ampliado considerablemente en este siglo y, además de continuar los estudios descriptivos acerca de los tipos de germinación de las esporas y la morfogénesis del talo adulto, los gametofitos han sido el objeto de experimentación para estudiar los efectos de factores bióticos y abióticos (hormonas y substancias orgánicas entre otros) sobre ellos.

El esporofito de los helechos produce anualmente una gran cantidad de esporas que no pierden su viabilidad por lo menos durante uno o dos años, guardadas en condiciones normales de almacenamiento o por mucho más tiempo, bajo refrigeración. La germinación de las esporas produce un alto número de individuos clorofílicos, macroscópicos, de fácil obtención y manejo y además, su vida es de varios meses hasta, en algunos casos, de varios años. También, por su facilidad de manejo, hacen factible la experimentación en estudios de reproducción, obtención y detección de híbridos y de individuos homocigóticos o heterocigóticos.

En esta obra se presentan 2195 referencias bibliográficas acerca de aspectos tales como germinación de esporas, morfogénesis, reproducción, fisiología, ecología y otros más, publicadas hasta 1996. Cada referencia se presenta de la manera usual y las abreviaturas de las revistas se apegan al *Botanico-Periodicum-Huntianum* hasta donde ha sido posible. Al final de cada referencia se anota la clave de los temas en los que queda enmarcada la publicación.

Las publicaciones han sido clasificadas en treinta y tres índices temáticos y en un índice taxonómico, de acuerdo a la información contenida en el título de cada artículo o libro.

Los autores agradecen cumplidamente al Missouri Botanical Garden el apoyo y las facilidades dadas para la consulta del acervo bibliográfico de su biblioteca, a Cirri y Robbin Moran por la revisión del manuscrito y adiciones de bibliografía reciente y a Adolfo Espejo por su ayuda en el manejo de la información por computadora.

Confiamos que esta obra sea de utilidad a los usuarios.

CLAVES DE LOS TEMAS

BIBLIOGRAFÍA

Adams, W. W. & C. H. Haufler. 1981. New aspects of gametophyte development in the tropical fern *Gleichenia bifida*. Bot. Soc. Amer., Misc. Publ. 160: 57. (30, 33)

Agnew, N., A. McCabe & D. L. Smith. 1984. Photocontrol of spore germination in *Polypodium vulgare* L. New Phytol. 96: 167–178. (07)

Agnew, N. & D. L. Smith. 1985. Photocontrol of protonema growth in *Polypodium vulgare* L. Proc. Roy. Soc. Edinburgh, B 86: 448. [Resumen.] (17)

Akdik, S. 1938. Regenerationsversuche an Gametophyten von *Polypodium vulgare* tetraploideum. Rev. Fac. Sci. Univ. Istanbul 3: 373–394. (21)

Albaum, H.G. 1938a. Normal growth, regeneration and adventitious outgrowth formation in fern prothallia. Amer. J. Bot. 25: 37–44. (21)

Albaum, H.G. 1938b. Inhibitions due to growth hormones in fern prothallia and sporophytes. Amer. J. Bot. 25: 124–133. (15)

Alfano, F., R. Gambardella & J. G. Duckett. 1993. Circular and spiral F-actin around chloroplasts in liverwort thalli and in gametophyte cells of *Equisetum* and *Pteridium*. Nuovo Giorn. Bot. Ital. 127: 292–294. (26)

Allen, R. F. 1914. Studies in spermatogenesis and apogamy in ferns. Trans. Wisconsin Acad. Sci. 17: 1–56. (24, 28)

Allen, T. D. & M. V. Haigh. 1973. Ultrastructural changes in *Osmunda regalis* prothalli induced by x-irradiation. J. Ultrastruct. Res. 42: 108–120. (18, 26)

Allen, T. D., M. V. Haigh & A. Howard. 1973. Ultrastructure of giant plastids in a radiation induced mutant of *Osmunda regalis*. J. Ultrastruct. Res. 42: 491–501. (18, 26)

Allsopp, A. 1952. Longevity of *Marsilea* sporocarps. Nature 169: 79–80. (09)

Ames, R. S. 1926. Another station for *Lycopodium* prothallia. Amer. Fern J. 16: 26. (29)

Andersson, I. 1923. The genetics of variegation in a fern. J. Genet. 13: 1–11. (23, 27)

Andersson-Kotto, I. 1928. The inheritance of variegation in some ferns. Verh. V Intern. Kongr. Vererbungswiss. (Berlin) 1: 382–383. (23, 27)

Andersson-Kotto, I. 1930. Variegation in three species of ferns. Z. Indukt. Abstammungs-Vererbungsl. 56: 115–201. (23, 27)

Andersson-Kotto, I. 1931. The genetics of ferns. Bibliog. Genet. 8: 269–293. (23, 27)

Andersson-Kotto, I. 1932. Observations on the inheritance of apospory and alternation of generations. Svensk Bot. Tidskr. 26: 99–106. (23, 28)

Andersson-Kotto, I. 1936. On the comparative development of alternating generations, with special reference to ferns. Svensk Bot. Tidskr. 30: 57–78. (23)

Andersson-Kotto, I. 1938. Genetics. In *Manual of Pteridology*, F. Verdoorn (ed.), pp. 284–302. Martinus Nijhoff, The Hague. (27)

Andersson-Kotto, I. & A. E. Gairdner. 1936. The inheritance of apospory in *Scolopendrium vulgare*. J. Genet. 32: 189–228. (28)

Andres, J. 1964. Recherches préliminaires sur la culture in vitro des embryons de la fougère aquatique *Marsilea vestita* (Marsileacées). Compt. Rend. Hebd. Séances Acad. Sci. 258: 5956–5959. (23)

Anónimo. 1910. Longevity of fern spores. Garden (London) 74: 63. (09)

Anónimo. 1990. Revisión de *Developmental Biology of Fern Gametophytes*. V. Raghavan. 1989. Naturalist (Hull) 115: (992): 35–36. (31)

Araki, Y. & G. Cooper-Driver. 1993. Changes during gametophyte development in *Matteuccia struthiopteris* from the cinnamate to the chalcone synthase pathway. Phytochemistry 34: 83–84. (32)

Arcangeli, G. 1876. Sulla *Pilularia globulifera* e *Salvinia natans*. Nuovo Giorn. Bot. Ital. 8: 320–356. (33)

Armenise, V. 1959. Culture in vitro di prothalli di *Phyllitis scolopendrium* (L.) Newm. Nuovo Giorn. Bot. Ital. 66: 236–253. (01, 13)

Arnautova, E. M. 1988. Gametofit nekotorykh vidov roda *Woodsia* (Woodsiaceae). Bot. Zhurn. (Moscow & Leningrad) 73: 198–203. [En ruso; gametofitos de *Woodsia* spp. (Woodsiaceae).] (30, 33)

Atkinson, G. F. 1893. Two perfectly developed embryos on a single prothallium of *Adiantum cuneatum*. Bull. Torrey Bot. Club 20: 407–408. (25)

Atkinson, L. R. 1938. Cytology. *Manual of Pteridology*, F. Verdoorn (ed.), pp. 196–232. Martinus Nijhoff, The Hague. (26)

Atkinson, L. R. 1943. A preliminary report of fertilization in *Marsilea vestita*. Amer. J. Bot. 39: 401–404. (23)

Atkinson, L. R. 1960a. A new germination pattern for the Hymenophyllaceae. Phytomorphology 10: 26–36. (11)

Atkinson, L. R. 1960b. The Schizaeaceae: the gametophyte of *Mohria*. Phytomorphology 10: 351–367. (30)

Atkinson, L. R. 1962. The Schizaeaceae: the gametophyte of *Anemia*. Phytomorphology 12: 264–288. (30)

Atkinson, L. R. 1965a. The gametophyte of *Cystodium*. Amer. Fern J. 55: 32–35. (30)

Atkinson, L. R. 1965b. *Schizaea pusilla*—perennial gametophyte? Amer. Fern J. 55: 81–83. (21, 29)

Atkinson, L. R. 1967. The gametophyte of *Diplazium*. Phytomorphology 17: 99–109. (30)

Atkinson, L. R. 1970a. Gametophyte of *Taenitis pinnata* and development of the gametophytic plate in *Taenitis blechnoides* and *Syngramma alismifolia*. Phytomorphology 20: 40–48. (19, 30)

Atkinson, L. R. 1970b. The gametophyte of *Pleocnemia conjugata* and of *Arcypteris irregularis*. Phytomorphology 20: 78–83. (30)

Atkinson, L. R. 1971. The gametophyte of *Thelypteris erubescens*. Amer. Fern J. 61: 183–186. (30)

Atkinson, L. R. 1973. The gametophyte and family relationships. In *The Phylogeny and Classification of the Ferns*, A. C. Jermy, J. A. Crabbe & B. A. Thomas (eds.), Suppl. 1, Bot. J. Linn. Soc. 67: 73–90. (27)

Atkinson, L. R. 1974. Gametophyte of *Dicranoglossum desvauxii*. Phytomorphology 24: 49–56. (30)

Atkinson, L. R. 1975a. The gametophyte of five Old World thelypteroid ferns. Phytomorphology 25: 38–54. (30)

Atkinson, L. R. 1975b. The gametophyte of *Chingia pseudoferox*. Fern Gaz. 11: 87–93. (30)

Atkinson, L. R. & A. G. Stokey. 1964. Comparative morphology of the gametophyte of homosporous ferns. Phytomorphology 14: 51–70. (30)

Atkinson, L. R. & A. G. Stokey. 1970. Gametophyte of *Polypodium chnoodes*. Phytomorphology 20: 363–367. (30)

Atkinson, L. R. & A. G. Stokey. 1973. The gametophyte of some Jamaican thelypteroid ferns. Bot. J. Linn. Soc. 66: 23–36. (30)

Attree, S. M. & E. Sheffield. 1984. Scanning electron microscopy of protoplasts isolated from gametophytes of the fern *Pteridium*. Preparation methods. Micron Microscop. Acta 15: 181–186. (22)

Attree, S. M. & E. Sheffield. 1985. Plasmolysis of *Pteridium* protoplast: a study using light and scanning-electron microscopy. Planta 165: 151–157. (22)

Attree, S. M. & E. Sheffield. 1985a. Isolation and regeneration of *Pteridium* protoplasts. Proc. Roy. Soc. Edinburgh, B 86: 459–460. [Resumen.] (22)

Attree, S. M. & E. Sheffield. 1986a. Protoplast from *Pteridium* gametophytes. In *Bracken Ecology, Land Use and Control Technology*, R. T. Smith & J. A. Taylor (eds.), pp. 315–321. Pantheon Press. (22)

Attree, S. M. & E. Sheffield. 1986b. An evaluation of ficoll density gradient centrifugation as a method for eliminating microbial contamination and purifying plant protoplasts. Pl. Cell Rep. 5: 288–291. (22)

Auquiere, J. P. & P. Moens. 1974. Développement du gamétophyte et vascularization du jeune sporophyte dans le genre *Cystopteris*. Cellule 70: 137–156. (19, 30)

Bachard, B. 1963. Le gametophyte des Ophioglossacées. Considerations biologiques. Bull. Soc. Linn. Normandie 4: 81–97. (33)

Bähre, R. 1975a. Zur Regulation des Protonemawachstums von *Athyrium filix-femina* (L.) Roth. I. CO-thylen-Antagonismus. Z. Pflanzenphysiol. 76: 243–247. (32)

Bähre, R. 1975b. Zur Regulation des Protonemawachstums von *Athyrium filix-femina* (L.) Roth. II. Acetylcholin als Äthylenantagonist. Z. Pflanzenphysiol. 76: 248–251. (32)

Bähre, R. 1976. Zur Regulation des Protonemawachstums von *Athyrium filix-femina* (L.) Roth. III. Wirkung von Auxin (IAA) und Antiauxin (PCIB) unter verschiedenen Lichtbedingungen. Z. Pflanzenphysiol. 77: 323–334. (15–17)

Bähre, R. 1977. Zur Regulation des Protonemawachstums von *Athyrium filix-femina* (L.) Roth. IV. Wirkung cholinerger Substanzen in gegenwart eines Antiauxins (PCIB). Z. Pflanzenphysiol. 21: 276–282. (15)

Bajon-Barbier, C. & Y. Tourte. 1979. La gamétogenèse femelle chez les plantes archegoniates. Ann. Biol. 18: 303–333. (24)

Bajpai, N. 1964. Gametophyte morphology of *Merinthosorus* Copel. J. Indian Bot. Soc. 43: 549–555. (30)

Ball, E. A. 1976. Proliferation of the in vitro gametophyte of *Angiopteris evecta*. Bot. Rev. (Lancaster) 10: 22–35. (21)

Bally, W. 1909. Über Adventivknospen und verwandte Bildung auf Primarblattern von Farnen. Flora 99: 301–310. (21)

Banks, J. A. 1993. Mutation affecting the sexual phenotype of the *Ceratopteris richardii* gametophyte. J. Cell. Biochem., Suppl. 17, part B: 13. (23–27)

Banks, J. A., L. Hickok & M. A. Webb. 1993. The programming of sexual phenotype in the homosporous fern *Ceratopteris richardii*. Int. J. Pl. Sci. 154: 522–534. (23)

Bannon, M. E., H. A. Kordan & E. Sheffield. 1991. Effects of oxybarbiturates on fern spore germination and gametophyte development. Altern. Lab. Anim. Res. 19: 308–315. (05, 15)

Bao, W. M., C. W. Aur & B. D. Liu. 1985. Studies on the development of gametophytes of ferns from northeastern China. I. Polypodiaceae. Bull. Bot. Res., Harbin 5: 101–114. [En chino, resumen en inglés.] (11, 30)

Bao, W. M., C. W. Aur & B. D. Liu. 1986. Studies on the development of gametophytes of ferns from northeastern China. Bull. Bot. Res., Harbin 6: 117–126. [En chino, resumen en inglés.] (11, 30)

Bao, W. M., B. D. Liu & X. I. Shi. 1989. Studies on the development of gametophytes of Onocleaceae from northeastern China. In *Proceedings of the International Symposium on Systematics of*

Pteridophytes, K. H. Shing & K. U. Kramer (eds.), pp. 87–90. China Science and Technology Press, Beijing. (30)
Barker, W. G. & R. G. White. 1964. Retention of viability in lyophilized spores of the fiddlehead fern *Mateuccia pennsylvanica*. Amer. Fern J. 54: 87–89. (09)
Baroutsis, J. G. & G. J. Gastony. 1978. Chromosome numbers in the fern genus *Anogramma*. II. Amer. Fern J. 68(1): 3–6. (27)
Barrington, D. S. 1990. Hybridization and allopolyploidy in Central American *Polystichum*: cytological and isozyme documentation. Ann. Missouri Bot. Gard. 77: 297–305. (28)
Barrows, F. L. 1935. Propagation of *Lycopodium*. II. Endophytic fungus in gametophyte and sporophyte. Contr. Boyce Thompson Inst. Pl. Res. 6: 295–309. (29)
Bartha, N. 1964. Experiences in raising ferns from spores. Amer. Fern J. 54: 152–154. (01, 13)
Barton, R. 1967. Substructure in negatively stained flagella of *Pteridium* spermatozoids. J. Ultrastruct. Res. 20: 6–19. (24)
Barton, R. 1969. Investigations of negatively stained plant flagellar microtubules by optical diffraction. J. Cell Biol. 41: 637–641. (24)
Barton, R. 1976. Application of cryo-ultramicrotomy techniques to microtubules of bracken (*Pteridium aquilinum* L.) sperm cells. Planta 132: 9–12. (24)
Basile, D. V. 1972. A method for surface-sterilizing small plant parts. Bull. Torrey Bot. Club 99: 313–316. (33)
Basile, D.V. 1973. A simple method of initiating axenic cultures of pteridophytes from spores. Amer. Fern J. 63: 147–151. (01)
Bassel, A. R. 1985. Asymmetric cell division and differentiation; fern spore germination as a model. II. Ultrastructural studies. Proc. Roy. Soc. Edinburgh, B 86: 227–230. (10, 11)
Bassel, A. R., C. C. Kuehnert & J. H. Miller. 1981. Nuclear migration and asymmetric cell division in *Onoclea sensibilis* spores: an ultrastructural and cytochemical study. Amer. J. Bot. 68: 350–360. (10, 11)
Bassel, A. R. & J. H. Miller. 1982. The effects of centrifugation on asymmetric cell division and differentiation of fern spores. Ann. Bot. (London), n.s. 50: 185–198. (10, 11)
Bauke, H. 1876. Entwickelungsgeschichte des Prothalliums bei den Cyatheaceen, vergleichen mit derselben bei den anderen Farrnkrautern. Jahrb. Wiss. Bot. 10: 49–116. (30, 33)
Bauke, H. 1878a. Beiträge zur Keimungsgeschichte der Schizaeaceaen. Jahrb. Wiss. Bot. 11: 603–650. (30, 33)
Bauke, H. 1878b. Zur Kenntnis der sexuellen Generation bei den Gattungen *Platycerium, Lygodium* und *Gymnogramme*. Bot. Zeitung (Berlin) 36: 753–760. (30, 33)
Bauke, H. 1878c. Prothallium Entwickelung von *Platycerium*. Sitzungsber. Bot. Ver. Prov. Brandenburg 20: 120–135. (30, 33)
Beck, G. 1878. Entwickelungsgeschichte des Prothalliums von *Scolopendrium vulgare* Sym. Bot. Zeitung (Berlin) 36: 780–781. (30, 33)
Beck, G. 1880. Entwickelungsgeschichte des Prothalliums von *Scolopendrium*. Verh. Zool.-Bot. Ges. Wien 29: 1–14. (30)
Becquerel, P. 1930. La vie latente des spores de fougère dans le vide aux basses temperatures de l'helium liquide. Compt. Rend. Hebd. Séances Acad. Sci. 90: 1134–1136. (02, 09)
Becquerel, P. 1931. Développement de la fougère male en culture pure aseptique à partir de la spore. Compt. Rend. Hebd. Séances Acad. Sci. 192: 1265–1268. (01, 07, 13, 17)
Bednarova-Nogova, J. 1968. Opakovana pusobeni chloru na prothallia *Athyrium filix-femina* (L.) Roth. Acta Univ. Palack. Olomuc. Fac. Rerum Nat. 28: 5–8. (30)
Beisvag, T. 1970. An electron microscopic investigation of the young gametophyte of *Blechnum spicant* (L.) Roth. Grana Palynol. 10: 121–135. (26)
Beitel, J. 1988. The gametophyte of ground cedar *Lycopodium tristachyum* (Lycopodiaceae). Amer. J. Bot. Suppl. 75(6): 137–138. [Resumen.] (29, 30)
Bejoy, M., R. Prathapachandran & G. B. Nair. 1994. Development studies on the gametophyte of *Christella hispidula* (Decne.) Holttum. Indian Fern J. 11: 142.145. (30)
Belajeff, W. 1889. Über Bau und Entwicklung der Spermatozooiden der Gefasskryptogamen. Ber. Deutsch. Bot. Ges. 7: 122–125. (24)
Belajeff, W. 1897. Über den Nabenkern in spermatogonen Zellen und die Spermatogenese bei den Farnkrautern. Ber. Deutsch. Bot. Ges. 15: 337–339. (24)
Belajeff, W. 1898. Die mannlicher Prothallium der Wasserfarne (Hydropterides). Bot. Zeitung, 2. Abt. 56: 141–194. (30, 33)
Bell, P. R. 1958. Variations in the germination-rate and development of fern spores in culture. Ann. Bot. (London), n.s. 22: 503–511. (09, 11)
Bell, P. R. 1959. The experimental investigation of the pteridophyte life cycle. J. Linn. Soc., Bot. 56: 188–203. (33)
Bell, P. R. 1960. Interaction of nucleus and cytoplasm during oogenesis in *Pteridiums aquilinum* (L.) Kuhn. Proc. Roy. Soc. London, Ser. B, Biol. Sci. 153: 421–432. (24, 26)
Bell, P. R. 1961. Failure of nucleotides to diffuse freely into the embryo of *Pteridium aquilinum*. Nature 191: 91–92. (26)
Bell, P. R. 1963. The cytochemical and ultrastructural peculiarities of the fern egg. J. Linn. Soc., Bot. 58: 353–359. (26)

Bell, P. R. 1964. The membranes of the fern egg. Symp. Soc. Study Growth Devel. 22: 221–231. (24, 26)
Bell, P. R. 1969a. Intranucleolar bodies with axial structure in the fern *Pteridium*. Chromosoma 24: 188–193. (26)
Bell, P. R. 1969b. The cytoplasmic vesicles of the female reproductive cells of *Pteridium aquilinum*. Z. Zellf. Mikroskop. Anat. 96: 49–62. (24, 26)
Bell, P. R. 1970a. The archegoniate revolution. Sci. Prog. (Oxford) 58: 27–45. (27, 33)
Bell, P. R. 1970b. Are plastids autonomous? In *Control of Organelle Development*, P. L. Miller (ed.), Symp. Soc. Exp. Biol. 24: 109–127. (26, 33)
Bell, P. R. 1972. Nucleocytoplasmic interactions in the eggs of *Pteridium aquilinum* maturing in the presence of thiouracil. J. Cell Sci. 11: 739–755. (24, 32)
Bell, P. R. 1974a. Nuclear sheets in the egg of a fern, *Dryopteris filix-mas*. J. Cell Sci. 14: 69–83. (26)
Bell, P. R. 1974b. Microtubules in relation to flagellogenesis in *Pteridium* spermatozoids. J. Cell Sci. 15: 99–111. (24, 26)
Bell, P. R. 1974c. The origin of the multilayered structure in the spermatozoid of *Pteridium aquilinum*. Cytobiologie 8: 203–212. (24, 26)
Bell, P. R. 1975a. Physical interactions of nucleus and cytoplasm in plant cells. Endeavour 34: 19–22. (26)
Bell, P. R. 1975b. Observations on the male nucleus during fertilization in the fern *Pteridium aquilinum*. J. Cell Sci. 17: 141–153. (26)
Bell, P. R. 1978. A microtubule-nuclear envelope complex in the spermatozoid of *Pteridium*. J. Cell Sci. 29: 189–195. (26)
Bell, P. R. 1979a. The contribution of ferns to an understanding of the life cycles of vascular plants. In *The Experimental Biology of Ferns*, A. F. Dyer (ed.), pp. 57–85. Academic Press. (33)
Bell, P. R. 1979b. Demonstration of succinic dehydrogenase in mitochondria of fern egg cells at the electron microscope level. Histochemistry 62: 85–91. (26)
Bell, P. R. 1979c. Gametogenesis and fertilization in ferns. In *The Experimental Biology of Ferns*, A. F. Dyer (ed.), pp. 471–503. Academic Press. (24)
Bell, P. R. 1980. Nucleocytoplasmic interaction during maturation of the egg of the fern *Histiopteris incisa* (Thunb.) Smith. Ann. Bot. (London), n.s. 45: 475–481. (24, 26)
Bell, P. R. 1981a. Megasporogenesis in a heterosporous fern: features of the organelles in meiotic cells and young megaspores. J. Cell Sci. 51: 109–119. (26)
Bell, P. R. 1981b. The phase change in ferns. Acta Soc. Bot. Poloniae 50: 307–314. (33)
Bell, P. R. 1982. Tubular elements in plastids in the female gamete of a fern, *Pteris ensiformis*. Eur. J. Cell Biol. 26: 303–305. (24, 26)
Bell, P. R. 1983a. Plastid envelopes in reproductive cells. Eur. J. Cell Biol. 30: 279–282. (26)
Bell, P. R. 1983b. Nuclear bodies in the maturing egg cell of a fern, *Pteridium aquilinum*. J. Cell Sci. 60: 109–116. (24, 26)
Bell, P. R. 1986. Features of egg cells of living representatives of ancient families of ferns. Ann. Bot. (London), n.s. 57: 613–621. (24, 27)
Bell, P. R. & J. G. Duckett. 1976. Gametogenesis and fertilization in *Pteridium*. Bot. J. Linn. Soc. 73: 47–78. (24)
Bell, P. R., J. G. Duckett & D. Myles. 1971. The occurrence of a multi-layered structure in the motile spermatozoids of *Pteridium aquilinum*. J. Ultrastruct. Res. 34: 181–189. (24, 26)
Bell, P. R., A. Frey-Wyssling & K. Muhlethaler. 1966. Evidence for the discontinuity of plastids in the sexual reproduction of a plant. J. Ultrastruct. Res. 15: 108–121. (26)
Bell, P. R. & K. Muhlethaler. 1962a. The fine structure of the cells taking part in oogenesis in *Pteridium aquilinum* (L.) Kuhn. J. Ultrastruct. Res. 7: 452–466. (24, 26)
Bell, P. R. & K. Muhlethaler. 1962b. A membrane peculiar to the egg in the gametophyte of *Pteridium aquilinum*. Nature 193: 198. (24, 26)
Bell, P. R. & K. Muhlethaler. 1964. Evidence for the presence of deoxyribonucleic acid in the organelles of the egg cells of *Pteridium aquilinum*. J. Molec. Biol. 8: 853–862. (26)
Bell, P. R. & R. I. Pennell. 1987. The origin and composition of nucleolus-like inclusions in the cytoplasm of fern egg cells. J. Cell Sci. 87: 283–290. (26)
Bell, P. R. & B. M. Richards. 1958. Induced apospory in Polypodiaceous ferns. Nature 182: 1748–1749. (28)
Bell, P. R. & A. H. Zafar. 1961. Changes in the level of protein nitrogen during growth of the gametophyte and the initiation of the sporophyte of *Dryopteris borreri* Newm. Ann. Bot. (London), n.s. 25: 531–546. (32)
Benedict, R. C. 1939. Growing ferns from spores. Amer. Fern J. 29: 95–98. (01)
Benedict, R. C. 1955. Aids to spore culture. Amer. Fern J. 45: 60–64. (01)
Bennert, H. W., W. Jaeger, W. Leonhards, H. Rasbach & K. Rasbach. 1994. Prothallia of the filmy fern *Trichomanes speciosum* (Hymenophyllaceae) in North-Rhine Westfalia. Florist. Rundbr. 28: 80. (29, 30)
Bergfeld, R. 1963. Die Beeinflussung der Zellkerne in den Volkeimen von *Dryopteris filix-mas* durch rote und blaue Strahlung. Z. Naturf. 18B: 557–562. (26)
Bergfeld, R. 1964. Die lichtabhangige Ausbildung der Zellkerne in den Vorkeimen von *Dryopteris filix-mas* bei Hemmung der Proteinsynthese. Z. Naturf. 19B: 1142–1146. (32)

Bergfeld, R. 1965a. Zellteilung und Morphogenese der Vorkeime von *Dryopteris filix-mas* (L.) Schott in hellroter und blauer Strahlung bei Hemmung der Protein Synthese. Z. Naturf. 20B: 591–594. (19, 32)

Bergfeld, R. 1965b. Die Ausbildung der Chloroplasten und Kerne in den Gametophyten-Zellen von *Dryopteris filix-mas* (L.) Schott unter der Einwirkung hellroter und blauer Strahlung. Ber. Deutsch. Bot. Ges. 78: 69–73. (19, 26)

Bergfeld, R. 1967. Kern- und Nucleolusausbildung in den Gametophyten-Zellen von *Dryopteris filix-mas* (L.) Schott bei Umsteurung der Morphogenese. Z. Naturf. 22B: 972–976. (19, 26)

Bergfeld, R. 1968. Chloroplastenausbildung und Morphogenese der Gametophyten von *Dryopteris filix-mas* (L.) Schott nach Applikation von Cloramphenicol und Actidion (Cycloheximid). Planta 81: 274–279. (19, 26)

Bergfeld, R. 1970. Feinstruktur der Chloroplasten in den Gametophyten-Zellen von *Dryopteris filix-mas* (L.) Schott nach Einwirkung hellroter und blauer Strahlung. Z. Pflanzenphysiol. 63: 55–64. (26)

Berggren, S. 1888. Über Apogamie des Prothalliums von *Notholaena*. Bot. Centralbl. 35: 183–184. (28)

Beri, A. & S. S. Bir. 1994 "1993." Effects of lead and mercury on spore germination and gametophytic growth in *Pteris vittata* Linn. Indian Fern J. 10 239–246. (03, 14)

Beyerle, R. 1932. Untersuchungen über die Regeneration von Farnprimarblattern. Planta 16: 622–664. (33)

Bhardwaja, T. N. & S. Abdullah. 1972. Some observations on parthenogenetic sporelings of the water fern *Marsilea*. Nova Hedwigia 21: 521–528. (28)

Bhardwaja, T. N. & S. Sen. 1966. Effect of temperature on the viability of spores of the water fern *Marsilea*. Sci. & Cult. 32: 47–48. (02, 09)

Bhattacharyya, A. K. & T. Sen. 1991. Structure and affinities of gametophytes of *Platycerium* Desv. In T. N. Bhardwaja & C. B. Gena (editors), *Perspectives in Pteridology: present and future*. Aspects Pl. Sci. 13: 137–143. (33)

Bhattacharyya, A. K. & T. Sen. 1992. Structure and ontogeny of gametophytes of *Lepisorus* (J. Smith) Ching and *Pleopeltis* Willdenow. Indian Fern J. 9: 66–75. (30)

Bierhorst, D. W. 1953. Structure and development of the gametophyte of *Psilotum nudum*. Amer. J. Bot. 40: 649–658. (30)

Bierhorst, D. W. 1954. The gametangia and embryo of *Psilotum nudum*. Amer. J. Bot. 41: 274–281. (23, 24)

Bierhorst, D. W. 1955. A note on spore germination in *Psilotum nudum*. Virginia J. Sci. 6: 96. (01, 11)

Bierhorst, D. W. 1958. Observations on the gametophytes of *Botrychium virginianum* and *B. dissectum*. Amer. J. Bot. 45: 1–9. (30)

Bierhorst, D. W. 1965. Older gametophytes and young sporophytes of *Schizaea melanesica*. Bull. Torrey Bot. Club 92: 475–488. (30)

Bierhorst, D. W. 1966. The fleshy, cylindrical, subterranean gametophytes of *Schizaea melanesica*. Amer. J. Bot. 53: 123–133. (30)

Bierhorst, D. W. 1967a. On the culture of *Psilotum* gametophytes from spores. Stain Technol. (01, 13)

Bierhorst, D. W. 1967b. The gametophyte of *Schizaea dichotoma*. Amer. J. Bot. 54: 538–549. (30)

Bierhorst, D. W. 1971. *Morphology of Vascular Plants*. New York, MacMillan. (33)

Bierhorst, D. W. 1975a. Gametophytes and embryos of *Actinostachys pennula, Actinostachys wagneri* and *Schizaea elegans* with notes on other species. Amer. J. Bot. 62: 319–335. (30)

Bierhorst, D. W. 1975b. The apogamous life cycle of *Trichomanes pinnatum*—a confirmation of Klekowski's predictions on homoeologous pairing. Amer. J. Bot. 62: 448–456. (28)

Bilderback, D. E., T. L. Jahn & J. R. Fonseca. 1974. The locomotor behavior of *Lygodium* and *Marsilea* sperm. Amer. J. Bot. 61: 888–890. (24)

Bill, D. D., J. C. W. Chen & M. Philpott. 1974. The transition from filamentous to two-dimensional growth in fern gametophytes IV: initial events. Amer. J. Bot. 61: 722–729. (19)

Bir, S. S. 1970. A note on the gametophytes of *Cystopteris tenuisecta*. Amer. Fern J. 60: 98–101. (30)

Bir, S. S. 1990. A review of *Gametophytes of Ophioglossaceae* by D. D. Pant, D. D. Nautiyal & D. R. Misra. 1984. Indian Fern J. 7: 205–206. (31)

Bir, S. S. 1995. Extant ferns: their fossil base and diversities of morphology, anatomy, cytology, palynology and gametophytes. Indian Fern J. 12: 9–12. (33)

Bishop, L. E. 1989. Gametophyte development in *Adenophorus,* Grammitidaceae. Occas. Pap. Bernice P. Bishop Mus. 29: 23–30. (30)

Bittmannova, J. 1955. The influence of chlorine on the development of fern prothallia. Acta Univ. Palack. Olomuc. Fac. Rerum Nat. 6: 81–87. (14)

Bittmannova, J. 1965. Toxicky ucinek chloru na rust prothalli *Polystichum lobatum* (Huds.) Chevall. Acta Univ. Palack. Olomuc. Fac. Rerum Nat. 19: 5–8. (14)

Bittmannova-Nogova, J. 1962. Vyvoj gametofytu nasich kapradin celede Polypodiaceae dost. Acta. Univ. Palack. Olomuc. Fac. Rerum Nat. 11: 33–128. (14)

Bittmannova-Nogova, J. 1966. Vliv chloru ve vzduchu na vyvoj prothalli kapradin. Acta Univ. Palack. Olomuc. Fac. Rerum Nat. 22: 5–91. (14)

Bittmannova-Nogova, J. 1967. Opakovana pusobeni chloru na prothallia *Dryopteris filix-mas* (L.) Schott. Acta Univ. Palack. Olomuc. Fac. Rerum Nat. 25: 15–24. (14)

Black, C. A. 1909. The development of the imbedded antheridium in *Dryopteris stipularis* (Willd.) Maxon and *Nephrodium molle*. Bull. Torrey Bot. Club 36: 557–571. (24)

Black, C. A. 1914. Branched cells in the prothallium of *Onoclea sensibilis* L. Bull. Torrey Bot. Club 41: 617–620. (30)

Bloom, W. W. 1953. Effect of ageing on the viability of sporocarps of *Marsilea quadrifolia*. Proc. Indiana Acad. Sci. 62: 139–142. (09)

Bloom, W. W. 1955. Comparative viability of sporocarps of *Marsilea quadrifolia* L. in relation to age. Trans. Illinois State Acad. Sci. 47: 72–76. (09)

Bloom, W. W. 1961. Heat resistance of sporocarps of *Marsilea quadrifolia*. Amer. Fern J. 51: 95–97. (09)

Bloom, W. W. 1962. Some factors influencing rhizoid formation in female gametophytes of the Marsileaceae. Proc. Indiana Acad. Sci. 72: 118–119. (19)

Bloom, W. W. & K. E. Nichols. 1972a. Rhizoid initiation in relation to gravitation presentation time in *Marsilea* megagametophytes. Proc. Indiana Acad. Sci. 82: 109–112. (19)

Bloom, W. W. & K. E. Nichols. 1972b. Rhizoid formation in megagametophytes of *Marsilea* in response to growth substance. Amer. Fern J. 62: 24–26. (19)

Bonharmont, J. 1972. Meiosis in apogamously produced diploid plants of *Asplenium septentrionale*. Brit. Fern Gaz. 10: 237–240. (26, 28)

Boodle, L. A. 1908. On the production of dwarf male prothalli in sporangia of *Todea*. Ann. Bot. (London) 22: 231–243. (11, 30)

Bopp, M. 1968. Control of differentiation in fern-allies and bryophytes. Annual Rev. Pl. Physiol. 19: 361–380. (19)

Bordonneau, M., P. Fleurat-Lessart & Y. Tourte. 1984. Fertilization in a pteridophyte (*Marsilea vestita)*. The specialized regions of gamete recognition. Bull. Soc. Bot. France, Lett. Bot. 131: 167–170. (23)

Bordonneau, M. & Y. Tourte. 1987. Potentialités ontogénetiques des tissus gamétophytiques chez le *Pilularia globulifera* L. Compt. Rend. Hebd. Séances Acad. Sci., Sér. 3, 304: 437–340. (21)

Boullard, B. 1957. La mycotrophie chez les pteridophytes, sa frequence, ses charactères, sa signification. Botaniste 41: 1–185. (33)

Boullard, B. 1959. Decouvert de gamétophytes de l'*Ophioglossum vulgatum* L. en Normandie. Bull. Soc. Linn. Normandie, Sér. 3, 9: 112–118. (29, 30)

Boullard, B. 1963. Le gamétophyte des Ophioglossacées. Considerations biologiques. Bull. Soc. Linn. Normandie, Sér. 10, 4: 81–97. (30, 33)

Bower, F. O. 1886. On apospory in ferns (with special reference to Mr. Charles T. Druery's observations). J. Linn. Soc., Bot. 21: 360–368. (28)

Bower, F. O. 1887a. Preliminary note on the formation of gemmae on *Trichomanes alatum*. Ann. Bot. (London) 1: 183–184. (22)

Bower, F. O. 1887b. On apospory and allied phenomena. Trans. Linn. Soc., Bot. 2: 301–326. (28)

Bower, F. O. 1888. On some normal and abnormal developments of the oophyte in *Trichomanes*. Ann. Bot. (London) 1: 269–305. (22, 28)

Bower, F. O. 1889. Attempts to induce aposporous development in ferns. Ann. Bot. (London) 4: 168–169. (28)

Bower, F. O. 1894. On apospory and production of gemmae in *Trichomanes kaulfussii* Hk. and Gr. Ann. Bot. (London) 8: 465–468. (28)

Bower, F. O. 1935. Prothallus and gametangia. In *Primitive Land Plants (also known as the Archegoniatae)*, pp. 497–518. (30)

Boydston, K. 1958. An amateur plants fern spores. Amer. Fern J. 48: 1–18. (01)

Brack-Hanes, S. D. 1978. On the megagametophytes of two lepidodendracean cones. Bot. Gaz. (Crawfordsville) 139: 140–146. (33)

Brack-Hanes, S. D. & J. C. Vaughn. 1978. Evidence of Paleozoic chromosomes from lycopod microgametophytes. Science 200: 1383–1385. (26)

Braithwaite, A. F. 1964. A new type of apogamy in ferns. New Phytol. 63: 293–305. (28)

Brades, H. 1973. Gametophyte development in ferns and bryophytes. Annual Rev. Pl. Physiol. 224: 115–128. (28)

Brebner, G. 1896. On the prothallus and embryo of *Danaea simplicifolia* Rudge. Ann. Bot. (London) 10: 109–122. (30)

Breslavets, L. P. 1951. Changes in the shape and size of plastids in the prothallia of ferns and horsetails. Dokl. Akad. Nauk SSSR 78: 1235–1238. [En ruso.] (30)

Breslavets, L. P. 1952. Effect of high dose of x-rays on the prothallia of a fern (*Dryopteris spinulosum)*. Dokl. Akad. Nauk SSSR 87: 143–146. [En ruso.] (08)

Bridgers, B. T. 1958a. Techniques involving the sowing of spores of ferns for artificial cultures. J. Wash. Acad. Sci. 48: 158–159. (01)

Bridgers, B. T. 1958b. Techniques involving the sowing of spores of ferns for artificial cultures. Amer. Fern J. 48: 161–164. [Reimpresión de J. Wash. Acad. Sci. 48: 158–159. 1958.] (01)

Bristow, J. M. 1962. The controlled in vitro differentiation of callus derived from a fern, *Pteris cretica* L., into gametophytic or sporophytic tissues. Developm. Biol. 4: 361–375. (22)

Britton, E. C. & A. Taylor. 1901. Life history of *Schizaea pusilla*. Bull. Torrey Bot. Club 28: 1–19. (30, 33)

Britton, E. C. & A. Taylor. 1902. The life history of *Vittaria lineata*. Mem. Torrey Bot. Club 8: 185–211. (30, 33)

Brokaw, C. J. 1957. "Electro-chemical" orientation of bracken spermatozoids. Nature 179: 525. (23, 24)

Brokaw, C. J. 1958a. Chemotaxis of bracken spermatozoids. The role of bimalate ions. J. Exp. Biol. 35: 192–196. (23, 24)

Brokaw, C. J. 1958b. Chemotaxis of bracken spermatozoids. Implications of electrochemical orientation. J. Exp. Biol. 35: 197–212. (23, 24)

Brokaw, C. J. 1959. Random and oriented movements of bracken spermatozoids. J. Cell. Comp. Physiol. 54: 95–101. (23, 24)

Brokaw, C. J. 1974. Calcium and flagellar response during the chemiotaxis of bracken spermatozoids. J. Cell. Comp. Physiol. 83: 151–158. (23, 24)

Brown, E. D. W. 1918. Regeneration in *Phegopteris polypodioides*. Bull. Torrey Bot. Club 45: 391–397. (21)

Brown, E. D. W. 1919. Apogamy in *Camptosorus rhizophyllus*. Bull. Torrey Bot. Club 46: 27–30. (28)

Brown, E. D. W. 1920a. Apogamy in *Osmunda cinnamomea* and *O. claytoniana*. Bull. Torrey Bot. Club 47: 339–345. (28)

Brown, E. D. W. 1920b. The value of nutrient solutions as culture media for fern prothallia. Torreya 20: 76–83. (01, 03, 05, 13, 14, 15)

Brown, E. D. W. 1923. Apogamy in *Phegopteris polypodioides*. Bull. Torrey Bot. Club 50: 17–34. (28)

Bruce, J. G. 1972. Observations on the occurrence of the prothallia of *Lycopodium inundatum*. Amer. Fern J. 62: 82–87. (29)

Bruce, J. G. 1976. Gametophytes and subgeneric concepts in *Lycopodium*. Amer. J. Bot. 63: 919–924. (30, 33)

Bruce, J. G. 1979a. Gametophytes and young sporophytes of *Lycopodium carolinianum* L. Amer. J. Bot. 66: 1156–1163. (30)

Bruce, J. G. 1979b. Gametophytes of *Lycopodium digitatum*. Amer. J. Bot. 66: 1138–1150. (30)

Bruce, J. G. & J. M. Beitel. 1979. A community of *Lycopodium* gametophytes in Michigan. Amer. Fern J. 89: 33–41. (29)

Bruchmann, H. 1885. Das prothallium von *Lycopodium*. Bot. Centralbl. 21: 23–28. (30)

Bruchmann, H. 1898a. Über die Prothallien und die Keimpflanzen merere europaischen Lycopodien. Gotha. (29, 30)

Bruchmann, H. 1898b. Über die Prothallien und die Keimpflanzen merere europäischen Lycopodien, und zwar über die von *Lycopodium clavatum, L. annotinum* und *L. selago*. F. A. Parthes, Gotha. (29, 30)

Bruchmann, H. 1904. Über das Prothallium und die Keimpflanze von *Ophioglossum vulgatum* L. Bot. Zeitung, 2. Abt. 62: 227–247. (30)

Bruchmann, H. 1906. Über das Prothallium und die Sporenpflanze von *Botrychium lunaria* Sw. Flora 96: 203–230. (30)

Bruchmann, H. 1908. Das Prothallium von *Lycopodium complanatum* L. Bot. Zeitung (Berlin), 2. Abt. 66: 169–181. (30)

Bruchmann, H. 1909. Von Prothallium der grossen Sporen und von der Keimesentwicklung einiger *Selaginella* Arten. Flora 99: 12–51. (30)

Bruchmann, H. 1910. Die Keimung der Sporen und die Entwicklung der Prothallien von *Lycopodium clavatum* L., *L. annotinum* L. und *L. selago* L. Flora 101: 220–267. (30)

Bryan, A. L. & J. C. O'Kelly. 1967. The influence of replacing calcium with strontium on the development of *Woodsia obtusa*. Amer. Fern J. 57: 27–31. (14)

Buchholz, J. T. & J. W. Salett. 1941. The hybridization of water ferns—*Marsilea* and *Pilularia*. Amer. Naturalist 75: 90–93. (23, 27)

Buchtien, O. 1887. Entwicklungsgeschichte des Prothallium von *Equisetum*. Biblioth. Bot. 2(8): 1–49. (30)

Buller, A. H. R. 1900. Contributions to our knowledge of the physiology of the spermatozoa of ferns. Ann. Bot. (London) 14: 543–582. (24)

Bunnag, C., B. Dhorranintra, S. Limsuvan & P. Jareoncharsri. 1989. Ferns and their allergenic importance: skin and nasal provocation test to fern spore extract in allergic and non-allergic patients. Ann. Allergy 62: 554–558. (31)

Bunning, E. & H. Etzold. 1958. Über die Wirkung von polarisiertem Licht auf keimende Sporen von Pilzen, Moosen und Farnen. Ber. Deutsch. Bot. Ges. 71: 304–306. (07, 11)

Bunning, E. & H. Mohr. 1955. Das Aktionspektrum des Lichteinflusses auf die Keimung von Farnsporen. Naturwissenschaften 42: 212. (07)

Burck, W. 1875a. Vorlaufige Mittheilung über die Entwickelungsgeschichte des Prothalliums von *Aneimia*. Bot. Zeitung (Berlin) 33: 499–501. (30)

Burck, W. 1875b. Sur le développement du prothalle des *Anemia* comparé a celui des autres fougères. Arch. Néerl. Sci. Exact. Nat. 10: 417. (30)

Bürcky, K. 1977a. Antheridiogene in *Anemia phyllitidis* (L.) Sw. (Schizaeaceae). I. Zeitverlauf der Antheridiogensynthese. Z. Pflanzenphysiol. 84: 167–171. (15, 24, 32)

Bürcky, K. 1977b. Antheridiogene in *Anemia phyllitidis* (L.) Sw. (Schizaeaceae). 2. Gaschromatographischer Nachweis des Antheridiogens. A_{An1}. Z. Pflanzenphysiol. 84: 173–178. (15, 32)

Bürcky, K. 1977c. Das Vorkommen von Abscinsäure in *Anemia phyllitidis* (L.) Sw. (Schizaeaceen) während der Sporenreifung. Z. Pflanzenphysiol. 85: 181–183. (15, 32)

Bürcky, K. 1977d. Gibberellinaktivität verschiedener Scizaeaceen-Antheridiogene in Zwergerbsentest. Z. Naturf. 32c: 652–653. (15, 32)

Bürcky, K. 1977e. Nachweis von Ecdysonen im Gametophyten und Sporophyten von *Anemia phyllitidis* (Schizaeaceen). Z. Pflanzenphysiol. 81: 466–469. (15)

Bürcky, K. 1977f. Das Vorkommen von Ascorbinsäure in *Anemia phyllitidis* (L.) Sw. (Schizaeaceen) während der Sporenreifung. Z. Pflanzenphysiol. 85: 181–183. (15)

Bürcky, K., A. Gemmrich & H. Schraudolf. 1978. Gas chromatographic evidence of the antheridiogen of *Lygodium japonicum* (Thbg.) Sw. (Schizaeaceae). Experientia 34: 718. (32)

Burgerstein, A. 1901. Keimen Farnsporen bei Lichtabschluss? Wiener Ill. Gart.-Zeitung 26: 92–93. (07)

Burgerstein, A. 1908. Einfluss des Lichtes verschiedener Brechbarkeit auf die Bildung von Farnprothallien. Ber. Deutsch. Bot. Ges. 26a: 449–451. (07, 17)

Burns, R. G. & J. Ingle. 1968. The induction of biplanar growth in fern gametophytes in the presence of RNA base analogues. Pl. Physiol. (Lancaster) 43: 1987–1990. (15, 19, 20)

Burns, R. G. & J. Ingle. 1970. The relationship between the kinetics of ribonucleic acid accumulation and the morphological development of the fern gametophyte, *Dryopteris borreri*. Pl. Physiol. (Lancaster) 46: 423–428. (15, 32)

Busby, A. R. 1984. Thoughts on growing ferns from spores. Pteridologist 1: 24–25. (33)

Bussmann, K. 1939. Untersuchungen über die Induktion der Dorsiventralitat bei den Farnprothallien. Jahrb. Wiss. Bot. 87: 565–624. (20)

Butters, F. K. 1892a. On the prothallium and embryo of *Marsilea vestita*. Proc. Calif. Acad. Sci., ser. 2, 3: 183–205. (30)

Butters, F. K. 1892b. On the prothallium and embryo of *Osmunda claytoniana* L. and *O. cinnamomea* L. Ann. Bot. (London) 6: 49–94. (30)

Cahill, S. G., R. W. Fisher & G. C. Llewellyn. 1979. Examination and evaluation of germination and protonemal development of *Onoclea sensibilis* fern spores treated with aflatoxin B1. Mycopathologia 64: 43–48. (01, 05, 13, 15)

Camloh, M. 1993. Spore germination and early gametophyte development of *Platycerium bifurcatum*. Amer. Fern J. 83: 79–85. (11, 19)

Camloh, M. & N. Gogala. 1992. In vitro culture of *Platycerium bifurcatum* gametophytes. Sci. Hort. 51: 434–346. (22)

Campbell, D. H. 1885. The development of the prothallia of ferns. Bot. Gaz. (Crawfordsville) 10: 355–360. (30, 33)

Campbell, D. H. 1886a. The development of the antheridium in ferns. Bull. Torrey Bot. Club 13: 49–52. (23, 24)

Campbell, D. H. 1886b. The development of the ostrich fern, *Onoclea struthiopteris*. Mem. Boston Soc. Nat. Hist. 4: 17–52. (33)

Campbell, D. H. 1887. Zur Entwicklungsgeschichte der Spermatozoiden. Ber. Deutsch. Bot. Ges. 5: 120–127. (24)

Campbell, D. H. 1888. The development of *Pilularia globulifera* L. Ann. Bot. (London) 2: 233–264. (30)

Campbell, D. H. 1891. A study of the apical growth of the prothallium of ferns with reference to their relationships. Bull. Torrey Bot. Club 18: 73–80. (19, 20, 30)

Campbell, D. H. 1892a. On the prothallium and embryo of *Osmunda claytoniana* L. and *Osmunda cinnamomea* L. Ann. Bot. (London) 6: 49–94. (30)

Campbell, D. H. 1892b. On the prothallium and embryo of *Marsilea vestita*. Proc. Calif. Acad. Sci., ser. 2, 3: 183–205. (30)

Campbell, D. H. 1894. Observations on the development of *Marattia douglasii* Baker. Ann. Bot. (London) 8: 1–20. (19, 20, 30)

Campbell, D. H. 1902. Studies on the gametophytes of *Selaginella*. Ann. Bot. (London) 16: 419–428. (23, 30)

Campbell, D. H. 1908a. Symbiosis in fern prothallia. Amer. Naturalist 42: 154–165. (29)

Campbell, D. H. 1908b. The prothallium of *Kaulfussia* and *Gleichenia*. Ann. Jard. Bot. Buitenzorg, sér. 2, 7: 69–102. (30)

Campbell, D. H. 1909. The prothallium and embryo of *Danaea*, preliminary note. Ann. Bot. (London) 23: 691. (30)

Campbell, D. H. 1921. The gametophyte and embryo of *Botrychium obliquum* Muhl. Ann. Bot. (London) 35: 141–158. (30)

Campbell, D. H. 1922. The gametophyte and embryo of *Botrychium simplex* Hitchcock. Ann. Bot. (London) 36: 441–456. (30)

Caponetti, J. D. 1986. Protoplast production and fusion from gametophytes of *Ceratopteris thalictroides*. Amer. J. Bot. 73: 734. (22)

Caponetti, J. D., M. Whitten & M. Beck. 1982. Axenic culture and induction of callus and sporophytes of the Appalachian *Vittaria* gametophyte. Amer. Fern J. 72: 36–40. (22)

Carlson, P. S. 1969. Production of auxotrophic mutants in ferns. Genet. Res. 14: 337–339. (27)

Carusso, J. L. 1973. Influence of phenylboric acid on germinating fern spores. Canad. J. Bot. 51: 1998–2000. (01, 05)

Castle, H. 1953. Notes on the development of the gametophyte of *Equisetum arvense* in sterile media. Bot. Gaz. (Crawfordsville) 114: 323–328. (13, 23)

Cave, C. F. & P. R. Bell. 1973. The cytochemistry of the walls of the spermatocytes of *Ceratopteris thalictroides*. Planta 109: 99–104. (24, 26)

Cave, C. F. & P. R. Bell. 1974a. The nature of the membrane around the egg of *Pteridium aquilinum* (L.) Kuhn. Ann. Bot. (London), n.s. 38: 17–21. (24, 26)

Cave, C. F. & P. R. Bell. 1974b. The synthesis of ribonucleic acid and protein during oogenesis in *Pteridium aquilinum*. Cytobiologie 9: 331–343. (24, 32)

Cave, C. F. & P. R. Bell. 1975. Evidence for the association of acyl transferases with the production of nuclear evaginations in maturing eggs of the fern *Dryopteris filix-mas*. Histochemistry 44: 57–65. (26, 32)

Cave, C. F. & P. R. Bell. 1979. The effect of colchicine on spermatogenesis in a fern, *Pteridium aquilinum* (L.) Kuhn. Ann. Bot. (London), n.s. 44: 407–415. (24, 32)

Chamberlain, C. J. 1917. Prothallia and sporelings of three New Zealand species of *Lycopodium*. Bot. Gaz. (Crawfordville) 63: 51–65. (30)

Chandler, A. 1948. Working with fern spores. Amer. Fern J. 38: 12–16. (01)

Chandra, P. 1963. The gametophytes of *Lygodium circinatum* (Burm.) Sw. and *L. flexuosum* (L.) Sw. Curr. Sci. 32: 34–35. (30)

Chandra, S. 1979. Gametophyte morphology of the fern genus *Drynariopsis* (Polypodiaceae). Amer. Fern J. 69: 111–118. (30)

Chandra, P. & B. K. Nayar. 1970. Morphology of some polystichoid ferns. I. The gametophytes of *Arachniodes, Cyrtomium* and *Polystichum*. Bot. J. Linn. Soc. 63: 265–276. (30)

Chang, C. I. & S. H. T. Chiang. 1991a. Spermatogenesis in *Selaginella tamariscina* (Beauv.) Spring. I. From microspore to spermatid. Taiwania 36(2): 168–182. (24)

Chang, C. I. & S. H. T. Chiang. 1991b. Spermatogenesis in *Selaginella tamariscina* (Beauv.) Spring. II. Opening of antheridium maturation and liberation of spermatozoide. Taiwania 36(2): 183–199. (24)

Chansa Ngavej, K. & V. Raghavan. 1987. Gene expression by *Onoclea sensibilis* gametophytes under different light conditions. Pl. Physiol. (Lancaster) 83: 107. (17, 18, 27)

Chansa Ngavej, K. & V. Raghavan. 1989. Regulation of protein synthesis during photomorphogenesis of gametophytes of the fern *Onoclea sensibilis*. Pl. Physiol. (Lancaster) 90: 1262–1266. (17, 32)

Chapman, R. H., E. J. Klekowski, Jr., & R. K. Selander. 1979. Homoeologous heterozygosity and recombination in the fern *Pteridium aquilinum*. Science 204: 1207–1209. (23, 24)

Charlton, F. B. 1938. Formative effects of radiation upon fern prothallia. Amer. J. Bot. 25: 431–442. (13, 18)

Chatterjee, J. & H. Y. Mohan Ram. 1968. Gametophytes of *Equisetum ramosissimum* I. Structure and development. Bot. Not. 121: 471–490. (19, 30)

Cheema, H. K. 1979. Morphogenetic studies on the induction of apospory in *Ceratopteris pteridoides* (Hook.) Hieron., in aseptic culture. Indian J. Exp. Biol. 17: 1403–1405. (13, 28)

Cheema, H. K. 1980. In vitro morphogenetic studies on the gametophyte of *Anogramma leptophylla* (Sw.) Link. Curr. Sci. 49: 593–594. (01, 13, 19, 20)

Cheema, H. K. 1984. In vitro studies on the reproductive biology and regeneration of the fern *Ceratopteris pteridoides* (Hook.) Hieron. Res. Bull. Punjab Univ. New Ser., Sci. 35: 13–17. (01, 13, 21, 23)

Cheema, H. K. & M. Kaur. 1985. In vitro regeneration and effects of growth regulators on aquatic heterosporous ferns. Res. Bull. Punjab Univ., New Ser., Sci. 36: 35–37. (01, 13, 15, 21)

Cheema, H. K. & M. B. Sharma. 1992 "1991." In vitro induction and differentiation of gametophytic callus in *Ceratopteris thalictroides*. Indian Fern J. 8: 74–77. (22)

Chen, M. H. 1965. Studies of the development of young gametophytes of *Onoclea sensibilis*. Tesis de maestría, University of Pennsylvania. (11, 19, 30)

Chen, X. Q. et al. 1984. A preliminary study on the development of the gametophyte of some land leptosporangiate ferns. J. Cent. China Teach. Coll., Nat. Sci. Educ. 1: 79–86. [En chino, resumen en inglés.] (13, 19, 20)

Chen, C.-Y. & H. Ikuma. 1979. Photocontrol of the germination of *Onoclea* spores. V. Analysis of germination processes by means of temperature. Pl. Physiol. (Lancaster) 63: 704–708. (01, 07)

Cheng, C.-Y. & H. Schraudolf. 1974. Nachweis von Abscisinsäure in Sporen und jungen Prothallien von *Anemia phyllitidis*. Z. Pflanzenphysiol. 71: 366–369. (05, 15)

Chia, S.-G. & V. Raghavan. 1982. Abscisic acid effects on spore germination and protonemal growth in the fern *Mohria caffrorum*. New Phytol. 92: 31–37. (05, 15)

Chiang, S. H. T. & Y.-L. Chiang. 1967. Influence of shading and gibberellic acid on growth and sex of the prothallia of *Ceratopteris thalictroides*. Taiwania 13: 179–193. (05, 15, 17)

Chiang, Y.-L. & S. Chiang. 1962. The sporeling of *Ceratopteris*. Taiwania 8: 35–50. (19, 30)

Chiang, Y.-L. 1975. Prothalli of *Ceratopteris pteridoides* (Hook.) Hieron. Taiwania 20: 172–178. (30)

Chiang, Y.-L. 1976. On the sex of the prothallia of *Ceratopteris pteridoides* (Hook.) Hieron. Taiwania 21: 134–137. (23, 24)

Chilton, G. & L. C. Graham. 1988. Culturing fern gametophytes on solid mineral media for classroom study. J. Biol. Educ. 22: 110–112. (03, 14, 33).

Chiou, W. I. 1985. The gametophytes of *Platycerium bifurcatum* (Cav.) C. Chr. Yushania 2(2): 19–23. [En chino, con resumen en inglés.] (30)

Chiou, W. I. 1989. The gametophytes and juvenile sporophytes of *Blechnum orientale* L. Yushania 6(3): 1–8. [En chino, con resumen en inglés.] (30)

Chiou, W.-I. 1992. The gametophytes of *Pteris ensiformis* Burm. Yushania 9: 89–92. (30)

Chiu, C. K.-F., L. N. Mander, A. D. Stuart & A. C. Willis. 1992. An approach to the total synthesis of diterpenoid plant growth substances isolated from gametophytes of the fern genus *Anemia*. Austral. J. Chem. 45: 227–248. (32)

Chopra, H. K. & D. S. Loyal. 1964. Induced apogamy in *Regnellidium diphyllum*. Indian Sci. Congr. Assoc. Proc. 60: 404–405. (28)

Christopher, T. 1989. Raising ferns from spores. Horticulture (Boston), n.s. 67(8): 20–21. (01, 13)

Chrysler, M. A. & D. S. Johnson. 1939. Spore production in *Regnellidium*. Bull. Torrey Bot. Club 66(5): 263–279. (29)

Clare, H. M. 1954. Growing fern prothallia. Amer. Biol. Teacher 16: 214–215. (33)

Clute, W. N. 1911. Sex in the ostrich fern. Fern Bull. 19: 53–54. (23, 33)

Clutter, M. E. & I. M. Sussex. 1965. Meiosis and sporogenesis in excised fern leaves grown in sterile culture. Bot. Gaz. (Crawfordsville) 126: 72–78. (33)

Cohen, D. & W. J. Crotty. 1979. H-uridine incorporation in the pre-mitotic stage of rhizoid cell differentiation in *Pteris vittata* L. Amer. J. Bot. 66: 179–182. (15, 19)

Cohen, D., W. J. Crotty & R. F. Lewis. 1973. Growing and embedding fern gametophytes for autoradiographic studies. Stain Technol. 48: 283–287. (13, 26, 32)

Cohen, H. P. & A. E. DeMaggio. 1986. Biochemistry of fern spore germination: protease activity in ostrich fern spores. Pl. Physiol. (Lancaster) 80: 992–996. (01, 05, 12)

Coker, W. C. 1903. The nucleus of the spore cavity in prothallia of *Marsilea*. Bot. Gaz. (Crawfordsville) 35: 137–138. (26)

Coleby, H. & C. T. Druery. 1904. Longevity of fern spores. Gard. Chron. 35: 13. (09)

Conant, D. S. 1990. Observations on the reproductive biology of *Alsophila* species and hybrids (Cyatheaceae). Ann. Missouri Bot. Gard. 77: 290–296. (23, 28)

Conard, H. S. 1908. The structure and life-history of the hay-scented fern. Publ. Carnegie Inst. Wash. 94: 1–56. (30, 33)

Conard, H. S. 1929. Gametophytes of *Botrychium virginianum* in Iowa. Proc. Iowa Acad. Sci. 36: 141–142. (30)

Conway, E. 1949. The autoecology of bracken (*Pteridium aquilinum* (L.) Kuhn): the germination of the spore, and the development of the prothallus and the young sporophyte. Proc. Roy. Soc. Edinburgh, B 63: 325–342. (01, 11, 19, 23)

Conway, E. 1953. Spore and sporeling survival in bracken (*Pteridium aquilinum* (L.) Kuhn). J. Ecol. 41: 289–294. (09, 29)

Conway, E. 1957. Spore production in bracken (*Pteridium aquilinum* (L.) Kuhn). J. Ecol. 45: 273–284. (29)

Conway, E. & R. Stephens. 1957. Sporeling establishment in *Pteridium aquilinum*: effects of mineral nutrients. J. Ecol. 45: 389–399. (14, 29)

Cooke, T. J. 1979. The photobiology of the filamentous gametophyte of *Onoclea sensibilis* L. Tesis doctoral. Cornell University, Ithaca, New York. (17)

Cooke, T. J. 1994. The use of *Ceratopteris richardii* in plant morphogenetic research: a critical review of fern gametophyte photobiology. Amer. J. Bot. 81(6) suppl.: 124. (7, 17)

Cooke, T. J. & D. J. Paolillo, Jr. 1979a. The photobiology of fern gametophytes. I. The phenomenon of red/far-red and yellow/far-red photoreversibility. J. Exp. Bot. 30: 71–80. (07, 17)

Cooke, T. J. & D. J. Paolillo, Jr. 1979b. The photobiology of fern gametophytes. II. The photocontrol of filamentous growth and its implication for the control of the transition to two-dimensional growth. Amer. J. Bot. 66: 376–385. (17, 19)

Cooke, T. J. & D. J. Paolillo, Jr. 1980a. The control of the orientation of cell divisions in fern gametophytes. Amer. J. Bot. 67: 1320–1333. (19)

Cooke, T. J. & D. J. Paolillo, Jr. 1980b. Dark growth and the associated phenomenon of age-dependent photoresponses in fern gametophytes. Ann. Bot. (London), n.s. 45: 693–702. (17)

Cooke, T. J. & R. H. Racusen. 1982. Cell expansion in the filamentous gametophyte of the fern *Onoclea sensibilis* L. Planta 155: 449–458. (19)

Cooke, T. J. & R. H. Racusen. 1986. The role of electrical phenomena in tip growth, with special reference to the developmental plasticity of filamentous fern gametophytes. Symp. Soc. Exp. Biol. 40: 307–328. (19)

Cooke, T. J. & R. H. Racusen. 1988. The growth forms of developing fern gametophytes: a theoretical consideration of form and function relationships. Ann. Bot. (London), n.s. 62: 633–642. (19, 30)

Cooke, T. J., R. H. Racusen & W. R. Briggs. 1983. Initial events in the tip-swelling response of the filamentous gametophyte of *Onoclea sensibilis* L. to blue light. Planta 159: 300–307. (17, 19)

Cooke, T. J., R. H. Racusen, L. G. Hickok & T. R. Warne. 1987. The photocontrol of spore germination in the fern *Ceratopteris richardii*. Pl. Cell Physiol. 28: 753–759. (07)

Cooke, T. J., M. S. Tilney & L. G. Tilney. 1990. The distribution, activity and structure of plasmodesmata in developing fern gametophytes. J. Cell Biol. 111(5/2): 278 A. [Resumen.] (26)

Corey, E. J. & H. Kigoshi. 1991. A route for the enantio selective total synthesis of antheridic acid—the antheridium-inducing factor from *Anemia phyllitidis*. Tetrahedron Lett. 32: 5025–5028. (32)

Corey, E. J. & A. G. Meyers. 1985. Total synthesis of (+)- antheridium-inducing factor (A 2) of the fern *Anemia phyllitidis*. Clarification of stereochemistry. J. Amer. Chem. Soc. 107: 5574–5576. (32)

Corey, E. J., A. G. Meyers, N. Takahashi, H. Yamane & H. Schraudolf. 1986. Constitution of antheridium-inducing factor of *Anemia phyllitidis*. Tetrahedron Lett. 27: 5083–5084. (23, 32)

Courbet, H. 1955. Influence de la concentration ionique du milieu sur la germination des spores et la croissance de prothalles de filicales en culture aseptique. Compt. Rend. Hebd. Séances Acad. Sci. 241: 441–443. (03, 04, 14)

Courbet, H. 1957. Action de quelques sucres sur la germination des spores et la croissance des prothalles d'*Athyrium filix-femina* Roth en culture aseptique. Compt. Rend. Hebd. Séances Acad. Sci. 244: 107–110. (05)

Courbet, H. 1963. Les spores des fougères. Leur aptitude à la germination. Durée de leur pouvoir germinatif. Essai de determination rapide de leur viabilité. Leur contenue en sucres et en acides aminées. Bull. Acad. Soc. Lorraine Sci. 3: 53–65. (05, 09)

Cousens, M. I. 1969. Gametophyte ontogeny and sex-expression in *Dryopteris ludoviciana*. Tesis de maestría, Iowa State University, Ames. (23, 24)

Cousens, M. I. 1973. Reproductive biology and autoecology of *Blechnum spicant*. Tesis doctoral, Washington State University, Pullman. (23, 29)

Cousens, M. I. 1975. Gametophyte sex expression in some species of *Dryopteris*. Amer. Fern J. 65: 39–42. (23, 27)

Cousens, M. I. 1978. Stalking the wild gametophyte. Fiddlehead Forum 5(2): 5. (29)

Cousens, M. I. 1979. Gametophyte ontogeny, sex expression, and genetic load as measures of population divergence in *Blechnum spicant*. Amer. J. Bot. 66: 116–132. (19, 23, 27, 29)

Cousens, M. I. 1980. Fern gametophyte colonization following tree-fall. Bot. Soc. Amer., Misc. Publ. 158: 25. (29)

Cousens, M. I. 1981. *Blechnum spicant*: habitat and vigor of optimal, marginal, and disjunct populations, and field observations of gametophytes. Bot. Gaz. (Crawfordsville) 142: 251–258. (29)

Cousens, M. I. 1988. Reproductive strategies of pteridophytes. In J. Lovell-Doust & L. Lovett-Doust (eds.), *Plant Reproductive Ecology: Patterns and Strategies*, pp. 307–328. Oxford University Press, Oxford. (23, 29)

Cousens, M. I. & H. T. Horner Jr. 1970. Gametophyte ontogeny and sex expression in *Dryopteris ludoviciana*. Amer. Fern J. 60: 13–27. (23, 27)

Cran, D. G. 1970. The fine structure of fern protonemata. Tesis doctoral, University of Edinburgh. (26, 30)

Cran, D. G. 1979. The ultrastructure of fern gametophyte cells. In *The Experimental Biology of Ferns*, A. F. Dyer (ed.), pp. 171–212. Academic Press. (26)

Cran, D. G. & A. F. Dyer. 1973. Membrane continuity and association in the fern *Dryopteris borreri*. Protoplasma 76: 103–108. (26)

Cran, D. G. & A. F. Dyer. 1975. The effect of a change in light quality on plastids of protonemata of *Dryopteris borreri*. Pl. Sci. Lett. 5: 57–65. (17)

Crist, K. C. & D. R. Farrar. 1983. Genetic load and long-distance dispersal in *Asplenium platyneuron*. Canad. J. Bot. 61: 1809–1814. (27, 29)

Crotty, W. J. 1960. Abnormal nuclear division in fern prothallia. Amer. Fern J. 50: 92–98. (26)

Crotty, W. J. 1967. Rhizoid cell differentiation in the fern gametophyte of *Pteris vittata*. Amer. J. Bot. 54: 105–117. (19)

Crotty, W. J. & M. C. Ledbetter. 1973. Membrane continuities involving chloroplasts and other organelles in plant cells. Science 182: 839–841. (26)

Cunningham, J. T. & R. D. M. Reid. 1933. The dehiscence of the sporocarp and germination of the spore in *Marsilea polycarpa*. J. Bot. 71: 64–68. (01, 11)

Cusick, A. W. 1983. *Vittaria* gametophytes discovered in a new physiographic province. Amer. Fern J. 73: 33–38. (29)

Czaja, A. T. 1921. Über Befruchtung, Bastardierung und Geschlechtertrennung bei Prothallien homosporen Farne. Z. Bot. 13: 545–589. (23, 27)

Czaja, A. T. 1922. Studien zur Apogamie leptosporangiaten Farne. I. Über die Apogamie der *Pellaea atropurpurea* (L.) Link und das Auftreten von Tracheiden im Prothallium. Ber. Deutsch. Bot. Ges. 40: 346–352. (22, 28)

Czaja, A. T. 1924. Zur Frage der habituellen Diozie bei *Onoclea struthiopteris* Hoffm. Ber. Deutsch. Bot. Ges. 42: 300–304. (33)

Daigobo, S. 1983. Morphological variation in the gametophytes of *Lycopodium clavatum* in Japan. J. Jap. Bot. 58: 212–220. (30)

Darnell-Smith, G. P. 1918. The gametophyte of *Psilotum*. Trans. Roy. Soc. Edinburgh 52: 79–91. (30)

Dassler, C. L. 1995. Significance of gametophyte form in tropical, epiphytic ferns. Ph.D. Thesis. 178 pp. Iowa State University, Ames, Iowa. (29)

Dassler, C. L. & D. R. Farrar. 1992. Gametophytes of *Trichomanes* (subg. *Callistopteris*) *baverianum* in Hawaii. Amer. J. Bot. 79(6) suppl.: 118. (30)

Dassler, C. L. & D. R. Farrar. 1983. The gametophytes of *Adenophorus* Gaud. (Grammitidaceae). Amer. J. Bot. 80(6) suppl.: 107. (30)

Dassler, C. L. & D. R. Farrar (in press). Significance of form in fern gametophytes: clonal, gemmiferous gametophytes of *Callistopteris baveriana* (Hymenophyllaceae). Int. J. Pl. Sci. (21)

Davidonis, G. H. 1976. The occurrence of thelypterin in ferns. Amer. Fern J. 66: 107–108. (29, 32)

Davidonis, G. H. & M. Ruddat. 1973. Allelopathic compounds, thelypterin a and b, in the fern *Thelypteris normalis*. Planta 111: 23–32. (29, 32)

Davidonis, G. H. & M. Ruddat. 1974. Growth inhibition in gametophytes and oat coleoptiles by thelypterin a and b released from roots of the fern *Thelypteris normalis*. Amer. J. Bot. 61: 925–930. (15, 32)

Davie, J. H. 1951. The development of the antheridium in the Polypodiaceae. Amer. J. Bot. 38: 621–628. (23, 24)

Davie, R. C. 1916. The development of the sorus and sporangium and the prothallus of *Peranema cyatheoides* D. Dom. Ann. Bot. Bot. (London) 30: 107–110. (19, 20)

Davinson, G. 1972. The regulation of fern gametophyte growth by substances released from the sporophyte. Tesis doctoral. The University of Chicago. (15)

Davis, B. D. 1965. Control mechanism in the transition to biplanar growth in the gametophyte of *Pteridium aquilinum* (L.) Kuhn. Tesis doctoral. Purdue University, Lafayette, Indiana. (19)

Davis, B. D. 1968a. The transition from filamentous to two-dimensional growth in fern gametophytes. I. The requirement for protein synthesis in gametophytes of *Pteridium aquilinum*. Amer. J. Bot. 55: 532–540. (15, 19, 32)

Davis, B. D. 1968b. Effect of light quality on the transition to two-dimensional growth by gametophytes of *Pteridium aquilinum*. Bull. Torrey Bot. Club 95: 31–36. (17, 19)

Davis, B. D. 1968c. Is riboflavin the photoreceptor in the induction of two-dimensional growth in fern gametophytes? Pl. Physiol. (Lancaster) 43: 1165–1167. (15, 19, 32)

Davis, B. D. 1969. The transition from filamentous to two-dimensional growth in fern gametophytes. II. Kinetic studies on *Pteridium aquilinum*. Amer. J. Bot. 56: 1043–1053. (19, 32)

Davis, B. D. 1970. Cyclohexamide: nonspecific inhibition of two-dimensional growth in gametophytes of *Pteridium aquilinum*. Bull. Torrey Bot. Club 97: 53–58. (15, 19, 32)

Davis, B. D. 1971. The transition from filamentous to two-dimensional growth in ferns gametophytes. III. Interaction of cell elongation and cell division. Amer. J. Bot. 58: 212–217. (15, 19, 32)

Davis, B. D. 1975. Bending growth in fern gametophytes. Pl. Cell Physiol. 16: 537–541. (19, 22)

Davis, B. D., J. C. W. Chen & M. Philpott. 1974. The transition from filamentous to two-dimensional growth in fern gametophytes. IV. Initial events. Amer. J. Bot. 61: 722–729. (15, 19, 32)

Davis, B. D. & S. N. Postlethwaite. 1965. Protein synthesis and transition to two dimensional growth in the fern gametophytes, *Pteridium aquilinum*. Amer. J. Bot. 52: 619–620. (19, 32)

Davis, B. D. & S. N. Postlethwaite. 1966a. Classroom experimentation using fern gametophytes. Amer. Biol. Teacher 28: 97–102. (30, 33)

Davis, B. D. & S. N. Postlethwaite. 1966b. Growth of *Pteridium aquilinum* (L.) Kuhn gametophytes in submerged culture. Amer. Fern J. 56: 108–113. (13, 19, 22)

Debary, A. 1858. Sur la germination des Lycopodées. Ann. Sci. Nat., Bot., Sér. 4, 9: 30–35. (01)

Debary, A. 1878. Über apogame Farne und die Erscheinung der Apogamie im Allgemeinen. Bot. Zeitung (Berlin) 36: 449–487. (28)

De Boer, M. J. M. & M. de Does. 1990a. The relationship between cell division pattern and global shape of young fern gametophytes I. A model study. Bot. Gaz. (Crawfordsville) 151: 423–434. (19, 20)

De Boer, M. J. M. 1990b. The relationship between cell division pattern and global shape of young fern gametophytes. II. Morphogenesis of heart-shaped thalli. Bot. Gaz. (Crawfordsville) 151: 435–439. (19, 20, 30)

De Boer, M. J. M. & M. de Does. 1990. The relationship between cell division pattern and global shape of young fern gametophytes I. A model study. Bot. Gaz. (Crawfordsville) 151: 423–434. (19, 20)

De Camp, J. D. & A. E. DeMaggio. 1989. Development expression of sporophytic and gametophytic storage proteins in the quillwort. Pl. Physiol. (Lancaster), Suppl. 89(4): 144. [Resumen.] (32)

De Camp, J. D. & A. E. DeMaggio. 1989a. Developmental expression of sporophytic and gametophytic storage proteins in the quillwort,

Isöetes echinospora Dur. Amer. J. Bot., Suppl. 76(6): 66 [Resumen.] (32)

De Camp, J. D. & A. E. DeMaggio. 1992. Developmental expression of sporophytic and gametophytic storage proteins in the quillwort. *Isoëtes echinospora*. Amer. J. Bot. 79(6) suppl.: 118. (5, 15, 32)

Degener, O. 1924. Four new stations of *Lycopodium* prothallia. Bot. Gaz. (Crawfordsville) 77: 89–95. (29)

DeMaggio, A. E. 1961. Morphogenetic studies on the fern *Todea barbara* (L.) Moore. I. Life history. Phytomorphology 11: 46–64. (30)

DeMaggio, A. E. 1964. Organization in a gametophytic callus of *Lycopodium* and its morphogenetic implications. Proc. Natl. Acad. Sci. U.S. 52: 854–859. (22)

DeMaggio, A. E. 1971. Ferns as a model system for studying polyploid and gene dosage effects. BioScience 21: 313–316. (27, 28)

DeMaggio, A. E. 1972. Induced vascular tissue differentiation in fern gametophytes. Bot. Gaz. (Crawfordsville) 133: 311–317. (19)

DeMaggio, A. E. 1977. Cytological aspects of reproduction in ferns. Bot. Rev. (Lancaster) 43: 427–448. (23, 26)

DeMaggio, A. E., C. Greene & D. Stetler. 1980. Biochemistry of fern spore germination. Glyoxylate and glycolate cycle activity in *Onoclea sensibilis* L. Pl. Physiol. (Lancaster) 66: 922–924. (12)

DeMaggio, A. E., C. Greene, S. Unal & D. A. Stetler. 1979. Microbodies in germinating fern spores. Evidence for glyxosomal activity. Science 208: 580–582. (10)

DeMaggio, A. E. & M. Krasnoff. 1980. Peroxisomal enzyme activity in *Todea barbara* gametophytes and sporophytes. Phytochemistry 19: 1339–1341. (32)

DeMaggio, A. E. & J. Lambrukos. 1974. Polyploid and gene dosage effects on peroxidase activity in ferns. Biochem. Genet. 12: 429–440. (27, 28, 32)

DeMaggio, A. E. & V. Raghavan. 1972. Germination of bracken fern spores. Electrophoretic analysis of proteins synthesized during initiation and elongation of the rhizoid. Exp. Cell Res. 73: 182–186. (11, 12)

DeMaggio, A. E. & V. Raghavan. 1973. Photomorphogenesis and nucleic acid metabolism in fern gametophytes. Advances Morphogen. 10: 227–263. (17, 32)

DeMaggio, A. E. & D. A. Stetler. 1971. Polyploidy and gene dosage effects on chloroplasts of fern gametophytes. Exp. Cell Res. 67: 287–294. (27, 28, 32)

DeMaggio, A. E. & D. A. Stetler. 1980. Storage products in spores of *Onoclea sensibilis*. Amer. J. Bot. 67: 452–455. (10, 12)

DeMaggio, A. E. & D. A. Stetler. 1985. Mobilization of storage reserves during fern spore germination. Proc. Roy. Soc. Edinburgh, B 85: 195–202. (10, 12)

DeMaggio, A. E., R. Wetmore & G. Morel. 1963. Induction de tissue vasculaire dans le prothalle de fougère. Compt. Rend. Hebd. Séances Acad. Sci. 256: 5196–5100. (19)

Demalsy-Feller, M.-J. 1957a. Gamétophytes et gamétogenèse dans le genre *Marsilea*. Cellule 58: 171–207. (24, 33)

Demalsy-Feller, M.-J. 1957b. Études sur les Hydroptéridales. V. Gamétophytes et gamétogenèse dans le genre *Marsilea*. Cellule 63: 331–358. (24, 30)

Devi, S. & K. Wadhwani. 1983. Natural associations between spores of pteridophytes and fungi. J. Environ. Biol. 4: 1–8. (06, 29)

Dhir, K. K. & K. S. Charh. 1982. Changes in growth and RNA in the gametophytes of *Pteris vittata* L. on treatment with actinomycin D. Geobios 9: 212–214. (15, 19, 32)

Diers, L. 1965. Bilden sich wahrend der Oogenese bei Moosen und Farnen die Mitochondrien und Plastiden aus dem Kern? Ber. Deutsch. Bot. Ges. 77: 369–371. (26)

Digby, L. 1905. On the cytology of apogamy and apospory. II. Preliminary note on apospory. Proc. Roy. Soc. London 76B: 463–468. (28)

Dill, F. J. 1969. Early differentiation of fern protonema. Tesis doctoral. University of California, Berkeley. (19)

Dill, F. J. & D. Branton. 1968. Fern protonema development in response to blue light. J. Cell Biol. 39: 33–34. (17)

Dobbie, H. B. 1929. The propagation of ferns. Amer. Fern J. 19: 19–24. (13, 29)

Dodd, N. J. F. & M. Ebert. 1970a. Effects of ionizing radiation on dried spores of *Osmunda regalis*. I. Electron spin resonance study of spores. Int. J. Radiat. Biol. 18: 451–461. (08, 10)

Dodd, N. J. F. & M. Ebert. 1970b. Effects of ionizing radiation on dried spores of *Osmunda regalis*. II. Modification of survival and its correlation with free radical changes. Int. J. Radiat. Biol. 18: 463–473. (08, 09)

Dodd, N. J. F. & M. Ebert. 1972. Post-irradiation temperature effects in dried spores of *Osmunda regalis*. Radiat. Bot. 12: 151–158. (08)

Dodd, N. J. F. & M. Ebert. 1973a. Effects of storage conditions on survival and free radical populations in dried irradiated spores of *Osmunda regalis*. Biophysik 10: 79–88. (08, 09)

Dodd, N. J. F. & M. Ebert. 1973b. A correlation of ESR and radiobiological observations of the temperature and oxygen effects in *Osmunda regalis* spores after irradiation with fast electrons. Radiat. Bot. 13: 87–96. (02, 08)

Dodd, N. J. F. & H. M. Swartz. 1975. Effects of ionizing radiation on dried spores of *Osmunda regalis*. III. 35 gHz ESR study. Int. J. Radiat. Biol. 27: 205–210. (08)

Dodel-Port, A. 1880. Das amphibische Verhalten der Prothallien von Polypodiaceen. Kosmos 1880(April): 11–22. (30)

Donaher, D. J. & C. R. Partanen. 1971. The role of light in the interrelated processes of morphogenesis and photosynthesis in the fern gametophyte. Physiol. Pl. (Copenhagen) 25: 461–468. (17, 32)

Doonan, J. H., C. W. Lloyd & J. G. Duckett. 1986. Anti-tubulin antibodies locate the blepharoplast during spermatogenesis in the fern *Platyzoma microphyllum* R. Br.: a correlated immunofluorescence and electron-microscopic study. J. Cell Sci. 81: 243–265. (18, 24, 26)

Döpp, W. 1927. Untersuchen über die Entwicklung von Prothallien einheimischer Polypodiaceen. Pflanzenforschung 8: 1–58. (13, 30)

Döpp, W. 1932. Die Apogamie bei *Aspidium remotum* A. Br. Planta 17: 86–152. (28)

Döpp, W. 1933. Weitere Untersuchungen an apogamem Farnen. I. *Aspidium filix-mas* Sw. var. crist. hort. Ber. Deutsch. Bot. Ges. 51: 341–347. (28, 30)

Döpp, W. 1935. Die Kultur von Moosen und Farnen für Unterrichtswecke. Biologie 4: 323–328. (13, 30)

Döpp, W. 1936. Ein Beiträge zur Frage der experimentellen Mutations auslosung bie Pflanzen. Sitzungsber. Ges. Beförd. Naturwiss. Marburg 71: 47–54.(27)

Döpp, W. 1937. Gestaltung und Organbildung innerhalb der gametophyten Generation der Polypodiaceen unter besonderer Berucksichtigung genetischer Gesichtspunkt. Beitr. Biol. Pflanzen 24: 201–238. (21, 30)

Döpp, W. 1939. Cytologische und genetische Untersuchungen innerhalb der Gattung *Dryopteris*. Planta 29: 481–533. (26, 27)

Döpp, W. 1950. Eine die Antheridienbildung bei Farnen forderne Substanz in den Prothallien von *Pteridium aquilinum* (L.) Kuhn. Ber. Deutsch. Bot. Ges. 63: 139–147. (23, 32)

Döpp, W. 1955a. Hemmung der Antheridienbildung an den Prothallien von *Pteridium aquilinum* durch 2, 3, 5-Trijodbenzosaure. Naturwissenschafften 42: 99. (23, 32)

Döpp, W. 1955b. Polyploidie und andere Erscheinung bei Farnprothallien durch Wirkung von Geserol und seine Bestandteilen. Naturwissenschafften 42: 99–100. (27, 28)

Döpp, W. 1959. Über eine Hemmende und eine Fordernde Substanz bei der Anteridienbildung in den Prothallien von *Pteridium aquilinum*. Ber. Deutsch. Bot. Ges. 72: 11–24. (23, 32)

Döpp, W. 1962. Weitere Untersuchungen über die Physiologie der Antheridienbildung bei *Pteridium aquilinum*. Planta 58: 482–508. (23, 24, 32)

Döpp, W. 1967. Apomixis bei Archegoniaten. In *Handbuch der Pflanzenphysiologie*, W. Ruhland (ed.), vol. 18, pp. 531–550. Springer Verlag. (28)

Douglas, G. E. & E. Sheffield. 1990. A new technique for the culture of fern gametophytes. Pl. Cell Rep. 8: 632–634. (01, 13)

Douglas, G. E. & E. Sheffield. 1992. The investigation of existing and novel artificial growth systems for the production of fern gametophytes. In J. M. Ide, A. C. Jermy & A. M. Paul (eds.), *Fern Horticulture: past, present and future perspectives*, pp. 183–187. Intercept, Andover. (33)

Dore, W. G. 1945. Site for clubmoss prothallia in Nova Scotia. Canad. Field-Naturalist 59: 172–173. (29)

Dracinschi, M. 1930. Über das reife Spermium der Filicales und von *Pilularia globulifera* L. Ber. Deutsch. Bot. Ges. 48: 295–311. (24)

Dracinschi, M. 1932. Über die reifen Spermatozoiden bie den Pteridophyten. Bul. Fac. Şci. Cernăuti 6: 65–134. (24)

Druery, C. T. 1886a. Observations on a singular mode of development in the lady fern (*Athyrium filix-femina)*. J. Linn. Soc., Bot. 21: 354–357. (23)

Druery, C. T. 1886b. Further notes on a singular mode of reproduction in *Athyrium filix-femina* var. *clarissima*. J. Linn. Soc., Bot. 21: 358–360. (23)

Druery, C. T. 1887. On a new instance of apospory in *Polystichum angulare* var. *pulcherrimum* Wills. J. Linn. Soc., Bot. 22: 437–440. (28)

Druery, C. T. 1893. Notes upon an aposporous *Lastrea* (*Nephrodium*). J. Linn. Soc., Bot. 29: 479–482. (28)

Druery, C. T. 1894. Notes upon apospory in a form of *Scolopendrium vulgare* var. *crispum*, and a new aposporous *Athyrium*; also an additional phase of aposporous development in *Lastrea pseudo-mas* var. *cristata*. J. Linn. Soc., Bot. 30: 281–284. (28)

Drumm, H. & H. Mohr. 1967a. Die Regulation der RNS-Synthese in Farn-gametophyten durch Licht. Planta 72: 232–246. (32)

Drumm, H. & H, Mohr. 1967b. Die Regulation der DNS-Synthese in Farn-gametophyten durch Licht. Planta 75: 343–351. (32)

Dubey, J. P. & S. K. Roy. 1985. A new antheridiogen from the fern *Pityrogramma calomelanos* (L.) Link. Proc. Indiana Acad. Sci., Pl. Sci. 95: 173–179. (23, 32)

Dubuy, H. G. & L. Nuernbergk. 1938. Growth, tropisms and other movements. In *Manual of Pteridology*, F. Verdoorn (ed.), pp. 303–346. Martinus Nijhoff, The Hague. (33)

Duckett, J. G. 1968. Developmental morphology and sex determination in prothalli of *Equisetum*. Tesis doctoral, University of Cambridge. (23, 30)

Duckett, J. G. 1970. Sexual behaviour of the genus *Equisetum* subgenus *Equisetum*. Bot. J. Linn. Soc. 63: 327–352. (23)

Duckett, J. G. 1972a. Sexual behaviour of the genus *Equisetum*, subgenus *Hippochaete*. Bot. J. Linn. Soc. 64: 87–108. (23)

Duckett, J. G. 1972b. Pentagonal arrays of ribosomes in fertilized eggs of *Pteridium aquilinum* (L.) Kuhn. J. Ultrastruct. Res. 38: 390–397. (26)

Duckett, J. G. 1973. Comparative morphology of gametophytes of the genus *Equisetum*, subgenus *Equisetum*. Bot. J. Linn. Soc. 66: 1–22. (30)

Duckett, J. G. 1975. Spermatogenesis in pteridophytes. In *The Biology of the Male Gamete*, J. G. Duckett and P. A. Racey (eds.), Suppl. 1, Biol. J. Linn. Soc. 7: 97–127. (23, 24)

Duckett, J. G. 1977. Towards an understanding of sex determination in *Equisetum*: an analysis of generation in gametophytes of the subgenus *Equisetum*. Bot. J. Linn. Soc. 74: 215–242. (23)

Duckett, J. G. 1979a. An experimental study of the reproductive biology and hybridization in the European and North American species of *Equisetum*. Bot. J. Linn. Soc. 79: 205–229. (23, 28, 30)

Duckett, J. G. 1979b. Comparative morphology of the gametophytes of *Equisetum* subgenus *Hippochaete* and the sexual behaviour of *E. ramosissimum* subsp. *debile* (Roxb.) Hauke, *E. hyemale* var. *affine* (Engelm.) A. A. Eaton, and *E. laevigatum* A. Br. Bot. J. Linn. Soc. 79: 179–203. (23, 30)

Duckett, J. G. 1985. Wild gametophytes of *Equisetum sylvaticum*. Amer. Fern J. 75: 120–127. (29)

Duckett, J. G. & P. R. Bell. 1971. Studies on fertilization in archegoniate plants I. Changes in the structure of the spermatozoids of *Pteridium aquilinum* (L.) Kuhn during entry into the archegonium. Cytobiologie 4: 421–436. (23, 26)

Duckett, J. G. & P. R. Bell. 1972. Studies on fertilization in archegoniate plants II. Egg penetration in *Pteridium aquilinum* (L.) Kuhn. Cytobiologie 6: 35–50. (23, 26)

Duckett, J. G. & Z. B. Carothers 1982. The assembly of flagella during spermatogenesis in land plants. In *Prokaryotic and Eukaryotic Flagella*, W. B. Amos and J. G. Duckett (eds.), pp. 533–561. Symp. Soc. Exp. Biol. 35. (24)

Duckett, J. G. & A. R. Duckett. 1980. Reproductive biology and population dynamics of wild gametophytes of *Equisetum*. Bot. J. Linn. Soc. 80: 1–40. (23, 29)

Duckett, J. G., E. J. Klekowski, Jr. & L. G. Hickok. 1979. Ultrastructural studies of mutant spermatozoids in ferns. I. The mature nonmotile spermatozoid of mutation 230X in *Ceratopteris thalictroides* (L.) Brongn. Gamete Res. 2: 317–343. (24)

Duckett, J. G. & L. Ligrone. 1992. A light and electron microscope study of the fungal endophytes in the sporophyte and gametophyte of *Lycopodium cernuum* with observations on the gametophyte-sporophyte junction. Canad. J. Bot. 70: 58–72. (26)

Duckett, J. G. & W. C. Pang. 1984. The origins of heterospory: a comparative study of sexual behaviour in the fern *Platyzoma microphyllum* R. Br. and the horsetail *Equisetum giganteum* L. Bot. J. Linn. Soc. 88: 11–34. (23)

Duncan, R. E. 1943. Origin and development of embryos in certain apogamous forms of *Dryopteris*. Bot. Gaz. (Crawfordsville) 105: 202–211. (25, 28)

Duncan, R. E. 1941. Apogamy in *Doodia caudata*. Amer. J. Bot. 28: 921–931. (28)

Durán, M. L. & E. R. de la Sota. 1996. Delayed sex expression of hybrid gametophytes in *Blechnum*. In J. M. Camus, M. Gibby & R. J. Johns (eds.), *Pteridology in Perspective*, p. 515, Royal Botanic Gardens, Kew. (23, 28)

Durand-Rivières, R. & F. Fillon. 1968. Substances de croissance et différentiation du prothalle de *Pteris longifolia* L. Compt. Rend. Hebd. Séances Acad. Sci. 266: 471–473. (19, 32)

Durr, S. & R. Scheverlein. 1990. Characterization of a calcium-requiring phase during phytochrome-mediated fern-spore germination of *Dryopteris paleacea* Sw. Phytochem. & Photobiol. 52: 73–82. (14)

Dute, R. E. & P. R. Bell. 1977. An ultrastructural study of the mature spermatozoid of *Equisetum*. Philos. Trans. 277: 131–158. (24)

Duthie, A. V. 1923. Studies in the morphology of *Selaginella pennula* Spring. Part. II. The clones, spores, and gametophytes. Trans. Roy. Soc. South Africa 11: 131–144. (30)

Dyar, J. J. & J. Shade. 1974. The influence of benzimidazole on the gametophyte of *Thelypteris filix-mas*. Pl. Physiol. (Lancaster) 53: 666–668. (15)

Dyer, A. F. 1976. The visible events of mitotic cell division. In *Cell Division in Higher Plants*, M. M. Yeoman (ed.), pp. 49–110. Academic Press, London. (26)

Dyer, A. F. 1979a. The culture of fern gametophytes for experimental investigations. In *The Experimental Biology of Ferns*, A. F. Dyer (ed.), pp. 253–305. Academic Press. (30, 33)

Dyer, A. F. 1979b. The experimental biology of ferns. Trans. Bot. Soc. Edinburgh 43: 75–90. (33)

Dyer, A. F. 1983. Fern gametophytes in culture—A simple system for studying plant development and reproduction. J. Biol. Educ. 17: 23–39. (13, 33)

Dyer, A. F. 1990. Revisión de *Developmental Biology of fern gametophytes*, V. Raghavan. 1989. New Phytol. 115: 390–391. (31)

Dyer, A. F. 1994. Nature soil spore banks—can they be used to retrieve lost ferns? Biodivers. Conservation 3: 160–175. (29)

Dyer, A. F. & D. G. Cran. 1976. The formation and ultrastructure of rhizoids on protonemata of *Dryopteris borreri* Newm. Ann. Bot. (London), n.s. 40: 757–765. (19)

Dyer, A. F. & M. A. L. King. 1979. Cell division in fern protonemata. In *The Experimental Biology of Ferns*, A. F. Dyer (ed.), pp. 307–354. Academic Press. (19)

Dyer, A. F. & S. Lindsay. 1992. Soil spore banks of temperate ferns. Amer. Fern J. 82: 69–123. (29)

Dyer, A. F. & S. Lindsay. 1996. Soil spore banks—a new resource for conservation. In J. M. Camus, M. Gibby & R. J. Johns (eds.), *Pteridology in Perspective*, pp. 153–160, Royal Botanic Gardens, Kew. (29)

Eakle, T. W. 1975. Photoperiodic control of spore germination of *Acrostichum aureum*. Amer. Fern J. 65: 94–95. (01, 07)

Eames, A. J. 1942. Illustrations of some *Lycopodium* gametophytes. Amer. Fern J. 32: 1–12. (33)

Edgerley, K. V. 1915. The prothallia of three New Zealand lycopods. Trans. & Proc. New Zealand Inst. 47: 94–111. (29, 30)

Edwards, M. E. 1977. Carbon dioxide and ethylene control of spore germination in *Onoclea sensibilis* L. Pl. Physiol. (Lancaster) 59: 756–758. (01, 05)

Edwards, M. E. & J. H. Miller. 1970. Inhibition of cell division by ethylene in fern gametophytes under various light conditions. Pl. Physiol. (Lancaster) 46(Suppl.): 32. (15, 19)

Edwards, M. E. & J. H. Miller. 1972a. Growth regulation by ethylene in fern gametophytes. II. Inhibition of cell division. Amer. J. Bot. 59: 450–457. (19)

Edwards, M. E. & J. H. Miller. 1972b. Growth regulation by ethylene in fern gametophytes. III. Inhibition of spore germination. Amer. J. Bot. 59: 458–465. (01, 05)

Eilenber, H., S. Beer, S. Gepstein, N. Geva, O. Tadmoor & A. Zilberstein. 1991. Variability in ribulose-1, 5-bisphosphate carboxylase/oxygenase small subunits and carboxilation activity in fern gametophytes grown under different light spectra. Pl. Physiol. (Lancaster) 95: 298–304. (17, 18, 32)

Ekes, M. 1979. Luminal chloroplast connections with endoplasmatic reticulum-like cisterns and cell wall in *Dryopteris filix-mas* gametophytes. Acta. Biol. Acad. Sci. Hung. 30: 201–207. (26)

Elmore, H. W. 1976. Hormonal interactions in the regulation of apogamous bud formation in culture of gametophyte of the bracken fern, *Pteridium aquilinum* (L.) Kuhn. Proc. Canad. Soc. Pl. Physiol. 16: 18. (15, 28)

Elmore, H. W. & R. J. Adams. 1976. Scanning electron microscopic observations on the gametophyte and sperm of the bracken fern, *Pteridium aquilinum* (L.) Kuhn. New Phytol. 76: 519–522. (24, 26, 30)

Elmore, H. W. & D. P. Whittier. 1973. The role of ethylene in the induction of apogamous buds in *Pteridium* gametophytes. Planta 111: 85–90. (16, 22, 28)

Elmore, H. W. & D. P. Whittier. 1974. Ethylene and carbohydrate requirements for apogamous bud induction in *Pteridium* gametophytes. Canad. J. Bot. 52: 2089–2096. (16, 22, 28)

Elmore, H. W. & D. P. Whittier. 1975a. Ethylene production and ethylene-induced apogamous bud formation in nine gametophytic strains of *Pteridium aquilinum* (L.) Kuhn. Ann. Bot. (London), n.s. 39: 965–971. (16, 22, 28)

Elmore, H. W. & D. P. Whittier. 1975b. The involvement of ethylene and sucrose in the inductive and developmental phases of apogamous bud formation in *Pteridium aquilinum* gametophytes. Canad. J. Bot. 53: 375–381. (16, 22, 28)

Emigh, V. D. & D. R. Farrar. 1977. Gemmae: a role in sexual reproduction in the fern genus *Vittaria*. Science 198: 297–298. (21, 28)

Endo, M., K. Nakanishi, U. Näf, W. McKeon & R. Walker. 1972. Isolation of the antheridiogen of *Anemia phyllitidis*. Physiol. Pl. (Copenhagen) 26: 183–185. (32)

Endress, A. G. 1974. Spore germination of *Ceratopteris thalictroides* (L.) Brongn. Ann. Bot. (London), n.s. 38: 877–881. (01)

Estes, L. W. 1963. Morphological effects of ultraviolet radiation on the prothalli of *Onoclea sensibilis* L. Phytomorphology 13: 284–289. (13, 18, 30)

Esteves, L. M. & G. M. Felippe. 1985. Light sensitivity in spores of pteridophytes from the "cerrados." Revista Brasil. Bot. 8: 219–222. (07, 12)

Esteves, L. M., G. M. Felippe & T. S. Melhem. 1985. Germination and morphology of spores of *Trichipteris corcovadensis*. Amer. Fern J. 75: 92–102. (01, 30, 33)

Etter, A. 1923. Polyembryony developed under experimental conditions in certain polypodiaceous ferns. Bull. Torrey Bot. Club 50: 95–107. (25)

Etzold, H. 1965. Der Polarotropismus und Phototropismus der Chloronemen von *Dryopteris filix-mas* (L.) Schott. Planta 64: 254–280. (20)

Evans, A. M. 1964. Ameiotic alternation of generations: a new life cycle in the ferns. Science 143: 261–263. (26, 28)

Evans, L. S. 1969. Problems of apomixis and the treatment of axenic complexes. BioScience 19: 708–711. (28)

Evans, L. S. & D. M. Bozzone. 1977. Effect of buffered solutions and sulfate on vegetative and sexual development in gametophytes of *Pteridium*

aquilinum. Amer. J. Bot. 64: 897–902. (14, 19, 20, 23)
Evans, L. S. & D. M. Bozzone. 1978. Effect of buffered solutions and various anions on vegetative and sexual development in gametophytes of *Pteridium aquilinum*. Canad. J. Bot. 56: 779 785. (14, 19, 20, 23)
Evans, L. S. & C. A. Conway. 1980. Effects of acidic solutions on sexual reproduction of *Pteridium aquilinum*. Amer. J. Bot. 67: 866–875. (23)
Fabbri, F. & L. Marassi Bonzi. 1982. On the occurrence of nuclear paracrystalline bodies in pteridophytes. Caryologia 35: 370–371. (26)
Faegri, K. 1934. Zur Kenntnis der Prothallien von *Athyrium crenatum* und *Asplenium marinum*. Bergens Mus. Årbok 12: 1–15. (30)
Faivre, M. 1969a. Action de la kinétine sur le gamétophyte de *Gymnogramme calomelanos* (Filicinées, Leptosporangées). Compt. Rend. Hebd. Séances Acad. Sci. 269: 32–35. (15)
Faivre, M. 1969b. Morphologie des gamétophytes du *Gymnogramme calomelanos* (Filicinées, Leptosporangées) cultivées en présence de kinétine, glucose et saccharose. Compt. Rend. Hebd. Séances 269: 693–696. (15, 30)
Faivre, M. 1970. Étude expérimentale sur la régénération de gamétophytes à partir des cellules de filaments germinatifs issus de spores de *Gymnogramme calomelanos* (Filicinées, Leptosporangées). Compt. Rend. Hebd. Séances Acad. Sci. 270: 1245–1257. (21)
Faivre, M. 1975a. Étude du comportement et de la régénération de jeune gamétophyte du *Gymnogramme calomelanos* (Leptosporangées Filicinées). Compt. Rend. Hebd. Séances Acad. Sci. 270: 1245–1257. (21)
Faivre, M. 1975b. Étude du comportement et de la régénération du jeune gamétophyte du *Gymnogramme calomelanos* (Leptosporangiées-Filicinées) en fonction de divers facteurs. Rev. Gen. Bot. 82: 5–91. (21)
Faivre, M., J. Kuligowski & Y. Tourte. 1982. Experimental study of fertilization in a fern: nuclear and cytoplasmic events. Cytobios 35: 195–208. (23, 26)
Faivre-Baron, M. 1977a. Étude cytophysiologique de la régénération du jeune gamétophyte d'une fougère: le *Gymnogramme calomelanos* L. I. Beitr. Biol. Pflanzen. 53: 103–120. (21, 26, 32)
Faivre-Baron, M. 1977b. Étude cytophysiologique de la régénération du jeune gamétophyte d'une fougère: le *Gymnogramme calomelanos* L. II. Beitr. Biol. Pflanzen. 53: 127–142. (21, 26, 32)
Faivre-Baron, M. 1977c. Incorporation de thymidine et leucine tritiées dans les gamétophytes d'une fougère: le *Gymnogramme calomelanos* L. à différents stades de leur développements. Beitr. Biol. Pflanzen. 53: 411–420. (15, 19)
Faivre-Baron, M. 1978a. Étude des mécanismes de corrélations d' inhibition chez le jeune gamétophyte de *Gymnogramme calomelanos* L. Biochem. Physiol. Pflanzen. 172: 79–91. (32)
Faivre-Baron, M. 1978b. Étude du fonctionnement des zones organogenèses du gametophyte du *Gymnogramme calomelanos* L. (Pteridophytes, Filicinées). Flora 167: 315–328. (32)
Faivre-Baron, M. 1979a. Intervention de substances avec agroupements sulphydryles dans la morphogenèse prothallienne d'une fougère. Biochem. Physiol. Pflanzen. 174: 696–706. (14, 19, 20)
Faivre-Baron, M. 1979b. Peroxysomes in the gametophytic cells of a fern: *Gymnogramme calomelanos* L. Beitr. Biol. Planzen. 55: 129–142. (32)
Faivre-Baron, M. 1980. Action de deux inhibiteurs de la synthèse protéique sur la morphologie prothallienne d'une fougère. Flora 169: 467–475. (15, 32)
Faivre-Baron, M. 1981a. Effets de l'acide indolyl-acetique exogène et son transport dans le gamétophyte d'une fougère. Z. Pflanzenphysiol. 101: 263–275. (15, 32)
Faivre-Baron, M. 1981b. Effects and transport of IAA in the gametophyte of a fern. Z. Pflanzenphysiol. 101: 263–275. (15, 32)
Farlow, W. G. 1874a. Über ungeschlechtliche Erzeugung von Keimpflanzchen auf Farnprothallien. Bot. Zeitung (Berlin) 32: 180–183. (22, 30)
Farlow, W. G. 1874b. An asexual growth from the prothallus of *Pteris cretica*. Quart. J. Microscop. Sci. 14: 266–272. (21, 22)
Farlow, W. G. 1888. Apospory in *Pteris aquilina*. Ann. Bot. (London) 2: 383–385. (28)
Farmer, J. B. & L. Digby. 1907. Studies in apospory and apogamy in ferns. Ann. Bot. (London) 21: 161–199. (28)
Farmer, J. B., J. E. S. Moore & L. Digby. 1903. On the cytology of apogamy and apospory I. Preliminary note on apogamy. Proc. Roy. Soc. London 71: 453–457. (26, 28)
Farrar, D. R. 1967. Gametophytes of four tropical fern genera reproducing independently of their sporophytes in the Southern Appalachians. Science 155: 1266–1267. (21, 27, 28)
Farrar, D. R. 1971. The biology of ferns with asexually reproducing gametophytes in the eastern United States. Tesis doctoral, University of Michigan, Ann Arbor. (21, 29)
Farrar, D. R. 1974. Gemmiferous fern gametophytes—Vittariaceae. Amer. J. Bot. 61: 146–155. (21, 22)
Farrar, D. R. 1976. Spore retention and release from overwintering fern fronds. Amer. Fern J. 66: 49–52. (09)

Farrar, D. R. 1977. Ecology of the sexual regeneration of pteridophytes—The need for field studies. In *Ecology of the Sexual Generation of Pteridophytes*, p. 15. Bot. Soc. Amer. Misc. Publ. 23. (29)

Farrar, D. R. 1978. Problems in the identity and origin of the Appalachian *Vittaria* gametophyte, a sporophyteless fern of the Eastern United States. Amer. J. Bot. 65: 1–12. (21, 27, 29, 30)

Farrar, D. R. 1985. Independent fern gametophytes in the wild. Proc. Roy. Soc. Edinburgh, B 86: 361–369. (21, 27, 29, 30)

Farrar, D. R. 1990. Species and evolution in asexually reproducing independent fern gametophytes. Syst. Bot. 15: 98–111. (27, 29)

Farrar, D. R. 1991. Revisión de *Developmental Biology of Fern Gametophytes*, V. Raghavan. 1989. Syst. Bot. 16: 395–396. (31)

Farrar, D. R. 1992a. *Trichomanes intricatum*: the independent *Trichomanes* gametophyte in the eastern United States. Amer. Fern J. 82: 68–74. (21, 29)

Farrar, D. R. 1992b. Identification and ecology of gametophytes of Hawaiian Hymenophyllaceae. Amer. J. Bot. 79(6) Suppl.: 118–119. (29)

Farrar, C. D. & C. L. Dassler. 1992. Establishment of fern gametophytes on islands. Amer. J. Bot. 79(6) Suppl.: 114. (29)

Farrar, C. D. & P. G. Davison. 1994. *Hymenophyllum tayloriae*: sporophyte and gametophyte together again after 58 years. Amer. J. Bot. 81(6) suppl.: 128. (29, 33)

Farrar, D. R. & R. D. Gooch. 1975. Fern reproduction in Woodman Hollow, central Iowa: preliminary observations and a consideration of the feasibility of studying fern reproductive biology in nature. Proc. Iowa Acad. Sci. 82: 119–122. (23, 33)

Farrar, D. L. & J. T. Mickel. 1991. *Vittaria appalachiana*: a name for the "Appalachian gametophyte." Amer. Fern. J. 81: 69–75. (21, 33)

Farrar, D. R. & W. H. Wagner, Jr. 1968. The gametophyte of *Trichomanes holopterum* Kunze. Bot. Gaz. (Crawfordsville) 129: 210–219. (30)

Farrar, D. R., J. C. Parks & B. W. McAlpin. 1983. The fern genera *Vittaria* and *Trichomanes* in the Northeastern United States. Rhodora 85: 83–92. (21, 27, 29, 30)

Fechner, A. & H. Schraudolf. 1982. Isolation and characterization of polyadenylic acid-containing ribonucleic acid from dry spores of *Anemia phyllitidis* (L.) Sw. Z. Pflanzenphysiol. 108: 419–428. (12)

Fechner, A. & H. Schraudolf. 1984. Translation and transcription in imbibed and germinated spores of *Anemia phyllitidis* (L.) Sw. Planta 161: 451–458. (12, 27)

Fechner, A. & H. Schraudolf. 1986. Aphidicolin inhibition of DNA synthesis and germination in spores of *Anemia phyllitidis* (L.) Sw. Pl. Physiol. (Lancaster) 81: 714–716. (32)

Feigley, M. 1949. An occurrence of gametophytes of *Equisetum* in Cheboygan County, Michigan. Amer. Fern J. 39: 106–109. (29)

Fellenberg-Kressel, M. 1969. Untersuchungen über die Archegonien und Antheridienbildung bei *Microlepia speluncae* (L.) Moore in Abhängigkeit von innerer und ausseren Faktoren. Flora 160: 14–39. (24)

Feller, M. J. 1957. Gamétophytes et gamétogenèse dans le genre *Marsilea*. Cellule 58: 171–207. (24)

Ferguson, M. C. 1911. Imbedded sexual cells in the Polypodiaceae. Bot. Gaz. (Crawfordsville) 51: 443–448. (24)

Fernández, H., A. Bertrand & R. Sánchez-Tamés. 1993. In vitro regeneration of *Asplenium nidus* L. from gametophytic and sporophytic tissue. Sci. Hort. 56: 71–77. (21)

Fernández, H., A. Bertrand & R. S. Tames. 1990. Regeneration of *Asplenium nidus-avis, Pteris ensiformis* and *Osmunda regalis* gametophyte's tissue. Physiol. Pl. (Copenhagen) 79: A3. [Resumen.] (21, 22)

Fischer, H. 1909. Über *Aspidium remotum* A. Br. Kreuzung oder Mutation?—ein neuer Fall von Apogamie. Ber. Deutsch. Bot. Ges. 27: 495–502. (28)

Fischer, H. 1911a. Wasserkulturen von Farnprothallien, mit Bemerkungen über die Bedingungen der Sporenkeimung. Beih. Bot. Centralbl. 27: 54–59. (01, 03, 04)

Fischer, H. 1911b. Licht und Dunkelkeimung bei Farnsporen. Beih. Bot. Centralbl. 27: 60–62. (01, 07)

Fischer, H. 1912. Weiteres über Wasserculturen von Farnprothallien. Beih. Bot. Centralbl. 28: 192–193. (01, 07)

Fischer, H. 1919. Apogamie bei Farnbastarden. Ber. Deutsch. Bot. Ges. 37: 286–292. (28)

Fisher, R. W. & J. H. Miller. 1975. Growth regulation by ethylene in fern gametophytes. IV. Involvement of photosynthesis in overcoming ethylene inhibition of spore germination. Amer. J. Bot. 62: 1104–1111. (15, 32)

Fisher, R. W. & J. H. Miller. 1978. Growth regulation by ethylene in fern gametophytes. V. Ethylene and the early events of spore germination. Amer. J. Bot. 65: 334–339. (15, 19, 32)

Fisher, R. W. & W. Shropshire, Jr. 1979. Reversal by light of ethylene-induced inhibition of spore germination in the sensitive fern *Onoclea sensibilis*. An action spectrum. Pl. Physiol. (Lancaster) 63: 984–988. (15, 17, 32)

Fliflet, T. 1961. Growing ferns from spores. Amer. Fern J. 51: 113–127. (01, 02, 03, 04, 07)

Ford, M. V. 1992. Growing ferns from spores in sterile culture. In J. M. Ide, A. C. Jermy & A. M. Paul (eds.), *Fern Horticulture: past, present and future perspectives*, pp. 295–297. Intercept, Andover. (33)

Ford, M. V. & M. F. Fay. 1990. Growth of ferns from spores in axenic culture. In J. W. Pollard & J. M. Walker (eds.), *Methods in Molecular Biology. 6. Plant Cell and Tissue Culture*, pp. 171–180. Humana Press, Clifton, New Jersey. (33)

Forrest, V., T. Cody, J. Caruso & D. Warshawsky. 1989. Influence of the carcinogenic pollutant benzo (alpha) pyrene on plant development: fern gametophytes. Chem. Biol. Int. 72: 295–308. (15)

Foster, D. B. 1964. The gametophytes and embryogeny of five species of *Botrychium*. Tesis doctoral, Cornell University, Ithaca, New York. (30)

Fowler, K. 1975. An escape mechanism for spermatozoids in *Azolla* massulae. Amer. Fern J. 65: 7–10. (24)

Francis, P. C. 1981. The effects of heavy metal ion combinations on fern and moss spore germination and moss protonemal growth. Tesis de maestría, Howard University. Washington, D.C. (01, 03, 04, 13, 14)

Francis, P. C. & R. L. Petersen. 1983a. Effects of copper, cadmium, and zinc on percent spore germination of the cinnamon fern (*Osmunda cinnamomea*) and the sensitive fern (*Onoclea sensibilis*). Bull. Environ. Contam. Toxicol. 30: 559–566. (03)

Francis, P. C. & R. L. Petersen. 1983b. Synergistic and antagonistic responses of fern spore germination to combinations of copper, cadmium, and zinc. Bull. Environ. Contam. Toxicol. 30: 567–574. (03)

Fraser, T. W. & D. L. Smith. 1974. Young gametophytes of the fern *Polypodium vulgare* L. An ultrastructural study. Protoplasma 82: 19–32. (26)

Freeberg, J. A. 1957. The apogamous development of sporelings of *Lycopodium cernnum* L., *L. complanatum* var. *flabelliforme* Fernald and *L. selago* L. in vitro. Phytomorphology 7: 217–229. (28)

Freeberg, J. A. 1962. *Lycopodium* prothalli and their endophytic fungi as studied in vitro. Amer. J. Bot. 49: 530–535. (29, 30)

Freeberg, J, A. & R. H. Wetmore. 1957. Gametophytes of *Lycopodium* as grown in vitro. Phytomorphology 7: 204–217. (30)

Freer, R. S. 1926. Notes on the development of the gametophyte and embryo of *Asplenium angustifolium* Michx. Ohio J. Sci. 26: 147–168. (30)

Frey, W., E. O. Campbell & H. M. Hilger. 1993. The sporophyte-gametophyte junction in *Tmesipteris* (Psilotaceae, Psilotopsida): phylogenetic implications of transfer cell arrangement. Beitr. Biol. Pflanzen 68: 105–111. (27)

Frey, W., E. O. Campbell & H. M. Hilger. 1994. Structure of the sporophyte-gametophyte junction in *Tmesipteris elongata* P. A. Dangeard (Psilotaceae, Psilotopsida) and its phylogenetic implications: a SEM analysis. Nova Hedwigia 59: 21–22. (26, 27)

Friebel, H. 1933. Untersuchungen zur Cytologie der Farne. Beitr. Biol. Pflanzen 21: 167–210. (26)

Friend, D. J. C. 1975. Adaptation and adjustment of photosynthetic characteristics of gametophytes and sporophytes of Hawaiian tree ferns (*Cibotium glaucum*) grown at different irradiances. Photosynthetica 9: 157–164. (08, 18, 32)

Fries, D. 1970. Morphogenèse des structures apogamés induites chez *Dryopteris filix-mas* (L.) Schott, cultivé in vitro. Bull. Soc. Roy. Bot. Belgique 103: 321–340. (28)

Furber, M. & L. N. Mander. 1988. An improved synthesis of antheridic acid, the antheridium inducing factor from the fern *Anemia phyllitidis*. Tetrahedron Lett. 29: 3339–3342. (15, 32)

Furber, M. & L. N. Mander. 1988a. Synthesis and confirmation of structure of the antheridium inducing factor from the fern, *Anemia mexicana*. J. Amer. Chem. Soc. 110: 4084–4085. (32)

Furuya, M. 1977. Photomorphogenesis in plants. Recent Prog. Nat. Sci. Japan 2: 45–69. (17, 30)

Furuya, M. 1978. Photocontrol of developmental processes in fern gametophytes. Bot. Mag. (Tokyo), Special Issue 1: 219–242. (17)

Furuya, M. 1983. Photomorphogenesis in ferns. In *Encyclopedia of Plant Physiology*, n.s., W. Shropshire, Jr. and H. Mohr (eds.), 16b: 569–600. Springer Verlag. Berlin. (17)

Furuya, M. 1985. Photocontrol of spore germination and elementary processes of development in fern gametophytes. Proc. Roy. Soc. Edinburgh, B 86: 13–19. (17, 19)

Furuya, M., M. Ito & M. Sugai. 1967. Photomorphogenesis in *Pteris vittata*. Jikken Keitaigaku Shi (Jap. J. Exp. Morphol.) 21: 398–408. [En japonés.] (17)

Furuya, M., A. Kadota & H. Uematsu-Kaneda. 1982. Percent Pfr-dependent germination of spores in *Pteris vittata*. Pl. Cell Physiol. 23: 1213–1217. (12)

Furuya, M., M. Wada & A. Kadota. 1980. Regulation of cell growth and cell cycle by blue light in *Adiantum* gametophytes. In *The Blue Light Syndrome*, H. Senger (ed.), pp. 119–132. Springer Verlag, Berlin. (07, 17, 19)

Gairdner, A. E. 1933. Sporangia containing spermatozoids in ferns. Nature 131: 621–622. (22, 24)

Galdi B, M. E. 1966. Estudio comparativo de protalos de helechos arbóreos. Tesis de licenciatura, Facultad de Ciencias, UNAM, México. (30)

Galston, A. W. & M. Furuya. 1989. Control of growth and morphogenesis in *Adiantum* protonemata by polyamines and inhibitors of their biosynthesis. Pl. Physiol. (Lancaster) Suppl. 89(4): 114. [Resumen.] (15, 32)

Ganders, F. R. 1972. Heterozygosity for recessive lethals in homosporous fern populations: *Thelypteris palustris* and *Onoclea sensibilis*. Bot. J. Linn. Soc. 65: 211–221. (27)

Gantt, E. & H. J. Arnott. 1963. Chloroplast division in the gametophyte of the fern *Matteuccia struthiopteris* (L.) Todaro. J. Cell Biol. 19: 446–448. (26)

Gantt, E. & H. J. Arnott. 1965. Spore germination and development of the young gametophyte of the ostrich fern (*Matteuccia struthiopteris*). Amer. J. Bot. 52: 82–94. (30)

Garbary, D. J., K. S. Renzaglia & J. G. Duckett. 1993. The phylogeny of land plants: a cladistic analysis based on male gametogenesis. Pl. Syst. Evol. 188: 237–269. (24, 27)

Garg, P. & S. Devi. 1994. Ultrastructural changes due to cadmium toxicity in some fern gametophytes. Indian Fern J. 11: 1–6. (14, 26)

Garrison, J. 1991. Unusual growth patterns in *Lygodium* gametophytes. Fiddlehead Forum 18: 6. (19)

Gastony, G. J. 1974. Spore morphology in the Cyatheaceae. I. The perine and sporangial capacity: general considerations. Amer. J. Bot. 61: 672–680. (33)

Gastony, G. J. 1977. Chromosomes of the independently reproducing Appalachian gametophyte: a new source of taxonomic evidence. Syst. Bot. 2: 43–48. (26, 27, 28, 29)

Gastony G. J. 1990. Electrophoretic evidence for allotetraploid with segregating heterozygosity in South African *Pellaea rufa* A. F. Tryon (Adiantaceae). Ann. Missouri Bot. Gard. 77: 306–313. (27, 28)

Gastony, G. J. & L. D. Gottlieb. 1982. Evidence for genetic heterozygosity in a homosporous fern. Amer. J. Bot. 69: 634–637. (27)

Gastony, G. J. & C. H. Haufler. 1976. Chromosome numbers and apomixis in the fern genus *Bommeria* (Gymnogrammaceae). Biotropica 8: 1–11. (26, 27, 28)

Gates, B. N. 1954. Germination of spores of *Isoëtes tuckermani* A. Br. in their natural habitat. Rhodora 56: 226–227. (29)

Gauthier, R. & R. Dumais. 1938. Les prothalles de Lycopodées dans le Québec. Naturaliste Canad. 65: 280–284. (29, 30)

Geiger, H. 1935. Untersuchungen an *Selaginella* (Makroprothallism, Efruchtung und Apomixis). Flora 129: 140–167. (28, 30)

Gemmrich, A. R. 1975. Prolindehydrogenase aus keimenden Farnsporen. Phytochemistry 14: 353–357. (12)

Gemmrich, A. R. 1977a. Fatty acid composition of fern spore lipids. Phytochemistry 16: 1044–1046. (12)

Gemmrich, A. R. 1977b. Mobilization of reserve lipids in germinating spores of the fern *Anemia phyllitidis* L. Pl. Sci. Lett. 9: 301–307. (10, 12)

Gemmrich, A. R. 1979a. Isocitrate lysase in germinating spores of the fern *Anemia phyllitidis*. Phytochemistry 18: 1143–1146. (10, 12)

Gemmrich, A. R. 1979b. Lipid synthesis in imbibed spores of the fern *Anemia phyllitidis* (L.) Sw. Z. Pflanzenphysiol. 91: 317–324. (10, 12)

Gemmrich, A. R. 1980. Developmental changes in microbody enzyme activities in germinating spores of the fern *Pteris vittata*. Z. Pflanzenphysiol. 97: 153–160. (10, 12)

Gemmrich, A. R. 1981. Ultrastructural and enzymatic studies on the development of microbodies in germinating spores of the fern *Anemia phyllitidis*. Z. Pflanzenphysiol. 102: 69–80. (26)

Gemmrich, A. 1982. Effect of red light and gibberellic acid on lipid metabolism in germinating spores of the fern *Anemia phyllitidis*. Physiol. Pl. (Copenhagen) 54: 58–62. (07, 10, 12)

Gemmrich, A. R. 1986a. Antheridiogenesis in the fern *Pteris vittata*. I. Photocontrol of antheridium formation. Pl. Sci. Lett. 43: 135–140. (17, 23, 24)

Gemmrich, A. R. 1986b. Antheridiogenesis in the fern *Pteris vittata* II. Hormonal control of antheridium formation. J. Pl. Physiol. 125: 157–166. (15, 23, 24)

Gemmrich, A. R. 1988. Ion requirement of red light and blue light mediated inhibition of antheridiogenesis in the fern *Pteris vittata*. Pl. Sci. 58: 159–164. (14, 17, 32)

Georgevitch, P. 1910a. Preliminary note on apospory and apogamy in *Trichomanes kaulfussii* Hk. et Grev. Ann. Bot. (London) 24: 233–234. (28)

Georgevitch, P. 1910b. Aposporie und Apogamie bei *Trichomanes kaulfussii* Hk. et Grev. Jahrb. Wiss. Bot. 48: 155–170. (28)

Gewirtz, M. & A. Fahn. 1960. The anatomy of the sporophyte and gametophyte of *Ophioglossum lusitanicum* L. ssp. *lusitanicum*. Phytomorphology 10: 342–351. (30)

Giauque, M. F. A. 1949. Wax glands and prothallia. Amer. Fern J. 39: 3335. (30)

Gifford, E. M., Jr. & D. D. Brandon. 1978. Gametophytes of *Botrychium multifidum* as grown in axenic culture. Amer. Fern J. 68: 71–75. (13, 17, 30)

Glass, A. D. M. & B. A. Bohn. 1970. The phenol glucosylation reaction in ferns. Phytochemistry 9: 2197–2198. (32)

Gliessman, S. R. 1978. The establishment of bracken following fire in tropical habitats. Amer. Fern J. 68: 41–44. (29)

Goebel, K. 1877. Entwicklungsgeschichte des Prothalliums von *Gymnogramme leptophylla*

Desv. Bot. Zeitung (Berlin) 35: 671–678; 681–694; 697–711. (30)

Goebel, K. 1888. Zur Keimungsgeschichte einiger Farne. Ann. Jard. Bot. Buitenzorg 7: 74–119. (30, 33)

Goebel, K. 1892. Archegoniatenstudien. Flora 76: 92–116. (33)

Goebel, K. 1896. Archegoniatenstudien. 8. *Hecistopteris*, eine verkannte Farngattung. Flora 82: 67–75. (33)

Goebel, K. 1902. Über Regeneration in Pflanzenreich. Biol. Centralbl. 22: 385–387; 417–438; 481–505. (21)

Goebel, K. 1905. Kleinere Mitteilung. 3. Aposporie bei *Asplenium dimorphum*. Flora 95: 239–244. (28)

Goebel, K. 1914. Experimentell-morphologische Mitteilung. I. Kunstliche hervorgerufen Aposporie bei Farnen. Sitzungsber. Math. Phys. Cl. Königl. Bayer. Akad. Wiss. München 37: 119–136. (28)

Goebel, K. 1928. Über die Einwirkung des Lichtes auf die Flachenentwicklung der Farnprothallien. Recueil Trav. Bot. Néerl. 25a: 122–128. (17, 30)

Gómez P., L. D. 1975. Contributions to the pteridology of Costa Rica 5. A case of apogamy in populations of *Trichomanes crinitum*. Brenesia 6: 19–23. (28)

Gorska-Brylass, A. 1968. Occurrence of callose in gametogenesis in pteridophytes. Bull. Acad. Polon. Sci., Sér. Sci. Biol. 16: 757–759. (24, 32)

Gratzy-Wardengg, E. 1931. Degeneration von Chloroplasten an Farnprothallien. Protoplasma 14: 52–63. (26, 32)

Gratzy-Wardengg, S. A. E. 1929. Ismotische Untersuchungen an Farnprothallien. Planta 7: 307–339. (32)

Greany, R. H. & J. H. Miller. 1976. An interpretation of dose-response curves for light-induced cell elongation in fern protonemata. Amer. J. Bot. 63: 1031–1037. (17, 19, 20)

Greer, G. K. 1993. The influence of soil topography and spore-rain density on gender expression in gametophyte populations of the homosporous fern *Aspidotis densa*. Amer. Fern J. 83: 54–59. (29)

Gressel, J. 1980. Blue light and transcription. In *The Blue Light Syndrome*, H. Senger (ed.), pp. 133–153. Springer Verlag. (17)

Grill, R. 1987. Induction of two-dimensional growth by red and green light in the fern *Anemia phyllitidis* (L.) Sw. J. Pl. Physiol. 131: 363–371. (17, 19)

Grill, R. 1988. Photocontrol of gibberellin-induced precocious antheridium formation in the fern *Anemia phyllitidis* (L.) Sw. J. Pl. Physiol. 133: 381–384. (15, 17, 24)

Grill, R. 1990a. Effects of nitrate on precocious antheridium formation in blue light in the fern *Anemia phyllitidis* (L.) Sw. J. Pl. Physiol. 136: 710–715. (14, 17)

Grill, R. 1990b. Red light-mediated two-dimensional growth in gametophytes of the ferns *Adiantum capillus-veneris* L. and *Dryopteris filix-mas* (L.) Schott. J. Pl. Physiol. 136: 765–768. (17, 19)

Grill, R. 1991. Connection between abscissic acid and nitrate-induced inhibition of blue light-mediated antheridiogenesis in the fern *Anemia phyllitidis* (L.) Sw. J. Pl. Physiol. 138: 629–633. (24, 32)

Grill, R. & H. Schraudolf. 1981. In vivo phytochrome difference spectrum from dark grown gametophytes of *Anemia phyllitidis* (L.) Sw. treated with norflurazon. Pl. Physiol. (Lancaster) 68: 1–4. (15, 32)

Grill, R. & H. Schraudolf. 1993. Phytochrome-mediated mitotic activity and induction of two-dimensional growth in gametophytes of *Anemia phyllitidis* (L.) Sw. J. Pl. Physiol. 141: 457–462. (15, 19)

Guervin, C. 1968. Les 3 étapes de l'edification du prothalle du *Gymnogramme sulphurea* Desv. Compt. Rend. Hebd. Séances Acad. Sci. 266: 343–345. (19, 20, 30)

Guervin, C. 1971. Contribution à l'étude d'une Polypodiacée: le *Gymnogramme sulphurea* Desv. I: Cytomorphogenèse du gamétophyte. Rev. Gén. Bot. 78: 5–51. (19, 20, 26)

Guervin, C. 1972a. Contribution à l'étude d'une Polypodiacée: le *Gymnogramme sulphurea* Desv. II.—Étude cytomorphologique de l'embryon. Rev. Gén. Bot. 79: 5–108. (19, 20, 26)

Guervin, C. 1972b. Contribution à l'étude d'une Polypodiacée: le *Gymnogramme sulphurea* Desv. III. Étude des lipides. Rev. Gén. Bot. 79: 109–137. (32)

Guervin, C. & J. Laroche. 1967. Cultures d'*Equisetum arvense* L. et de *Gymnogramme sulphurea* Desv.: importance du facteur pH. Compt. Rend. Hebd. Séances Acad. Sci. (14)

Guervin, C., J. Laroche & C. Le Coq. 1979. Le génome et l'expression sexuelle chez l'*Equisetum arvense* L., II. Comportement du gamétophyte cultivé sur milieu témoin additionné de phytohormones. Rev. Gén. Bot. 86: 3–20. (15, 23)

Guignard, L. 1889a. Sur les anthérozoides des Marsiliacées et des Equisetacées. Bull. Soc. Bot. France, 36: 378–383. (24)

Guignard, L. 1889b. Développement et constitution des anthérozoides. Rev. Gén. Bot. 1: 11–27; 63–78; 136–145; 175–194. (24)

Guiragossian, H. A. & R. E. Koning. 1986. Induction of spore germination in *Schizaea pusilla* (Schizaeaceae). Amer. J. Bot. 73: 1588–1594. (01, 07)

Gullvag, B. M. 1968. On the fine structure of the spores of *Equisetum fluviatile* var. *verticillatum* studied in the quiescent, germinated and non-viable state. Grana Palynol. 8(1): 23–69. (10)

Gullvag, B. M. 1969. Primary storage products of some pteridophyte spores—a fine structural study. Phytomorphology 19: 82–92. (10, 12)
Gullvag, B. M. 1971. The fine structure of some pteridophyte spores before and during germination. In *Pollen and Spore Morphology, Plant Taxonomy, Pteridophyta*, G. Erdtmann and P. Sorsa (eds.), pp. 152–295. Alqvist and Wiksell, Stockholm. (10, 11, 12)
Gupta, M. 1992 "1991." Ferns and environmental pollution: a review. Indian Fern J. 8: 41–51. (29)
Gupta, M. & S. Devi. 1992. Effect of cadmium on spore germination and gametophyte development in some ferns. Bull. Environm. Contam. Toxicol. 48: 337–343. (3, 14)
Haas, C. J. & R. Scheverlein. 1990. Phase-specific effect of nitrate on phytochrome-mediated germination in spores of *Dryopteris filix-mas* L. J. Phytochem. Photobiol. 52: 67–72. (14)
Haas, C. J., R. Scheverlein & S. J. Roux. 1991. Phytochrome-mediated germination and early development in spores of *Dryopteris filix-mas* L.: phase-specific and non-phase inhibition by staurosporine. J. Pl. Physiol. 138: 747–751. (32)
Hadfield, P. R. H. & A. F. Dyer. 1988. Cyanogenesis in gametophytes and young sporophytes of bracken. Biochem. Syst. Ecol. 16: 9–13. (32)
Hagar, W. G. & J. A. Freeberg. 1980. Photosynthetic rates of sporophytes and gametophytes of the fern, *Todea barbara*. Pl. Physiol. (Lancaster) 65: 584–586. (12, 32)
Haigh, M. V. & A. Howard. 1970. Mutations affecting cell morphology in *Osmunda regalis*. J. Heredity 61: 285–287. (26, 27)
Haigh, M. V. & A. Howard. 1973a. Effects of x rays on the growth of the first rhizoid in spores of *Osmunda*. Radiat. Bot. 13: 37–45. (08, 11)
Haigh, M. V. & A. Howard. 1973b. Radiation-induced tumorous outgrowths in young gametophytes of *Osmunda regalis*. Radiat. Bot. 13: 111–119. (18, 22)
Hainsworth, P. H. 1989. Trials and errors on raising ferns from spores. Pteridologist 1: 249–252. (01)
Hamilton, R. G. 1989. Evidence of an antheridiogen effect in naturally occurring gametophyte populations. Amer. J. Bot. Suppl. 76(6): 203. [Resumen.] (15, 19)
Hamilton, R. G. 1994. The effects of pH, nutrient level, density and temperature on size and gender expression of fern gametophytes. Amer. J. Bot. 81(6) suppl.: 129. (13, 14, 23)
Hamilton, R. G. & R. M. Lloyd. 1991a. An experimental study on the effects of earthworms on the ecological success of fern gametophytes. Amer. Fern J. 81(3): 95–99. (29)
Hamilton, R. G. & R. M. Lloyd. 1991b. Antheridiogens in the wild: the development of fern gametophytes communities. Funct. Ecol. 5: 804–809. (16, 29)
Hannaford, J. E. & A. E. DeMaggio. 1970. Cell cycle kinetics and cytophotometric analyses in polyploid fern prothalli. Amer. J. Bot. 57(6)Suppl.: 741. [Resumen.] (19, 30)
Hannaford, J. E. & A. E. DeMaggio. 1975. Cytological studies in a polyploid series of the fern *Todea barbara*. In *Form, Structure and Function in Plants*, H. Y. M. Ram, J. J. Shah and C. K. Shah (eds.), pp. 59–68. Sarita Prakashan. (26, 27)
Hanstein, J. 1866. Die Befruchtung und Entwicklung der Gattung *Marsilea*. Jahrb. Wiss. Bot. 4: 197–260. (23, 33)
Hartman, M. E. 1931. Antheridial dehiscence in the Polypodiaceae. Bot. Gaz. (Crawfordsville) 91: 252–276. (24, 30)
Hartmann, H. M., H. Menzel & H. Mohr. 1965. Ein Beitrag zur Theorie der polarotropischen Krummung. Planta 64: 363–375. (11)
Hartt, C. E. 1925. Conditions for the germination of spores of *Onoclea sensibilis*. Bot. Gaz. (Crawfordsville) 79: 427–440. (01, 07)
Haufler, C. H. 1979. A biosystematic revision of *Bommeria*. J. Arnold Arbor. 60: 445–476. (30, 33)
Haufler, C. H. 1985. Enzyme variability and modes of evolution in *Bommeria* (Pteridaceae). Syst. Bot. 10: 92–104. (27, 32)
Haufler, C. H. 1987. Electrophoresis is modifying our concepts of evolution in homosporous pteridophytes. Amer. J. Bot. 74: 953–966. (27, 33)
Haufler, C. H. & W. W. Adams, III. 1982. Early gametophyte ontogeny of *Gleichenia bifida* (Willd.) Spreng.: phylogenetic and ecological implications. Amer. J. Bot. 69: 1560–1565. (19, 20, 27, 29)
Haufler, C. H. & G. J. Gastony. 1976. Preliminary investigations of an antheridogen system in the fern genus *Bommeria*. Proc. Indiana Acad. Sci. 85: 351. [Resumen.] (15)
Haufler, C. H. & G. J. Gastony. 1978. Antheridiogen and the breeding system in the fern genus *Bommeria*. Canad. J. Bot. 56: 1594–1601. (23, 24)
Haufler, C. H. & T. A. Ranker. 1985. Differential antheridiogen response and evolutionary mechanisms in *Cystopteris*. Amer. J. Bot. 72: 659–665. (23, 24, 27)
Haufler, C. H. & D. E. Soltis. 1984. Obligate outcrossing in a homosporous fern: field confirmation of a laboratory prediction. Amer. J. Bot. 71: 878–881. (23)
Hauke, R. L. 1967. Sexuality in a wild population of *Equisetum arvense* gametophytes. Amer. Fern J. 57: 59–66. (23, 29)
Hauke, R. L. 1968a. Gametangia of *Equisetum bogotense*. Bull. Torrey Bot. Club 95: 341–345. (24)
Hauke, R. L. 1968b. Gametangia of *Equisetum bogotense*. Amer. J. Bot. 55: 714. (24)

Hauke, R. L. 1969. Gametophyte development in Latin American horsetails. Bull. Torrey Bot. Club 96: 568–577. (30)
Hauke, R. L. 1971. The effect of light quality and intensity on sexual expression in *Equisetum* gametophytes. Amer. J. Bot. 58: 373–377. (17, 23)
Hauke, R. L. 1977. Experimental studies on growth and sexual determination in *Equisetum* gametophytes. Amer. Fern J. 67: 18–31. (23)
Hauke, R. L. 1980. The gametophytes of *Equisetum diffusum*. Amer. Fern J. 70: 39–44. (30)
Hauke, R. L. 1985. Gametophytes of *Equisetum giganteum*. Amer. Fern J. 75: 132. (30, 33)
Haupt, A. W. 1940. Sex organs of *Angiopteris evecta*. Bull. Torrey Bot. Club 67: 125–129. (23, 30)
Haupt, W. 1957. Die Induktion der Polarität bei der Spore von *Equisetum*. Planta 49: 61–90. (11)
Haupt, W. 1958. Über den Primärvorgang bei der polarisierenden Wirkung des Lichtes auf keimende *Equisetum*-Sporen. Planta 51: 74–83. (11)
Haupt, W. 1985. Effects of nutrients and light pretreatment on phytochrome-mediated fern-spore germination. Planta 164: 63–68. (03, 07, 12)
Haupt, W. 1990. Phytochrome-mediated fern-spore germination inhibition by elevated temperatures. J. Photochem. & Photobiol. 52: 57–59. (02)
Haupt, W. & E. Filler. 1986. Sequential photoregulation of fern-spore germination. J. Pl. Physiol. 125: 409–416. (07)
Haupt, W. & G. K. Psaras. 1989. Phytochrome-controlled fern-spore germination: kinetics of Pfr action. J. Pl. Physiol. 135: 31–36. (12)
Hayami, J., A. Kadota & M. Wada. 1986. Blue light-induced phototropic response and the intracellular photoreceptive site in *Adiantum* protonemata. Pl. Cell Physiol. 27: 1571–1577. (07, 17)
Hayami, J., A. Kadota & M. Wada. 1992. Intracellular dichroic orientation of the blue light-absorbing pigment and the blue-absorption band of red-absorbing form of phytochrome responsible for phototropism of the fern *Adiantum* protonemata. Photochem. Photobiol. 56: 661–666. (17, 29, 32)
Hayes, D. W. 1924. Some studies of apogamy in *Pellaea atropurpurea* (L.) Link. Trans. Amer. Microscop. Soc. 43: 119–135. (28)
Heald, F. D. 1898. Conditions for the germination of the spores of bryophytes and pteridophytes. Bot. Gaz. (Crawfordsville) 26: 25–45. (01, 33)
Hegde, S. & L. D'Souza. 1996. In vitro propagation of *Drynaria quercifolia*, an endangered fern. In J. M. Camus, M. Gibby & R. J. Johns (eds.), *Pteridology in Perspective*, p. 171. Royal Botanic Gardens, Kew. (21, 33)
Heidcamp, W. H. 1972. In vivo methylation of RNA in normal and tumorous tissues of fern gametophytes. In Vitro 7: 239. (22)
Heilbronn, A. 1910. Apogamie, Bastardierung und Erblichkeitsverhaltnissee bei einigen Farnen. Flora 101: 1–42. (28)
Heilbronn, A. 1927. Über experimentell erzeugte Tetraploidie bei Farnen. Z. Indukt. Abstammungs Vererbungdsl. Suppl. 2: 830–844. (27)
Heilbronn, A. 1932a. Polyploidie und Generationsweschel. Ber. Deutsch. Bot. Ges. 50: 289–299. (27)
Heilbronn, A. 1932b. Diploid prothallia from spores of tetraploid *Polypodium aureum*. Ber. Deutsch. Bot. Ges. 50: 289–299. (27)
Heilbronn, A. 1935. Über die Mutabilität mono- und digenomatischer Farne. Rev. Fac. Sci. Univ. Istanbul 1: 56–60. (26, 27)
Heim, C. 1896. Untersuchungen über Farnprothallien. Flora 82: 329–373. (30, 33)
Heinsen, E. 1900. Die Makrosporen und das weiblichen Prothallium von *Selaginella*. Flora 78: 466–496. (30)
Heinrichen, E. 1888. Beeinflusst das Licht die Organanlage am Farnembryo? Mitt. Bot. Inst. Graz 2: 239–253. (17)
Hendry, J. H. 1986. Radioresistance induced in fern spores by prior irradiation. Radiat. Res. 106: 396–400. (08)
Hendry, J. H., F. G. Cowie & K. H. Von Wangenheim. 1985. The reversion phenomenon in irradiated fern prothalli: effects of acute or chronic anoxia and LET. Radiat. Environ. Biophys. 24: 45–56. (18)
Henriet, M. 1970. Développement du gamétophyte et vascularization du jeune sporophyte chez *Asplenium onopteris* L., *Asplenium obovatum* Viv. et leur hybride. Cellule 68: 157–187. (30)
Henriet, M., J. P. Auquière & P. Moeöns. 1976. Étude quantitative de la morphogenèse prothalliénne dans le genre *Asplenium*. La Cellule 71: 185–206. (30)
Henriet, M. & P. Moens. 1976. Étude morphologique comparée du développement du prothalle dans le genre *Asplenium*. Cellule 71: 159–184. (30)
Henslow, G. 1886. A contribution to the study of the relative effects of different parts of the solar spectrum on the transpiration of plants. J. Linn. Soc., Bot. 22: 81–98. (17, 18)
Hepden, P. M. 1960. Studies in vesicular-arbuscular endophytes. II. Endophytes in the Pteridophyta, with special reference to leptosporangiate ferns. Trans. Brit. Mycol. Soc. 43: 559–570. (29)
Hepler, P. K. 1976. The blepharoplast of *Marsilea*: its de novo formation and spindle association. J. Cell. Sci. 21: 361–390. (24, 26)
Heun, A. L. 1939. The cytology of apogamy in *Pteris cretica* L. var. *albo-lineata* Hort. Bull. Torrey Bot. Club 66: 549–562. (26, 28)
Hevly, R. H. 1963. Adaptations of cheilanthoid ferns to desert environments. J. Arizona Acad. Sci. 2: 164–175. (29)

Hickok, L. G. 1978a. Homoeologous chromosome pairings: frequency differences in inbred and intraspecific hybrid polyploid ferns. Science 202: 982–984. (23, 27)

Hickok, L. G. 1978b. Homoeologous chromosome pairing and restricted segregation in the fern *Ceratopteris*. Amer. J. Bot. 65: 516–521. (23, 27)

Hickok, L. G. 1979a. Apogamy and somatic restitution in the fern *Ceratopteris*. Amer. J. Bot. 66: 1074–1078. (28)

Hickok, L. G. 1979b. A cytological study of intraspecific variation in *Ceratopteris thalictroides*. Canad. J. Bot. 57: 1694–1700. (26, 27)

Hickok, L. G. 1983. Abscisic acid blocks antheridiogen-induced antheridium formation in gametophytes of the fern *Ceratopteris*. Canad. J. Bot. 61: 888–892. (23, 24)

Hickok, L. G. 1985a. Genetics of gametophytes' development. Proc. Roy. Soc. Edinburgh, B 86: 21–28. (27)

Hickok, L. G. 1985b. Abscisic acid resistant mutants in the fern *Ceratopteris*: characterization and genetic analysis. Canad. J. Bot. 63: 1582–1585. (27)

Hickok, L. G. 1987. Applications of in vitro selection systems: whole-plant selection using the haploid phase of *Ceratopteris*. In *Biotechnology in Agricultural Chemistry*, H. M. LeBaron, R. O. Mumma, R. C. Honeycutt & J. H. Duesing (eds.), pp. 53–65. American Chemical Society. (27)

Hickok, L. G. & R. M. Kiriluk. 1984. Effects of auxin on gametophyte development and sexual differentiation in the fern *Ceratopteris thalictroides* (L.) Brongn. Bot. Gaz. (Crawfordsville) 145: 37–42. (15, 23)

Hickok, L. G. & O. J. Schwartz. 1986. Paraquat tolerant mutants in *Ceratopteris*: genetic characterization and reselection for enhanced tolerance. Pl. Sci. 47: 153–158. (15, 27, 29)

Hickok, L. G., T. R. Warne & M. K. Slooum. 1987. *Ceratopteris richardii*: applications for experimental plant biology. Amer. J. Bot. 74: 1304–1316. (27, 33)

Hickok, L. G., D. L. Vogelien & T. R. Warne. 1991. Selection of a mutation conferring high NaCl tolerance to gametophytes of *Ceratopteris*. Theor. Appl. Genet. 81: 293–300. (14, 27)

Hicks, G. & P. Von Aderkas. 1986. A tissue culture of the ostrich fern *Matteuccia struthiopteris* (L.) Todaro. Pl. Cell. Tissue Organ. Cult. 5: 187–197. (22)

Higinbotham, N. 1941. Development of the gametophytes and embryo of *Regnellidium diphyllum*. Amer. J. Bot. 28: 282–300. (13, 20, 30)

Hill, R. H. 1971. Comparative habitat requirements for spore germination and prothallial growth of three ferns in southeastern Michigan. Amer. Fern J. 61: 171–182. (29)

Hill, R. H. & W. H. Wagner. 1974. Seasonality and spore type of the pteridophytes of Michigan. Michigan Bot. 13: 40–44. (09, 33)

Hires, C. S. 1940. Growing ferns from spores on sterile nutrient media. J. New York Bot. Gard. 41: 267–269. (01, 30)

Hirsch, A. M. 1975. The effects of sucrose on the differentiation of excised fern leaf tissue into either gametophytes or sporophytes. Pl. Physiol. (Lancaster) 56: 390–393. (15, 19, 22)

Hirsch, A. M. 1976. The development of aposporous gametophytes and regenerated sporophytes from epidermal cells of excised fern leaves: an anatomical study. Amer. J. Bot. 63: 263–271. (22, 28)

Hiyama, T., R. Imaichi & M. Kato. 1992. Comparative development of gametophytes of *Osmunda lancea* and *O. japonica* (Osmundaceae): adaptation of rheophilous fern gametophytes. Bot. Mag. (Tokyo) 105: 215–225. (29, 30)

Holbrook-Walker, S. G. & R. M. Lloyd. 1973. Reproductive biology and gametophyte morphology of the Hawaiian fern genus *Sadleria* (Blechnaceae) relative to habitat diversity and propensity for colonization. Bot. J. Linn. Soc. 67: 157–174. (23, 29, 30)

Holloway, J. E. 1918. The prothallus and young plant of *Tmesipteris*. Trans. & Proc. New Zealand Inst. 50: 4–44. (30)

Holloway, J. E. 1920. Studies in the New Zealand species of the genus *Lycopodium*. Part. IV. The structure of the prothallus in five species. Trans. & Proc. New Zealand Inst. 52: 193–239. (30)

Holloway, J. E. 1921. Further notes on the prothallus, embryo and young sporophyte of *Tmesipteris*. Trans. & Proc. New Zealand Inst. 53: 386–422. (30)

Holloway, J. E. 1930. The experimental cultivation of the gametophyte of *Hymenophyllum pulcherrimum* Col. and *Trichomanes reniforme* Forst. f. Ann. Bot. (London) 44: 269–284. (13, 30)

Holloway, J. E. 1935. The gametophyte of *Phylloglossum drummondii*. Ann. Bot. (London) 49: 513–519. (30)

Holloway, J. E. 1939. The gametophyte, embryo, and young rhizome of *Psilotum triquetrum*. Ann. Bot. (London) 3: 313–336. (30)

Holloway, J. E. 1944. The gametophyte, embryo and developing sporophyte of *Cardiomanes reniforme* (Forst.) Presl. Trans. Roy. Soc. New Zealand 74: 196–206. (13, 30)

Holsinger, K. E. 1990. The population genetics of mating system evolution in homosporous ferns. Amer. Fern J. 80: 153–160. (29)

Horvat, I. 1922a. Gametophyt der *Ceterach officinarum*. Rad. Sudslav. Akad. Wiss. Math-Naturwiss. Abst. 68: 208–219. (30)

Horvat, I. 1922b. Die Bedeutung des Gametophyten für die Phylogenie der Filicineen. Glasn. Kroat Naturwiss. Ges. 33: 115–120. (27)

Hotta, Y. 1959a. Role of nitrogenous compounds in the development of gametophyte of *Dryopteris erythrosora*. Bot. Mag. (Tokyo) 73: 69–74. [En japonés.] (13, 15)

Hotta, Y. 1959b. Morphological differentiation and growth substance in the gametophyte of *Dryopteris erythrosora*. Bot. Mag. (Tokyo) 73: 191–194. [En japonés.] (15, 19)

Hotta, Y. 1960. The role of protein and ribonucleic acid in the differentiation of fern gametophyte. Jap. J. Bot. 17: 214–229. (15, 19)

Hotta, Y. & S. Osawa. 1958. Control of differentiation in the fern gametophyte by aminoacid analogs and 8-azaguanine. Exp. Cell Res. 15: 85–94. (15, 19)

Hotta, Y., S. Osawa & T. Sakaki. 1959. Ribonucleic acid and differentiation of the gametophyte of a polypodiaceous fern. Developm. Biol. 1: 65–78. (15, 19)

Howard, A. & M. V. Haigh. 1968. Chloroplast aberrations in irradiated fern spores. Mutat. Res. 6: 263–280. (08)

Howard, A. & M. V. Haigh. 1970. Radiation responses of fern spores during their first cell-cycle. Int. J. Radiat. Biol. 18: 147–158. (08)

Howard, A. & M. V. Haigh. 1974. Apparent non-involvement of growth hormones in the induction by radiation of tumorous outgrowths in *Osmunda* prothalli. Radiat. Bot. 14: 59–61. (08, 15, 22)

Howland, G. P. 1971. Structural, biochemical and physiological aspects of photomorphogenesis in fern gametophytes. (Tesis doctoral, Yale University. (32)

Howland, G. P. 1972. Changes in amounts of chloroplast and cytoplasmic ribosomal-RNAs and photomorphogenesis in *Dryopteris* gametophytes. Physiol. Pl. (Copenhagen) 26: 264–270. (17, 26, 32)

Howland, G. P. 1974. Genetic control of photomorphogenesis. Isolation of nonfilamentous mutants after gamma irradiation of *Pteridium aquilinum* spores. Radiat. Bot. 14: 281–285. (08, 17)

Howland, G. P. & M. E. Edwards. 1979. Photomorphogenesis of fern gametophytes. In *The Experimental Biology of Ferns*, A. F. Dyer (ed.), pp. 393–434. Academic Press. (07, 17)

Hoyt, W. D. 1910. Physiological aspects of fertilization and hybridization in ferns. Bot. Gaz. (Crawfordsville) 49: 340–370. (23, 32)

Huang, S. F. & S. H. T. Chiang. 1986. The development of the female gametophyte of *Isoëtes taiwanensis* Davp. Taiwania 31: 15–32. (19, 30)

Huang, S. F. & S. H. T. Chiang. 1991. An ultrastructural investigation of protein bodies in the megagametophyte of *Isoëtes taiwanensis*. Taiwania 36: 26–38. (26)

Huckaby, C. S., A. R. Bassel & J. H. Miller. 1982a. Isolation of rhizoid and prothallial protoplast from gametophytes of the fern *Onoclea sensibilis*. Pl. Sci. Lett. 25: 203–208. (26)

Huckaby, C. S., K. Kalantari & J. H. Miller. 1982b. Inhibition of *Onoclea sensibilis* spore germination by far-red light and cis-4-cyclohexene-1, 2-dicarboximide. Z. Pflanzenphysiol. 105: 375–378. (05, 07, 08)

Huckaby, C. S. & J. H. Miller. 1984. Spore germination and rhizoid differentiation in *Onoclea sensibilis*. A two-dimensional electrophoretic analysis of the extant soluble proteins. Pl. Physiol. (Lancaster) 74: 656–662. (11, 12)

Huckaby, C. S., R. Nagmani & V. Raghavan. 1981. Spore germination patterns in *Anogramma, Bommeria, Gymnopteris, Hemionitis* and *Pityrogramma*. Amer. Fern J. 71: 109–119. (11)

Huckaby, C. S. & V. Raghavan. 1981a. The spore-germination pattern of thelypteroid ferns. Amer. J. Bot. 68: 517–523. (11)

Huckaby, C. S. & V. Raghavan. 1981b. Spore germination patterns in the ferns *Cyathea* and *Dicksonia*. Ann. Bot. (London), n.s. 47: 397–403. (11)

Huckaby, C. S. & V. Raghavan. 1981c. Photocontrol of spore germination in the fern *Thelypteris kunthii*. Physiol. Pl. (Copenhagen) 51: 19–22. (07)

Hudak, J. & J. Bednarova. 1963. Electron microscopic study of the chloroplasts in the prothallia of *Polystichum lobatum*. Acta Fac. Rerum Nat. Univ. Comenianae, Bot. 8: 33–41. (26)

Huges, S. J. 1971. On conidia of fungi, and gemmae of algae, bryophytes, and pteridophytes. Canad. J. Bot. 49: 1319–1339. (21)

Hurel-Py, G. 1941. Sur la culture aseptique prolongée d'un prothalle de fougère. Compt. Rend. Hebd. Séances Acad. Sci. 212: 720–722. (13)

Hurel-Py, G. 1942. Étude de quelques milieux permettant la culture illimitée d'une prothalle d'*Asplenium*. Compt. Rend. Hebd. Séances Acad. Sci. 214: 571–573. (13, 21)

Hurel-Py, G. 1943a. De l'influence du glucose sur le développement de l'appareil végétatif et reproducteur du gamétophyte d'*Asplenium*. Compt. Rend. Hebd. Séances Acad. Sci. 216: 77–78. (15, 21, 23)

Hurel-Py, G. 1943b. Sur la culture indéfinie du gamétophyte de *Nephrolepis cordifolia*. Compt. Rend. Hebd. Séances Acad. Sci. 216: 741–742. (21)

Hurel-Py, G. 1943c. De l'influence de l'acide indole-b-acétique sur la culture des prothalles d'*Asplenium* en milieu aseptique. Compt. Rend. Hebd. Séances Mém. Soc. Biol. 137: 57–58. (15)

Hurel-Py, G. 1944a. Sur la multiplication des prothalles de fougères en milieu aseptique. Compt. Rend. Hebd. Séances Mém. Soc. Biol. 138: 502–504. (21)

Hurel-Py, G. 1944b. De l'influence de la température sur la croissance des gamétophytes et des sporophytes de fougères. Compt. Rend. Hebd. Séances Mém. Soc. Biol. 138: 753–755. (13)
Hurel-Py, G. 1944c. Sur la germination des spores de *Gymnogramme calomelanos* et sur la culture de ses prothalles en milieu aseptique. Bull. Soc. Bot. France 91: 49–50. (01, 13)
Hurel-Py, G. 1944d. Observations sur la germination des spores de quelques filicinées. Compt. Rend. Hebd. Séances Acad. Sci. 218: 326–328. (01, 11)
Hurel-Py, G. 1945. La culture des prothalles d'*Asplenium* en milieu liquide. Bull. Soc. Bot. France 92: 37–40. (13)
Hurel-Py, G. 1946. Action du glucose sur la croissance des prothalles de *Gymnogramme calomelanos*, *Nephrolepis cordifolia* et *Asplenium* sp. Compt. Rend. Hebd. Séances Acad. Sci. 222: 678–680. (15)
Hurel-Py, G. 1947a. De la culture des spores d'*Adiantum cuneatum* et de *Pteris cretica*. Compt. Rend. Hebd. Séances Acad. Sci. 224: 950–952. (01)
Hurel-Py, G. 1947b. De l'influence du saccharose sur la croissance du gamétophyte d'*Asplenium* sp. en milieu aseptique. Compt. Rend. Hebd. Séances Mém. Soc. Biol. 141: 356–357. (15)
Hurel-Py, G. 1948. Influence de la lumière sur la culture aseptique des prothalles de fougères. Compt. Rend. Hebd. Séances Mém. Soc. Biol. 142: 297–300. (17)
Hurel-Py,G. 1949a. La culture indéfinie des prothalles d'*Equisetum*. Compt. Rend. Hebd. Séances Mém. Soc. Biol. 143: 1501–1502. (21)
Hurel-Py,G. 1949b. Sur la culture aseptique des prothalles de quelques *Equisetum*. Compt. Rend. Hebd. Séances Mém. Soc. Biol. 143: 149–151. (13, 30)
Hurel-Py, G. 1949c. Technique pérmettant la culture des prothalles de fougères à partir de la spore. Compt. Rend. Hebd. Séances Mém. Soc. Biol. 143: 1500–1501. (01)
Hurel-Py, G. 1950. Recherches préliminaires sur la culture aseptique des prothalles de Filicinées. Rev. Gén. Bot. 57: 637–681; 690–736. (13)
Hurel-Py, G. 1955a. Action de quelques sucres sur la croissance des prothalles de fougères. Compt. Rend. Hebd. Séances Acad. Sci. 240: 1119–1121. (15)
Hurel-Py, G. 1955b. Action de quelques sucres sur la germination des spores d'*Alsophila australis* (Polypodiaceae). Compt. Rend. Hebd. Séances Acad. Sci. 241: 1813–1815. (15)
Hurel-Py, G. 1959. Recherches sur le comportment des prothalles de quelques *Equisetum* en milieu aseptique. Rev. Gén. Bot. 66: 419–449. (13, 30)
Hutchinson, S. A. 1967. Some effects of volatile fungal metabolites on the gametophytes of *Pteridium aquilinum*. Trans. Brit. Mycol. Soc. 50: 285–288. (15)
Hutchinson, S. A. 1976. The effects of fungi on bracken. Bot. J. Linn. Soc. 73: 145–150. (29, 33)
Hutchinson, S. A. & M. Fahim. 1958. The effects of fungi on gametophytes of *Pteridium aquilinum* (L.) Kuhn. Ann. Bot. (London), n.s. 22: 117–126. (29, 33)
Ide, J. M., A. C. Jermy & A. M. Paul (eds.). 1992. *Fern Horticulture: past, present and future perspectives*. 308 pp. Intercept, Andover. (33)
Igura, I. 1954a. Cytological and morphological studies on the gametophytes of ferns VII. The vital staining of fern-prothallium and the influence of hydrogen ion concentration on it. Bot. Mag. (Tokyo) 67: 222–227. (14)
Igura, I. 1954b. Cytological and morphological studies on the gametophytes of ferns VIII. The vital staining of fern-prothallium and the influence of hydrogen ion concentration on it. Bot. Mag. (Tokyo) 67: 256–264. (14)
Igura, I. 1955a. Cytological and morphological studies on the gametophytes of ferns IX. The polar plasmolisis on fern-prothallium (2). Bot. Mag. (Tokyo) 68: 184–186. (26, 32)
Igura, I. 1955b. Cytological and morphological studies on the gametophytes of ferns IX. The polar plasmolisis on fern prothallium (1). Bot. Mag. (Tokyo) 68: 119–124. (26, 32)
Igura, I. 1955c. Cytological and morphological studies on the gametophytes of ferns IX. The polar plasmolisis on fern-prothallium (3). Bot. Mag. (Tokyo) 68: 208–212. (26, 32)
Igura, I. 1955d. Cytological and morphological studies on the gametophytes of ferns IX. The polar plasmolisis on fern-prothallium (4). Bot. Mag. (Tokyo) 68: 289–293. (26, 32)
Igura, I. 1956a. Cytological and morphological studies on the gametophytes of ferns. X. Structures of the fern prothallium and spermatozoid of ferns, revealed by the polarization microscope. Bot. Mag. (Tokyo) 69: 47–53. (26)
Igura, I. 1956b. Determination of electric charge and rH by means of the staining methods, especially in spermatozoids of ferns. Bot. Mag. (Tokyo) 69: 494–500. (24)
Igura, I. 1958. Cytological and morphological studies on the gametophytes of ferns XI. The influence of neutral salts and hydrogen ion on the duration of life of the fern spermatozoid. Bot. Mag. (Tokyo) 71: 37–42. (24)
Igura, I. 1959. Cytological and morphological studies on the gametophytes of ferns XII. Suction force of the wall cell of antheridium and of the spermatid. Bot. Mag. (Tokyo) 72: 231–237. (24)
Igura, I. 1960a. Cytological and morphological studies on the gametophytes of ferns XIV. The reduction of TTC in the prothallium of *Matteuccia*

struthiopteris. Bull. Yamagata Univ. 5: 181–187. (26, 30)
Igura, I. 1960b. Cytological and morphological studies on the gametophytes of ferns XIII. The permeability of the wall cell of antheridium to urea and glycerol. Bot. Mag. (Tokyo) 73: 1–5. (15)
Igura, I. 1962. Cytological and morphological studies on the gametophytes of ferns XVIII. Cytochemical experiments on the localization of nucleic acids in the chloroplasts of gametophyte cells during morphogenesis of *Matteuccia struthiopteris*. Bull. Yamagata Univ. 7: 149–160. (26)
Igura, I. 1966. Cytological and morphological studies on the gametophytes of ferns XVI. On the plasmolysis, osmotic value, and permeability of various cells during the morphogenesis of *Matteuccia struthiopteris*. Bot. Mag. (Tokyo) 79: 215–221. (32)
Iino, M., Y. Nakagawa & M. Wada. 1988a. Blue light regulation of cell division in *Adiantum* protonemata: an approach with pulse stimulation. Pl. Cell Environm. 11: 547–554. (17, 19)
Iino, M., Y. Nakagawa & M. Wada. 1988b. Blue light regulation of cell division in *Adiantum* protonemata: kinetic properties of the photosystem. Pl. Cell Environm. 11: 555–562. (17, 19)
Iino, M., K. Shitanishi, A. Kadota & M. Wada. 1990. Phytochrome-mediated phototropism in *Adiantum* protonemata I. Phototropism as a function of the lateral PFR gradient. Photochem. Photobiol. 51: 469–476. (17)
Iqbal, J. 1977. The polyadenylic sequences in the ribonucleic acid of the fern *Anemia phyllitidis*. Planta 134: 1–3. (26, 32)
Iqbal, J. & H. Schraudolf. 1977. Changes in protein biosynthesis during gibberellic acid induced induction and formation of antheridium in the fern *Anemia phyllitidis*. Developm. Growth Different. 19: 85–92. (32)
Iqbal, J. & H. Schraudolf. 1984a. Changes in isozymes shikimate dehydrogenase and peroxidase during gibberellic acid induced induction and formation of antheridium in the fern *Anemia phyllitidis*. Pakistan J. Bot. 16: 13–22. (32)
Iqbal, J. & H. Schraudolf. 1984b. Tubulin synthesis during spermatogenesis in the fern *Anemia phyllitidis*: demonstration with antitubulin antibodies. Pakistan J. Bot. 16: 101–108. (32)
Isaburo, N. 1914. Physiologische Untersuchungen über Farnprothallien. Flora, T. 106, pp. 281. (32)
Isikawa, S. & T. Oahusa. 1954. Effects of light upon the germination of fern spores. I. The relation of daily illumination period to germination rate. Bot. Mag. (Tokyo) 67: 193–197. (07)
Isikawa, S. & T. Oahusa. 1956. Effects of light upon the germination of spores of ferns II. Two light-periods of *Dryopteris crassirhizoma* Nakai. Bot. Mag. (Tokyo) 69: 132–137. (07)
Ito, M. 1960. Complete regeneration from single isolated cells of fern gametophyte. Bot. Mag. (Tokyo) 73: 266. (21, 22)
Ito. M. 1962. Studies on the differentiation of fern gametophytes I. Regeneration of single cells isolated from cordate gametophytes of *Pteris vittata*. Bot. Mag. (Tokyo) 75: 19–27. (21, 22)
Ito, M. 1969. Intracellular position of nuclear division in protonema of *Pteris vittata*. Embryologia 10: 273–283. (26)
Ito, M. 1970. Light-induced synchrony of cell division in the protonema of the fern *Pteris vittata*. Planta 90: 22–31. (17, 26)
Ito, M. 1974. Effects of blue and red light on the cell division cycle in *Pteris* protonemata. Pl. Sci. Lett. 3: 351–355. (17)
Jackson, J. R. 1936. Syngamy in *Pteris longifolia*. Amer. J. Bot. 23: 162–166. (23, 24)
Jackson, J. R. & H. W. Rickett. 1928. Staining reactions of fern gametophytes. Science 68: 89–90. (32, 33)
Jaffe, L. & H. Etzold. 1962. Orientation and locus of tropic photoreceptor molecules in spores of *Botrytis* and *Osmunda*. J. Cell Biol. 13: 13–30. (10)
Jakowatz, A. 1901. Vegleichende Untersuchungen über Farnprothallien. Sitzungsber. Kaiserl. Akad. Wiss., Math.-Naturwiss. Cl., Abt. 1, 110: 479–505. (33)
Janczewski, E. 1872. Vergleichende Untersuchungen über die Entwicklungsgeschichte des Archegonium. Bot. Zeitung (Berlin) 30: 376–394; 402–419; 439–443. (24)
Janczewski, E. & J. Rostafinski. 1875. Note sur le prothalle de l'*Hymenophyllum tunbridgense*. Mém. Soc. Sci. Nat. Cherbourg 19: 20–25. (30, 33)
Jarvis, S. J. & M. B. Wilkins. 1973. Photoresponses of *Matteuccia struthiopteris* (L.) Todaro. I. Germination. J. Exp. Bot. 24: 1149–1157. (07)
Javalgekar, S. R. 1960. Sporogenesis and prothallial development in *Ceratopteris thalictroides*. Bot. Gaz. (Crawfordsville) 122: 45–50. (30, 33)
Javalgekar, S. R. & T. S. Mahabale. 1959. Germination of spores and prothalli in two species of *Nephrolepis*, *N. exaltata* Schott and *N. acuta* Presl. Proc. Natl. Inst. Sci. India 25: 333–338. (01, 30)
Jayasekera, R. D. E. & P. R. Bell. 1971. The synthesis and distribution of ribonucleic acid in developing archegonia of *Pteridium aquilinum*. Planta 101: 76–87. (26, 32)
Jayasekera, R. D. E., C. F. Cave & P. R. Bell. 1972. The effect of thiouracil on the cytochemistry of the egg of *Pteridium aquilinum*. Cytobiologie 6: 253–260. (15, 26)

Jeffrey, E. C. 1898. The gametophyte of *Botrychium virginianum*. Trans. Roy. Canad. Inst. 5: 265–294. (30)

Jenni, V., H. Cattelan & V. P. Roos. 1990. Immunofluorescence and ultrastructure of mitosis and cell division in the fern *Athyrium filix-femina*. Bot. Helv. 100: 101–119. (26)

Ji, J., S. J. Russell, M. Gibby, E. Sheffield, H. Peng & J. C. Vogel. 1994. A technique for the investigation of genetic variation in filamentous gametophytes of *Trichomanes* (Hymenophyllaceae: Pteridophyta). Amer. Fern J. 84: 126–130. (27)

Johnson, D. M. 1985. New records for longevity of *Marsilea* sporocarps. Amer. Fern J. 75: 30–31. (09)

Jonkman, H. F. 1878. Über die Entwicklungsgeschichte des Prothalliums der Marattiaceen. Bot. Zeitung (Berlin) 36: 129–136; 145–153. (30)

Jonkman, H. F. 1880. La génération sexuée des Marattiacées. Arch. Néerl. Sci. Exact. Nat. 15: 198–224. (30)

Jones, L. E. & P. W. Hook. 1970. Growth and development in microculture of gametophytes from spores of *Equisetum*. Amer. J. Bot. 57: 430–435. (30)

Kachroo, P. 1955a. Studies in Davalliaceae. I. Morphology of *Leucostegia immersa* (Wall.) Presl. J. Indian Bot. Soc. 34: 11–20. (30)

Kachroo, P. 1955b. The gametophyte of *Pyrrosia adnescens* Sw. Bull. Bot. Soc. Bengal 9: 44–59. (30)

Kachroo, P. 1955c. Gametophytes of *Blechnum orientale* L. and *Blechnum* spp. Sci. & Cult. 20: 402–403. (30)

Kachroo, P. 1955d. The gametophyte of *Pyrrosia lanceolatus* (L.) Alston and *P. adnescens* Sw. Bull. Bot. Soc. Bengal 9: 53–60. (30)

Kachroo, P. 1956. Gametophytes of *Tectaria variolosa* and *T. fuscipes*. Sci. & Cult. 22: 103–105. (30)

Kachroo, P. 1957. Gametophytes of *Cyclosorus molliusculus* (Wall.) Ching and *C. moulmeinensis* (Bedd.) Copel. Sci. & Cult. 23: 12–15. (30)

Kachroo, P. 1963. Observations on certain aspects of the development of the gametophyte of *Cyclosorus molliusculus* (Wall.) Ching. J. Indian Bot. Soc. 42: 190–194. (30)

Kachroo, P. & B. K. Nayar. 1952. Morphology of *Adiantum* I. *A. aethiopicum*. J. Univ. Gauhati 3: 163–171. (30)

Kachroo, P. & B. K. Nayar. 1953. Studies in Pteridaceae—I. Observations on gametophytes of some species of *Adiantum* L. Phytomorphology 3: 240–248. (30)

Kadota, A. 1990. Photoreception and signal transduction in phototropism, polarotropism and chloroplast photomovement of fern protonemata. Photochem. Photobiol. 51(Suppl.): 465–478. (17, 20, 26)

Kadota, A. & M. Furuya. 1977. Apical growth of protonemata in *Adiantum capillus-veneris*. I. Red far-red reversible effect on growth cessation in the dark. Developm. Growth Diff. 19: 357–365. (17, 19)

Kadota, A. & M. Furuya. 1981. Apical growth of protonemata in *Adiantum capillus-veneris* IV. Phytochrome-mediated induction in nongrowing cells. Pl. Cell Physiol. 22: 629–638. (15)

Kadota, A., Y. Fushimi & M. Wada. 1986a. Intracellular photoreceptive site for blue light-induced cell division in protonemata of the fern *Adiantum*—further analyses by polarized light irradiation and centrifugation. Pl. Cell Physiol. 27: 989–995. (17, 18, 26)

Kadota, A., Y. Inoue & M. Furuya. 1986b. Dichroic orientation of phytochrome intermediates in the pathway from Pr to Pfr as analysed by double laser flash irradiations in polarotropism of *Adiantum* protonemata. Pl. Cell Physiol. 27: 867–873. (17, 18, 20)

Kadota, A., M. Koyama., M. Wada & M. Furuya. 1984. Action spectrum for polarotropism and phototropism in protonemata of the fern *Adiantum capillus-veneris*. Physiol. Pl. (Kyoto) 61: 327–330. (17, 20)

Kadota, A., M. Wada & M. Furuya. 1979. Apical growth of protonemata in *Adiantum capillus-veneris*. III. Action spectra for the light effect on dark cessation of apical growth and the intracellular photoreceptive site. Pl. Sci. Lett. 15: 193–201. (17, 26)

Kadota, A., M. Wada & M. Furuya. 1982. Phytochrome-mediated phototropism and different dichroic orientation of Pr and Pfr in protonemata of the fern *Adiantum capillus-veneris* L. Photochem. Photobiol. 35: 533–536. (17)

Kadota, A., M. Wada & M. Furuya. 1985. Phytochrome-mediated polarotropism of *Adiantum capillus-veneris* L. protonemata as analysed by microbeam irradiation with polarized light. Planta 165: 30–36. (18, 20)

Kadota, A., & M. Wada. 1986. Heart-shaped prothallia of the fern *Adiantum capillus-veneris* L. develop in the polarization plane of white light. Pl. Cell Physiol. 27: 903–910. (17, 30)

Kadota, A. & M. Wada. 1989a. Circular arrangement of cortical F-actin around the subapical region of a tip-growing fern protonemal cell. Pl. Cell Physiol. 30: 1183–1186. (26, 32)

Kadota, A., & M. Wada. 1989b. Enzymatic isolation of protoplasts from fern protonemal cell stainable with a flourescent brightner. Pl. Cell Physiol. 30: 1107–1113. (22)

Kadota, A., & M. Wada. 1989c. Photoinduction of circular F-action on chloroplast in a fern

protonemal cell. Protoplasma 151: 171–174. (17, 26, 32)
Kadota, A. & M. Wada. 1992a. Photoorientation of chloroplast in protonemal cells of the fern *Adiantum* as analyzed by use of a video tracking system. Bot. Mag. (Tokyo) 105: 265–279. (17)
Kadota, A. & M. Wada. 1992b. Reorganization of the cortical cytoskeleton in tip-growing fern protonemal cells during phytochrome-mediated phototropism and blue light-induced apical swelling. Protoplasma 166: 35–41. (17, 26)
Kadota, A. & M. Wada. 1992c. Photoinduction of formation of circular structures by microfilament of chloroplasts during intracellular orientation in protonemal cells of the fern *Adiantum capillus-veneris*. Protoplasma 167: 97–107. (17)
Kadota, A. & M. Wada. 1992d. The circular arrangement of cortical microtubules around the subapex of tip-growing fern protonemata is sensitive to cytochalasin B. Pl. Cell Physiol. 33: 99–102. (26)
Kadota, A., I. Kohyama & M. Wada. 1989. Polarotropism and photomovement of chloroplasts in the protonemata of the ferns *Pteris* and *Adiantum*: evidence for the possible lack of dichroic phytochrome in *Pteris*. Pl. Cell. Physiol. 30: 523–531. (17, 20)
Kagawa, T. & M. Wada. 1993. Light-dependent nuclear positioning in prothallial cells of *Adiantum capillus-veneris*. Protoplasma 177: 82–85. (17–26)
Kagawa, T. & M. Wada. 1994. Brief irradiation with red or blue light induces orientational movement of chloroplasts in dark adapted prothallial cells of the fern *Adiantum*. J. Pl. Res. 107: 389–398. (17)
Kagawa, T., A. Kadota & M. Wada. 1992. The junction between the plasma membrane and the cell wall in fern protonemal cells, as visualized after plasmolysis, and its dependence on arrays of cortical microtubules. Protoplasma 170: 186–190. (26)
Kagawa, T., A. Kadota & M. Wada. 1994. Phytochrome-mediated photoorientation of chloroplasts in protonemal cells of the fern *Adiantum* can be induced by brief irradiation with red light. Pl. Cell Physiol. 35: 371–377. (17)
Kanamori, K. 1967. Origin and early development of apogamous embryos in the prothallia of *Dryopteris chinensis*. J. Jap. Bot. 42: 111–118. (28)
Kanamori, K. 1969. Studies on the sterility and size variation of spores in some species of Japanese *Dryopteris*. J. Jap. Bot. 44: 207–217. (09, 12)
Kanamori, K. 1972. Apogamy in ferns with special reference to the apogamous embryogenesis. Sci. Rep. Tokyo Kyoiku Daigaku b15: 111–131. (28)
Kappen, L. 1965. Untersuchungen über die Widerstandsfähigkeit der Gametophyten einheimischer Polypodiaceen gegenuber frost, Hitze und trockenheit. Flora 156: 101–115. (29)
Karpowicz, W. 1927. Studien über die Entwicklung der Prothallien und der ersten Sporophyllblätter der einheimischer Farnkräuter (Polypodiaceae). Bull. Int. Acad. Polon. Sci., Cl. Sci. Math., Sér. B, 1, Bot. 3: 1–26. (30)
Kasahara, H., Y. Takeuchi, M. Yamashita & M. Yamada. 1994. Effects of simulated microgravity on the germination and elongation of protonemata of *Adiantum capillus-veneris*. Physiol. Pl. (Copenhagen) 90: 205–209. (1, 19)
Kasemir, H. & H. Mohr. 1965. Die Regulation von Chlorophyll und Proteingehalt in Farnvorkeimen durch sichtbare Strahlung. Planta 67: 33–43. (32)
Kashyap, S. R. 1914. The structure and development of the prothallus of *Equisetum debile* Roxb. Ann. Bot. (London) 28: 168–181. (30)
Kato, Y. 1955a. Responses of plant cells to gibberellin. Bot. Gaz. (Crawfordsville) 117: 16–24. (05, 15)
Kato, Y. 1955b. On the cell-differentiation in plants. Seibutsu Kagaku [Biol. Sci.] (Tokyo) 7: 153–156. (19)
Kato, Y. 1956. Polarity and differentiation of plant cells. Seibutsu Kagaku [Biol. Sci.] (Tokyo) 8: 146–150. (19, 20)
Kato, Y. 1957a. Growth of the rhizoid and behaviour of the nucleus in *Dryopteris erythrosora*. Bot. Mag. (Tokyo) 70: 209–216. (10, 11)
Kato, Y. 1957b. The effect of colchicine and auxin on rhizoid formation of *Dryopteris erythrosora*. Bot. Mag. (Tokyo) 70: 258–263. (05, 11, 15)
Kato, Y. 1957c. Some experiments on the polarity of spores in *Dryopteris erythrosora* and *Equisetum arvense*. Cytologia 22: 328–336. (11)
Kato, Y. 1957d. Experimental studies on rhizoid differentiation of certain ferns. Phyton (Buenos Aires) 9: 25–40. (11)
Kato, Y. 1963a. Physiological and morphogenetic studies of fern gametophytes in aseptic culture. I. Callus tissues from dark-cultured *Pteris vittata*. Bot. Gaz. (Crawfordsville) 124: 413–416. (22)
Kato, Y. 1963b. Consequences of ultraviolet radiation on the differentiation and growth of fern gametophytes. New Phytol. 63: 21–26. (08, 18)
Kato, Y. 1964a. Physiological and morphogenetic studies of fern gametophytes in aseptic culture. II. One and two-dimensional growth in sugar media. Bot. Gaz. (Crawfordsville) 125: 33–37. (13, 15, 19)
Kato, Y. 1964b. Physiological and morphogenetic studies of fern gametophytes by aseptic culture. III. Growth and differentiation of single cells isolated from callus tissues of *Pteris vittata*. Cytologia 29: 79–85. (22)
Kato, Y. 1965a. Physiological and morphogenetic studies of fern gametophytes and sporophytes in

aseptic culture. IV. Controlled differentiation in leaf callus tissues. Cytologia 30: 67–74. (22)

Kato, Y. 1965b. Physiological and morphogenetic studies of fern gametophyte and sporophyte by aseptic culture V. Further studies on one and two-dimensional growth in gametophytes of *Pteris vittata*. Bot. Mag. (Tokyo) 78: 149–155. (19)

Kato, Y. 1965c. Physiological and morphogenetic studies of fern gametophyte and sporophyte by aseptic culture VI. Notes on the alternation of generations. Bot. Mag. (Tokyo) 78: 187–193. (23)

Kato, Y. 1966. Responses of fern gametophytes to ultraviolet radiation. Phyton (Buenos Aires) 23: 23–27. (18)

Kato, Y. 1967a. Effects of blue light on the survival of UV-irradiated fern gametophyte cells. Cytologia 32: 519–523. (17, 18)

Kato, Y. 1967b. Physiological and morphogenetic studies of fern gametophytes and sporophytes in aseptic culture VIII. Behaviour of *Pteris vittata* gametophytes on sugar and complex media in red light. Planta 77: 127–134. (12, 15, 17)

Kato, Y. 1968a. Physiological and morphogenetic studies of fern gametophyte and sporophyte by aseptic culture IX. Spiral growth in callus cells of the fern, *Pteris vittata* L. Cytologia 33: 331–335. (22)

Kato, Y. 1968b. Physiological and morphogenetic studies of fern gametophytes and sporophytes in aseptic culture. X. Experiments on the induction of two-dimensional growth of gametophytes under red light. Bot. Mag. (Tokyo) 81: 445–451. (13, 17, 19)

Kato, Y. 1969a. Physiological and morphogenetic studies of fern gametophytes and sporophytes in aseptic culture VII. Experimental modifications of dimensional growth in gametophytes of *Pteris vittata*. Phytomorphology 19: 114–121. (13, 19, 20)

Kato, Y. 1969b. Physiological and morphogenetic studies of fern gametophytes and sporophytes in aseptic culture XI. Further studies on spiral growth in single cells from callus tissue and in rhizoid cells of *Pteris vittata*. Phytomorphology 19: 279–285. (13, 22)

Kato, Y. 1970a. Physiological and morphogenetic studies of fern gametophytes and sporophytes in aseptic culture. XII. Sporophyte formation in the dark-cultured gametophyte of *Pteris vittata* L. Bot. Gaz. (Crawfordsville) 131: 205–210. (13, 17)

Kato, Y. 1970b. Physiological and morphogenetic studies of fern gametophytes and sporophytes in aseptic culture. XIII. Twisting in the long filament. Phytomorphology 29: 327–333. (13, 19)

Kato, Y. 1970c. Studies on the formation, elongation and the division of rhizoid cells in the fern, *Pteris vittata*. Jap. J. Bot. 20: 213–236. (11, 19)

Kato, Y. 1972. Callus formation in fern roots. Bot. Mag. (Tokyo) 85: 307–311. (22)

Kato, Y. 1973a. Control of rhizoid formation in the fern gametophyte 1. The effect of sugars. Cytologia 38: 117–124. (05, 11)

Kato, Y. 1973b. Active charcoal and vermiculite: effective agents on growth and morphogenesis of fern gametophytes. Phytomorphology 23: 260–263. (13, 15)

Kaufhold, A. W. 1941. Über den Einfluss der täglicher Beleuchtungsdauer und der Lichtintensität auf die Entwicklung einiger Archegoniaten. Beih. Bot. Centralbl. Abt. A. 60: 641–678. (17)

Kaulfuss, G. F. 1827. Das Wesen der Farnenkräuter, besondersihrer Fruchtteile... i–xxxix, 1–117. Leipzig. (30, 33)

Kaur, S. 1961. Gametophyte of *Anemia phyllitidis* (L.) Swartz. Sci. & Cult. 27: 347–350. (30)

Kaur, S. 1963a. The gametophyte of *Cystopteris fragilis*. Proc. Indian Acad. Sci. 58b: 148–152. (30)

Kaur, S. 1963b. The gametophyte of *Cystopteris fragilis* complex. Brit. Fern Gaz. 10: 211–213. (30)

Kaur, S. 1972. Morphology of the prothallus of *Gymnopteris vestita*. Phytomorphology 22: 46–49. (30)

Kaur, S. 1977. Morphology of the prothallus and juvenile sporophytes of some species of *Dryopteris*. Proc. Indian Acad. Sci. 85b: 48–52. (30)

Kaur, S. & S. Chandra. 1973. Morphology of the prothallus of *Woodsia obtusa*. Phytomorphology 23: 171–175. (30)

Kaur, S. & S. Devi. 1976. Prothallus morphology in some tectarioid ferns. Amer. Fern J. 66: 102–106. (30)

Kaur, S. & P. B. Khare. 1983. Effect of gamma irradiation on development of *Hemionitis arifolia* (Burm.) Moore. Aspects Pl. Sci. 6: 25–30. (08, 18)

Kawasaki, T. 1954a. Studies on the sexual generation of ferns (1). On the prothallia of *Cyathea bonensimensis* Copel. J. Jap. Bot. 29: 201–204. [En japonés.] (30)

Kawasaki, T. 1954b. Studies on the sexual generation of ferns (2). Various forms of the prothallia of *Microlepia marginata* C. Chr. J. Jap. Bot. 29: 257–261. [En japonés.] (30)

Kawasaki, T. 1954c. Studies on the sexual generation of ferns (3). Effects of ultra short waves on the spore-germination. J. Jap. Bot. 29: 294–298. [En japonés.] (01, 08)

Kawasaki, T. 1956a. Studies on sexual generation of ferns. J. Jap. Bot. 31: 139–143, 333–339. [En japonés.] (33)

Kawasaki, T. 1956b. Studies on the sexual generation of ferns (8). On the prothallia of some species of *Adiantum*. J. Jap. Bot. 31: 205–209. [En japonés.] (30)

Kawasaki, T. 1957. Studies on the sexual generation of ferns. J. Jap. Bot. 32: 177–184, 332–336. [En japonés.] (33)

Kawasaki, T. 1959. Studies on the sexual generation of ferns (14). On the prothallia of *Colysis*, with special reference to their margins. J. Jap. Bot. 34: 86–90. [En japonés.] (30)

Kelley, A. G. & S. N. Postlethwaite. 1960. Fern gametophytes as a tool for the study of morphogenesis. Proc. Indiana Acad. Sci. 70: 56–60. (13, 30, 33)

Kelley, A. G. & S. N. Postlethwaite. 1962. Effect of 2-chloroethyltrimethylammonium chloride on fern gametophytes. Amer. J. Bot. 49: 778–786. (13, 15)

Kermarrec, O. & Y. Tourte. 1984. Experimental modification of the female gamete differentiation in *Marsilea vestita*. Compt. Rend. Hebd. Séances Acad. Sci. (Paris) 299: 709–714. (24)

Kermarrec, O. & Y. Tourte. 1985. Chloral hydrate effects on oogenesis in *Marsilea vestita* Hook. et Grev. Gamete Res. 11: 399–409. (13, 15, 24)

Ketchum, K. A., R. H. Racusen & T. J. Cooke. 1984. Electrical and ionic manifestations of tip growth in the fern gametophyte. J. Cell Biol. 99: 423. (19)

Ketchum, K. A., R. H. Racusen & T. J. Cooke. 1985. Characterization of blue light induced absorbance changes in membrane fractions of the fern gametophyte *Onoclea sensibilis*. Pl. Physiol. (Lancaster) 77: 88. (17)

Khare, P. B. 1979. Effect of n-methyl-n'-nitro-n-nitrosoguanidine on growth and differentiation of the gametophyte of the fern *Cheilanthes farinosa*. Kalikasan 8: 175–178. (13, 15, 19)

Khare, P. B. 1981. Effects of maleic hydrazide on gametophyte development in the fern *Cheilanthes farinosa*. Kalikasan 10: 118–121. (13, 15, 19)

Khare, P. B. 1991. Gemmae ray induced variations in gametophyte differentiation in *Christella parasitica* (Linn.) Lev. In T. N. Bhardwaja & C. B. Gena (eds.), *Perspectives in Pteridology: present and future*. Aspects Pl. Sci. 13: 109–115. (18)

Khare, P. B. & S. Chandra. 1995. Gametophyte morphology of an endangered species of *Cyathea* Sm. J. Indian Bot. Soc. 75: 103–106. (30)

Khare, P. B. & S. Kaur. 1979. Mating behaviour in the homosporous fern, *Cyclosorus parasiticus* (Linn.) Tardieu. Proc. Indian Acad. Sci. 88b: 243–247. (23)

Khare, P. B. & S. Kaur. 1992. Variable gametophyte differentiation in triploid *Pteris vittata* Linn. Proc. Natl. Acad. Sci. India, B 62: 557–559. (23, 27)

Khare, P. B. & S. K. Roy. 1977. Maleic hydrazide effects on growth and differentiation of gametophyte in the fern *Dryopteris cochleata*. Indian J. Exp. Biol. 15: 419–422. (13, 15, 19)

Khare, P. B., F. Raza & S. Kaur. 1989. Propagation of ferns through spores. Indian Fern J. 6: 247–250. (33)

Kirby, K. S. N. 1928. The development of chloroplasts in the spore of *Osmunda*. J. Roy. Microscop. Soc. London 48: 10–35. (26, 32)

Kirkpatrick, R. E. B., P. S. Soltis & D. E. Soltis. 1990. Mating system and distribution of genetic variation in *Gymnocarpium dryopteris* ssp. *disjunctum*. Amer. J. Bot. 77: 1101–1110. (23, 27)

Kiss, J. Z. 1993. Negative phototropism protonemata of *Schizaea pusilla*. Amer. J. Bot. 80(6) suppl.: 109–110. (17)

Kiss, J. Z. 1994. Negative phototropism in young gametophytes of the fern *Schizaea pusilla*. Pl. Cell Environm. 17: 1334–1343. (17)

Kiss, J. Z., F. Wang & H. G. Kiss. 1995. The ultrastructure of the early development of *Schizaea pusilla* gametophytes. Int. J. Pl. Sci. 156: 131–142. (26)

Klebs, G. 1916/17. Zur Entwickelungphysiologic der Farnprothallien. Sitzungsber. Heidelberger Akad. Wiss. Math.-Naturwiss. Kl., 7B(4): 1–82; 1917. 8(B)3: 1–138. 8(B)7: 1–104. (30, 32)

Klein, L. 1881. Bau und Verzwiegung einiger dorsiventral Polypodiaceen. Nova Acta Acad. Caes. Leop.-Carol. German. Nat. Cur. 42: 333–396. (30)

Klein, B. & M. Böpp. 1971. Effect of activated charcoal in agar on the culture of lower plants. Nature 230: 474. (13)

Kleinschmidt, W. F. 1952. Growing ferns from spores. Amer. Fern J. 42: 117–124. (01, 30, 33)

Kleinschmidt, W. F. 1957. A method of preparing spores for fern cultures. Amer. Fern J. 47: 95–98. (01)

Klekowski, E. J., Jr. 1967. Observations on pteridophyte life cycles: relative lengths under cultural conditions. Amer. Fern J. 57: 49–51. (13, 33)

Klekowski, E. J., Jr. 1969a. Reproductive biology of the Pteridophyta. II. Theoretical considerations. Bot. J. Linn. Soc. 62: 347–359. (33)

Klekowski, E. J., Jr. 1969b. Reproductive biology of the Pteridophyta. III. A study of the Blechnaceae. Bot. J. Linn. Soc. 62: 361–377. (23)

Klekowski, E. J., Jr. 1970a. Populational and genetic studies of a homosporous fern: *Osmunda regalis*. Amer. J. Bot. 57: 1122–1138. (27)

Klekowski, E. J., Jr. 1970b. Reproductive biology of the Pteridophyta. IV. An experimental study of mating systems in *Ceratopteris thalictroides* (L.) Brongn. Bot. J. Linn. Soc. 63: 153–169. (23, 27)

Klekowski, E. J., Jr. 1970c. Evidence against self-incompatibility and for genetic lethals in the fern *Stenochlaena tenuifolia* (Desv.) Moore. Bot. J. Linn. Soc. 63: 171–176. (23, 27)

Klekowski, E. J., Jr. 1971a. Ferns and genetics. BioScience 21: 317–322. (27)

Klekowski, E. J., Jr. 1971b. Evidence for a duplicated locus in the fern *Osmunda regalis*. J. Heredity 62: 367–370. (27)

Klekowski, E. J., Jr. 1972a. Genetical features of ferns as contrasted to seed plants. Ann. Missouri Bot. Gard. 59: 138–151. (27)

Klekowski, E. J., Jr. 1972b. Evidence against self-incompatibility in the homosporous fern *Pteridium aquilinum*. Evolution 26: 66–73. (23, 27)

Klekowski, E. J., Jr. 1973a. Genetic load in *Osmunda regalis* populations. Amer. J. Bot. 60: 146–154. (27)

Klekowski, E. J., Jr. 1973b. Sexual and subsexual systems in homosporous pteridophytes: a new hypothesis. Amer. J. Bot. 60: 535–544. (23)

Klekowski, E. J., Jr. 1973c. Genetic endemism of Galapagos *Pteridium*. Bot. J. Linn. Soc. 66: 181–188. (27, 29)

Klekowski, E. J., Jr. 1976a. Homoeologous chromosome pairing in ferns. In *Current Chromosome Research*, K. Jones and P. E. Brandham (eds.), pp. 175–184. Elsevier/North-Holland Biomedical Press Amsterdam. (27)

Klekowski, E. J., Jr. 1976b. Genetics of recessive lethality in the fern, *Osmunda regalis*. J. Heredity 67: 146–148. (27)

Klekowski, E. J., Jr. 1978a. Detection of mutational damage in fern populations: an in situ bioassay for mutagens in aquatic ecosystems. In *Chemical Mutagens*, vol. 5, A. Hollaender and F. J. Deserres (eds.). pp. 79–99. Plenum Publ. Corp. (27, 29)

Klekowski, E. J., Jr. 1978b. Screening aquatic ecosystems for mutagens with fern bioassays. Environm. Health Perspect. 27: 99–102. (27, 29)

Klekowski, E. J., Jr. 1979. The genetics and reproductive biology of ferns. In *The Experimental Biology of Ferns*, A. F. Dyer (ed.), pp. 133–170. Academic Press. (23, 27)

Klekowski, E. J., Jr. 1984. Mutational load in clonal plants: a study of two fern species. Evolution 38: 417–426. (27)

Klekowski, E. J., Jr. & H. G. Baker. 1966. Evolutionary significance of polyploidy in the Pteridophyta. Science 153: 305–307. (27, 28)

Klekowski, E. J., Jr. & E. L. Davis. 1977. Genetic damage to a fern population growing in a polluted environment: segregation and description of gametophyte mutants. Canad. J. Bot. 55: 542–548. (27)

Klekowski, E. J., Jr. & L. G. Hickok. 1974. Non-homologous chromosome pairing in the fern *Ceratopteris*. Amer. J. Bot. 61: 422–432. (27)

Klekowski, E. J., Jr. & E. Klekowski. 1982. Mutation of ferns growing in an environment contaminated with polychlorinated biphenyls. Amer. J. Bot. 69: 721–727. (27, 29)

Klekowski, E. J., Jr. & R. M. Lloyd. 1963. Reproductive biology of the Pteridophyta. I. General considerations and a study of *Onoclea sensibilis* L. J. Linn. Soc., Bot. 60: 315–324. (23, 33)

Klekowski, E. J., Jr. & D. M. Poppel. 1976. Ferns: potential in-situ bioassay systems for aquatic-borne mutagens. Amer. Fern J. 66: 75–79. (27)

Klose, E. & A. R. Gemmrich. 1988. In vivo synthesis of carbon 14 dilinoylgalactosylglycerol by gametophytes of the fern *Anemia phyllitidis*. Z. Naturf. 43B: 11–14. (32)

Knobloch, I. W. 1957. Gibberellic acid and ferns. Amer. Fern J. 47: 134–135. (15)

Knobloch, I. W. 1966. A preliminary review of the spore number and apogamy within the genus *Cheilanthes*. Amer. Fern J. 56: 163–167. (28)

Knudson, L. 1940. Permanent changes of chloroplasts induced by X rays in the gametophytes of *Polypodium aureum*. Bot. Gaz. (Crawfordsville) 101: 721–758. (18)

Kny, L. 1869. Entwicklungsgeschichte des Vorkeims der Polypodiaceen und Schizaeaceen. Bot. Zeitung (Berlin) 27: 46–47. (30, 33)

Kny, L. 1870. Über den Bau und die Entwickelung des Farnantheridiums. Monatsber. Königl. Preuss. Akad. Wiss. Berlin 28: 416–431. (24, 30)

Kny, L. 1871. Entwicklung der Parkeriaceen. Nova Acta Acad. Caes. Leop.-Carol. German. Nat. Cur. 32: 4–8. (30)

Kny, L. 1872. Beiträge zur Entwickelungeschichte der Farnkräuter. I. Entwickelung des Vorkeimes von *Osmunda regalis*. Jahrb. Wiss. Bot. 8: 1–15. (30, 33)

Kny, L. 1875. Entwicklung der Parkeriaceen, dargestelt an *Ceratopteris thalictroides*. Nova Acta Acad. Caes. Leop.-Carol. German. Nat. Cur. 37: 1–66. (30)

Kohler, E. 1920. Farnstudien. Flora 113: 311–336. (33)

Kojima, H. 1936. Entwicklungs und zellphysiologische Untersuchungen an Farnprothallien. Beih. Bot. Centralbl. 55: 197–211. (32, 33)

Koop, H.-U. 1973. Abbaustoffwechsel und Einbau von Bromdesoxyuridin in die Desoxyribonukleinsaure der Gametophyten von *Anemia phyllitidis*. Protoplasma 77: 343–359. (15, 32)

Korn, R. W. 1974. Computer simulation of the early development of the gametophyte of *Dryopteris thelypteris* (L.) Gray. Bot. J. Linn. Soc. 68: 163–171. (19, 20, 33)

Korpelainen, H. 1994. Growth, sex determination and reproduction of *Dryopteris filix-mas* (L.) Schott gametophytes under varying nutritional conditions. Bot. J. Linn. Soc. 114: 357–366. (15, 23)

Korpelainen, H. 1996. Relationship between life history characteristics and genetic structure in populations of *Equisetum*. In J. M. Camus, M. Gibby & R. J. Johns (eds.), *Pteridology in*

Perspective, p. 523. Royal Botanic Gardens, Kew. (27, 29)

Koshiba, T., T. Minamikawa & M. Wada. 1984. Hydrolytic enzyme activities in germinating spores of *Adiantum capillus-veneris* L. Bot. Mag. (Tokyo) 97: 323–331. (05, 15)

Koster, H. 1914. New *Lycopodium* gametophytes from New Jersey. Amer. Fern J. 31: 53–58. (29)

Kotenko, J. L. 1985. Antheridial formation in *Onoclea sensibilis* L.: genesis of the jacket cell walls. Amer. J. Bot. 72: 596–605. (24)

Kotenko, J. L. 1986. Antheridium formation in *Onoclea sensibilis* L.: cytoplasmic polarity and determination of wall positions. Bot. Gaz. (Crawfordsville) 147: 28–39. (20, 24)

Kotenko, J. L. 1990. Spermatogenesis in a homosporous fern, *Onoclea sensibilis*. Amer. J. Bot. 77: 809–925. (24)

Kotenko, J. L., J. H. Miller & A. I. Robinson. 1987. The role of asymmetric cell division in pteridophyte cell differentiation. I. Localized metal accumulation and differentiation in *Vittaria* gemmae and *Onoclea* prothallia. Protoplasma 136: 81–95. (19, 21)

Kott, L. S. & D. M. Britton. 1982. A comparative study of spore germination of some *Isoëtes*. Canad. J. Bot. 60: 1679–1687. (01, 11)

Kott, L. S. & R. L. Peterson. 1974. A comparative study of gametophyte development of the diploid and tetraploid races of *Polypodium virginianum*. Canad. J. Bot. 52: 91–96. (27, 28)

Kraft-Klaunzer, P., M. Furber, L. N. Mander & B. Twitchin. 1990. Synthesis of GA73 methyl ester, a potent gibberellin-derived antheridiogen from gametophytes of the fern *Lygodium japonicum*. Tetrahedron Lett. 31: 6235–6238. (15, 32)

Krahulec, F., L Hrouda & M. Kovarova. 1995. Production of gametophytes by *Hippochaete* (Equisetaceae) hybrids. Preslia 67: 213–218. (28)

Kraiss, S. & A. R. Gemmrich. 1986. Photocontrol of chloroplast lipids in fern gametophytes. Z. Naturf. 41C: 591–596. (17, 32)

Kressel, M. 1965. Antheridien und Archegonienbildung bei *Microlepia speluncae* (L.) Moore. Z. Pflanzenphysiol. 53: 366–368. (24)

Kristof, Z., G. Toth, G. Paless, A. E. H. Ali & A. H. Nagy. 1986. The effect of sugars on the development of fern gametophytes. In *Plant Biology*, Akoyunoglou & H. Senger (eds.), Vol. 2, *Regulation of Chloroplast Differentiation*, pp. 737–744. Alan R. Liss, Inc., New York. (15)

Kshirsagar, M. K. & A. R. Mehta. 1978. In vitro studies in ferns: growth and differentiation in rhizome callus of *Pteris vittata*. Phytomorphology 28: 50–58. (22)

Kshirsagar, M. K. & A. R. Mehta. 1979. In vitro studies of the life cycle of *Acrostichum aureum* L. In *Recent Researches in Plant Sciences*, S. S. Bir (ed.), pp. 71–73. Kalyani Publ. New Delhi. (13, 23)

Kuligowski, J. & Y. Tourte. 1979. La détermination des cellules apicales chez une pteridophyte; role particulier du génome paternel. Bull. Soc. Bot. France, Lett. Bot. 126: 491–505. (19)

Kuligowski, J., M. Ferrand & E. Chenov. 1991. Caractérisation des ARN dans les gamètes mâles et femelles du *Marsilea vestita* Hook. & Grev.: leur devenir au cours de l'embryogenèse. Bull. Soc. Bot. France, Actual. Bot. 138: 221–224. (32)

Kuligowski, J., M. Ferrand, E. Chenon & Y. Tourte. 1985. Fertilization of a colchicine-treated gamete of the fern *Marsilea vestita*. Exp. Biol. 43: 263–276. (23)

Kuligowski-Andres, J. & Y. Tourte. 1978. Première étude, par autoradiographie, de la fécondation chez une pteridophyte. Biol. Cell 31: 101–108. (23)

Kuligowski-Andres, J., M. Faivre & Y. Tourte. 1982. Étude de la structure et du comportement du noyau spermatique lors de la fécondation chez une fougère, le *Marsilea vestita*: effet de la colchicine. Compt. Rend. Hebd. Séances Acad. Sci., Sér. 3, 295: 335–340. (23, 24)

Kumar, A. & S. K. Roy. 1964. Effects of UV on the development of gametophyte of *Goniopteris prolifera*. Proc. Indian Sci. Congr. Assoc. 60: 403–404. (08, 18)

Kumar, G. & S. K. Roy. 1985. Effect of lycorine on germination and growth of prothallus of *Cheilanthes farinosa* Kaulf. Indian J. Exp. Biol. 23: 356–358. (05, 15)

Kuriyama, A., T. Hojoh, Y. Sugawara, H. Matsushima & M. Takeuchi. 1989. A method for the rapid growth in culture of gametophytes of *Equisetum arvense* with antheridia. Pl. Cell Physiol. 30: 1189–1192. (01, 13, 24)

Kuriyama, A., T. Hojoh, H. Matsushima & M. Takeuchi. 1990. Histological and morphological observations of sporophytic shoot of *Equisetum arvense* produced from gametophytic cells by exogenously supplied cytokinin. J. Pl. Physiol. 137: 20–24. (15)

Kuriyama, A., F. Kawai, M. Kanamori & W. Dathe. 1993. Inhibitory effect of jasmonic acid on gametophytic growth initiation and development of sporophytic shoots in *Equisetum arvense*. J. Pl. Physiol. 141: 694–697. (15)

Kuriyama, A., Y. Sugawara, H. Matsushima & M. Takeuchi. 1990. Production of sporophytic structures from gametophytes by cytokinin in *Equisetum arvense*. Naturwissenschaften 77: 31–32. (15, 28)

Kuriyama, A., M. Takeuchi, F. Kawai & M. Kanamori. 1992. Roles of inorganic nitrogen in gametophytic growth and in initiation and development of sporophytic shoots of *Equisetum arvense*. Pl. Cell Physiol. 33: 647–650. (14)

Kwa, S. H., Y. C. Wee & C. S. Loh. 1990. Production of first and second generations of aposporous gametophytes from *Pyrrosia piloselloides* (L.) Price frond strips cultured "in vitro." Pl. Cell Rep. 8: 530–533. (22, 28)

Kwa, S. H., Y. C. Wee & C. S. Loh. 1991. Production of aposporous gametophytes and calli from *Pteris vittata* L. pinnae stripes cultured in vitro. Pl. Cell Rep. 10: 392–393. (22)

Kwa, S.-H., Y.-C. Wee, T.-M. Lim & P. P. Kumar. 1995. IAA-induced apogamy in *Platycerium coronarium* (Koenig) Desv. gametophytes cultured in vitro. Pl. Cell Rep. 14: 598–602. (28)

Laage, A. 1907. Bedingungen der Keimung von Farn und Moossporen. Beih. Bot. Centralbl. 21: 76–115. (21, 30, 33)

Laetsch, W. M. 1967. Ferns. In *Methods in Development Biology*, F. H. Wilt & N. K. Wessels (eds.), pp. 319–328. Thomas Y. Crowell Co., New York. (33)

La Motte, C. 1933. Morphology of the megagametophyte and the embryo sporophyte of *Isoëtes lithophila*. Amer. J. Bot. 20: 217–233. (30)

Lagerberg, T. 1906. Zur Entwickelungsgeschichte des *Pteridium aquilinum* (L.) Kuhn. Ark. Bot. 6(5): 1–28. (30, 33)

Lagerberg, T. 1908. Morphologische-biologische Bemerkungen über die Gametophyten einiger schwedischer Farne. Svensk Bot. Tidskr. 2: 229–276. (30, 33)

Laird, S. & E. Sheffield. 1986. Antheridia and archegonia of the apogamous fern *Pteris cretica*. Ann. Bot. (London), n.s. 57: 139–143. (24, 28, 30)

Lampa, E. 1901. Über die Entwicklung einiger Farnprothallien. Sitzungsb. Kaiser. Akad. Wiss. Math.-Naturwiss. Cl., Abt. 1, 110: 95–111. (30, 33)

Lane, B. C. 1980. A procedure for propagating ferns from spores using a nutrient agar solution. Comb. Proc. Int. Pl. Propag. Soc. 30: 94–97. (01, 13, 23)

Lang, A. C. 1936. Spermatogenesis in *Marsilea*. J. Elisha Mitchell Sci. Soc. 52: 307–336. (24)

Lang, W. H. 1896. Preliminary statement on the development of sporangia upon fern prothallia. Proc. Roy. Soc. London 60: 10–14. (30, 33)

Lang, W. H. 1898. On apogamy and the development of sporangia upon fern prothalli. Philos. Trans., Ser. B, 190: 187–238. (28)

Lang, W. H. 1902. On the prothalli of *Ophioglossum pendulum* and *Helminthostachys zeylanica*. Ann. Bot. (London) 16: 23–56. (30)

Lang, W. H. 1923. On the genetic analysis of a heterozygotic plant of *Scolopendrium vulgare*. J. Genet. 13: 167–175. (27)

Lang, W. H. 1929. On a variety of *Scolopendrium vulgare* that bears sporangia on the prothallus. Ann. Bot. (London) 43: 355–374. (28)

Laroche, J. & C. Guervin. 1967. Le comportement des spores d'*Equisetum arvense* L. et de *Gymnogramme sulphurea* Desv. en fonction du facteur pH du milieu. Compt. Rend. Hebd. Séances Acad. Sci. 265: 1384–1386. (01, 04)

Laroche, J., C. Guervin & C. Le Coq. 1978. Le génome et l'expression sexuelle chez l'*Equisetum arvense* L. I. Comportement du gamétophyte cultivé sur milieu témoin. Rev. Gen. Bot. 85: 221–254. (23, 27)

Laurent, S. 1952. Recherches sur les constituants paraplasmiques des prothalles de Filicinées. Rev. Gén. Bot. 59: 265–299. (26)

Laurent, S. 1953. Influence de la nutrition glucosée sur la formation de tanin dans les prothalles de Filicinées. Compt. Rend. Hebd. Séances Acad. Sci. 236: 2428–2430. (15)

Laurent, S. 1954. Réutilization du tanin dans des prothalles de Filicinées maintenus en inanition. Compt. Rend. Hebd. Séances Acad. Sci. 239: 443–444. (32)

Laurent, S. 1959. Variations de la teneur en tanin des cellules prothalliennes en fonction de leur activité physiologique. Compt. Rend. Hebd. Séances Acad. Sci. 249: 2823–2825. (32)

Laurent, S. 1961a. Étude chromatographique du contenue phénolique des prothalles de Filicinées. Compt. Rend. Hebd. Séances Acad. Sci. 253: 703–705. (32)

Laurent, S. 1961b. Recherches sur la constitution du tanin des prothalles de Filicinées. Rev. Gén. Bot. 68: 417–430. (32)

Laurent, S. 1966. Contribution à l'étude des tanins et des autres substances phénoliques hydrosolubles élaborées par les prothalles de Filicinées. Rev. Gén. Bot. 73: 481–637. (32)

Laurent, S. 1968. Étude de la constitution de deux substances phénoliques isolées des prothalles de *Blechnum brasiliense*. Compt. Rend. Hebd. Séances Acad. Sci. 266: 1425–1428. (32)

Laurent, S. 1969. Étude comparative des variations de teneur en amidon et en tanin observées chez des prothalles de Filicinées maintenus en inanition. Compt. Rend. Hebd. Séances Acad. Sci. 269: 1257–1259. (32)

Laurent, S. 1975. Étude comparative de différentes méthodes d'extraction et de dosage des tanins chez quelques pteridophytes. Arch. Int. Physiol. Biochim. 83: 735–752. (32)

Laurent, S. 1976. Action de l'inanition glucidique prolongée dans croissances prothalliennes de *Blechnum brasiliense* L. Arch. Int. Physiol. Biochim. 84: 819–831. (32)

Laurent, S. & M-F. Lefebvre. 1980. Étude de l'effet de différentes carences en éléments minéraux sur la teneur en tanoides de gamétophytes de Filicinées. Bull. Soc. Bot. France, Lett. Bot. 127: 119–127. (32)

Laurent, S. & B. Vaudois. 1969. Variations de la teneur en tanin au cours de la régénération du prothalle du *Lygodium japonicum* (Filicinées).

Compt. Rend. Hebd. Séances Acad. Sci. 269: 2208–2211. (32)

Lawson, A. A. 1917a. The prothallus of *Tmesipteris tannensis*. Trans. Roy. Soc. Edinburgh 51: 785–794. (30)

Lawson, A. A. 1917b. The gametophyte generation of the Psilotaceae. Trans. Roy. Soc. Edinburgh 52: 98–113. (30)

Lawton, E. 1936. Regeneration and induced polyploidy in *Osmunda regalis* and *Cystopteris fragilis*. Amer. J. Bot. 23: 107–114. (21, 27, 28)

Leclerc du Sablon. 1888. Sur les anthérozoides du *Cheilanthes hirta*. Bull. Soc. Bot. France 36: 238–243. (24)

Leconiat, M. & G. Hurel-Py. 1976. Proliférations prothalliennes à partir d'antheridiés isolées de gamétophytes du *Lygodium japonicum* Swartz (Filicinées). Compt. Rend. Hebd. Séances Acad. Sci. 282: 441–443. (21, 22)

Le Coq, C., J. Laroche & C. Guervin. 1980. Le génome et l'expression sexuelle chez l'*Equisetum arvense* L. III. Comportement du gamétophyte cultivé sur milieu témoin additionné de testostérone. Rev. Cytol. Biol. Vég. Bot. 3: 147–156. (23, 27)

Leena, K. R. & P. V. Madhusoodanan. 1994. Spore germination and gametophyte development in *Pronephrium articulatum* (Houlst & Moore) Holttum (Thelypteridaceae—Pteridophyta). J. Indian Bot. Soc. 73: 95–99. (33)

Leitgeb, H. 1877. Über Bilateralität der Prothallien. Flora 60: 174–175. (19)

Leitgeb, H. 1878. Studien über Entwicklung der Farne. Sitzungsber. Kaiserl. Akad. Wiss., Math.-Naturwiss. Cl., Abt. I, 77: 222–241. (30, 33)

Leitgeb, H., 1879a. Studien über Entwicklung der Farne. Sitzungsber. Kaiserl. Akad. Wiss., Math.-Naturwiss. Cl., Abt. I,80: 201–227. (30, 33)

Leitgeb, H. 1879b. Über Bilateralität der Prothallien. Flora 62: 317–320. (19)

Leitgeb, H. 1885. Die Sprossbildung an apogamen Farnprothallien. Ber. Deutsch. Bot. Ges. 3: 169–176. (28)

Lemoigne, Y. 1968. Observations d'archégones portés par des axes du type *Rhynia gwynne-vaughanii* Kidston et Lang. Existance de gamétophytes vascularisés au Devonien. Comp. Rend. Hebd. Séances Acad. Sci. 266: 1655–1657. (30)

Lemoigne, Y. 1969. Contribution à la connaissance du gamétophyte *Rhynia gwynne-vaughanii* Kidston et Lang. Problème des protubérance et processus de ramification. Bull. Mens. Soc. Linn. Lyon 38: 94–102. (30)

Leprince, O. 1990. Revisión de *Developmental Biology of Fern Gametophytes*, V. Raghavan. 1989. Biochem. Syst. Ecol. 18(6): 471–474. (31)

Leung, C. & U. Näf. 1979. On the cytology of antheridium formation in the fern species *Onoclea sensibilis*. I. Cytology of cell plate and cell wall formation. Amer. J. Bot. 66: 765–775. (24,26)

Leszcyc-Suminski. 1849. Sur le développement de fougères. Ann. Sci. Nat., Bot. 11: 114–186. (30, 33)

Lever, M. 1971. The initial metabolism of germinating fern spores. Phytochemistry 10: 2995–2996. (32)

Lewis, P. O., L. A. Lewis & B. S. Weir. 1993. Estimating the rate of intragametophytic self-fertilization in seedless vascular plants. A comparison of methods. Amer. J. Bot. 80(6) suppl.: 77. (23)

Life, A. C. 1907. Effect of light upon the germination of spores and the gametophyte of ferns. Annual Rep. Missouri Bot. Gard. 18: 109–122. (07, 17)

Ligrone, R., J. G. Duckett & K. S. Renzaglia. 1993. The gametophyte-sporophyte junction in land plants. Advances Bot. Res. 19: 231–317. (33)

Lin, S.-J., K. Hirai & K. Iwatsuki. 1992. Prothallia of the ferns from Yunnan, China I. J. Fac. Sci. Univ. Tokyo, Sect. 3, Bot. 15: 173. (30)

Lindsay, J. 1794. Account of the germination and raising of ferns from the seed. Trans. Linn. Soc. London 2: 93–100. (01, 13, 23, 30)

Lindsay, S. 1992. Field experiments on the development of fern gametophytes. Ph.D. Thesis. 194 pp. University of Edinburgh, Scotland. (29)

Lindsay, S. & A. F. Dyer. 1990. Fern spore banks; implications for gametophyte establishment. In *Taxonomía, Biogeografía y Conservación de Pteridófitos*, J. Rita (ed.), pp. 243–253. Societat d'Historia Natural de les Illes Balears-Institut-Menorqaui d'Estudios, Palma de Mallorca. (29)

Lindsay, S. & A. F. Dyer. 1996. Investigating the phenology of gametophyte development: an experimental approach. In J. M. Camus, M. Gibby & R. J. Johns (eds.), *Pteridology in Perspective*, pp. 633–650. Royal Botanic Gardens, Kew. (33)

Lindsay, S., E. Sheffield & A. F. Dyer. 1992. Soil spore banks, fern conservation and isozyme analysis. In J. M. Ide, A. C. Jermy & A. M. Paul (eds.), *Fern Horticulture: past, present and future perspectives*, pp.279–283. Intercept, Andover. (29, 32)

Lindsay, S., E. Sheffield & A. F. Dyer. 1995. Dark germination as a factor limiting the formation of soil spore banks by bracken. In R. T. Smith & J. A. Taylor (eds.), *Bracken: an environmental issue*, pp. 47–51. Special Publication 2, International Bracken Group, Leeds, U.K. (29)

Lindsay, S., N. Williams & A. F. Dyer. 1992. Wet storage of fern spores: unconventional but far more effective! In J. M. Ide, A. C. Jermy & A. M. Paul (eds.), *Fern Horticulture: past, present and future perspectives*, pp. 285–294. Intercept, Andover. (33)

Linsbauer, K. 1925. Röntgenologische Untersuchungen an Moosen und Farnen. Fortschr. Gebiete Röntgenstr. 34: 25–48; 265–287. (08, 18)

Linsbauer, K. 1926. Über Regeneration der Farnprothallien und die Frage der "Teilungsstoffe." Biol. Zentralbl. 46: 80–96. (21)

Little, M., R. F. Luduena, G. M. Langford, C. F. Asnes & K. Farrell. 1981. Comparison of proteolytic cleavage patterns of a-tubulins and b-tubulins from taxonomically distant species. J. Molec. Biol. 149: 95–107. (19, 26, 32)

Liu, B. 1994. Effect of light on gravitropic response of rhizoids of gametophytes of ferns. J. Wuhan Bot. Res. 12: 1–3. (17)

Liu, B. D., W. M. Bao & C. W. Aur. 1991. Studies on the development of gametophyte of *Phyllitis japonica* from China. Bull. Bot. Res. (Harbin) 11(2): 93–97. (30)

Lloyd, R. M. 1971. Systematics of the onocleoid ferns. Univ. Calif. Publ. Bot. 61: 1–86. (32, 33)

Lloyd, R. M. 1973a. Systematics of the genus *Ceratopteris* (Parkeriaceae). I. Sexual and vegetative reproduction in Hawaiian *Ceratopteris thalictroides*. Amer. Fern J. 63: 12–18. (21, 23)

Lloyd, R. M. 1973b. Facultative apomixis and polyploidy in *Matteuccia orientalis*. Amer. Fern J. 63: 43–48. (27, 28)

Lloyd, R. M. 1974a. Genetic and mating system studies in ferns: Systematic and evolutionary implications. Inst. Organ. Pl. Biosyst. Newslett. 9: 2–14. (23, 27)

Lloyd, R. M. 1974b. Reproductive biology and evolution in the Pteridophyta. Ann. Missouri Bot. Gard. 61: 318–331. (23, 27)

Lloyd, R. M. 1974c. Mating systems and genetic load in pioneer and non-pioneer Hawaiian Pteridophyta. Bot. J. Linn. Soc. 69: 23–35. (23, 27)

Lloyd, R. M. 1980. Reproductive biology and gametophyte morphology of New World populations of *Acrostichum aureum* Amer. Fern J. 70: 99–110. (23, 30)

Lloyd, R. M. 1988. Experimental studies on the probability of selfing by protandrous gametophytes. Amer. Fern J. 78: 117–121. (23)

Lloyd, R. M. & D. P. Buckley. 1986. Effects of salinity on gametophyte growth of *Acrostichum aureum* and *A. danaeifolium*. Fern Gaz. 13: 97–103. (14)

Lloyd, R. M. & T. L. Gregg. 1975. Reproductive biology and gametophyte morphology of *Acrostichum danaeifolium* from Mexico. Amer. Fern J. 65: 105–120. (23, 30)

Lloyd, R. M. & E. J. Klekowski, Jr. 1970. Spore germination and viability in Pteridophyta: evolutionary significance of chlorophyllous spores. Biotropica 2: 129–137. (01, 09)

Lloyd, R. M. & T. R. Warne. 1978. The absence of genetic load in a morphologically variable sexual species, *Ceratopteris thalictroides* (Parkeriaceae). Syst. Bot. 3: 20–36. (27)

Lovis, J. D. 1968a. Fern hybridists and fern hybridising. II. Fern hybridising at the University of Leeds. Brit. Fern Gaz. 10: 13–20. (27, 28)

Lovis, J. D. 1968b. Artificial reconstruction of a species of fern, *Asplenium adulterinum*. Nature 217: 1163–1165. (27, 28)

Loyal, D. S. 1959. Some observations on the cytology and apogamy of Himalayan *Dryopteris paleacea* (Don.) Hand. Mazz. J. Indian Bot. Soc. 39: 608–613. (26, 27, 28)

Loyal, D. S. 1960. Some observations on the gametophytes of *Hypodematium crenatum* (Forssk.) Kuhn with a note on the phyletic affinities of the genus. J. Indian Bot. Soc. 39: 133–139. (27, 30)

Loyal, D. S. 1972. Morphology of *Hypodematium crenatum* (Forssk.) Kuhn: comments on a recent paper. Amer. Fern J. 62: 88–92. (30, 31)

Loyal, D. S. & H. K. Chopra. 1976. Apogamous response of megagametophyte of *Regnellidium diphyllum*. Phytomorphology 26: 353–358. (28)

Loyal, D. S. & H. K. Chopra. 1977. In vitro life-cycle, regeneration and apospory in *Ceratopteris pteridoides* (Hook.) Hieron. Curr. Sci. 46: 89–91. (21, 28)

Loyal, D. S. & P. Paik. 1971. Morphogenetic variations in the gametophyte of a 3X race of a fern, *Hypodematium crenatum* (Forssk.) Kuhn. Curr. Sci. 40:384–385. (27, 28)

Loyal, D. S., P. Paik & G. Tiwana. 1977. Gametophytic abnormalities in a triploid fern *Hypodematium crenatum* (Forssk.) Kuhn. Proc. Indian Acad. Sci. 86b: 107–116. (22, 27, 28)

Loyal, D. S. & R. Ratra. 1979. The gametophyte of three thelypteroid ferns with particular reference to segmentation pattern during two-dimensional growth. J. Indian Bot. Soc. 58: 233–240. (19)

Lugardon, B. 1969. Sur la formation de l'exospore chez *Osmunda regalis*. Compt. Rend. Hebd. Séances Acad. Sci. 268: 2879–2882. (10)

Lyon, F. M. 1901. A study of sporangia and gametophytes of *Selaginella apus* and *S. rupestris*. Bot. Gaz. (Crawfordsville) 32: 124–141. 170–194. (30)

Ma, Y. & F. Wang. 1986. A brief report of development of gametophytes in *Woodsia*. Acta Bot. Yunnan. 8: 133–140. [En chino, resumen en inglés.] (13, 30)

Mackel, H. 1924. Zur Kenntnis der Spöteren Entwicklungstadien der Prothallien von *Equisetum arvense*. Repert. Spec. Nov. Regni Veg. Beih. 28: 1–36. (30)

Maden, A. R., K. S. Renzaglia & D. P. Whittier. 1993. Ultrastructure of the spermatozoid of *Lycopodium obscurum*. Amer. J. Bot. 80(6) suppl.: 110. (24, 26)

Maeda, M. & M. Ito. 1981. Isolation of protoplasts from fern prothallia and their regeneration to gametophytes. Bot. Mag. (Tokyo) 94: 35–40. (21, 22)

Maeda, M., Y. Sigimoto, M. Nakamura, K. Masuda & H. Kaneko. 1990. Division and gametophytic tissue formation from protoplasts of young sporophytes in the fern *Lygodium japonicum*. Pl. Cell Rep. 9: 113–116. (22)

Mahabale, T. S. 1937a. The gametophyte of *Ophioglossum aitchisoni* d'Alm. Proc. 24th Indian Sci. Congr.: 265. Hyderabad. (30)

Mahabale, T. S. 1937b. The gametophytes of *Ophioglossum fibrosum* Schum. Proc. 24th. Indian Sci. Congr.: 265. Hyderabad. (30)

Mahabale, T. S. 1937c. The gametophyte of *Ophioglossum pedunculosum* Desv. Proc. 24th. Indian Sci. Congr.: 265–266. Hyderabad. (30)

Mahabale, T. S. 1947. Prothalli of *Gymnopteris variabilis* Bedd. var. *lanceolata*. Proc. 34th Indian Sci. Congr. III; 152. (30)

Mahabale, T. S. 1948. Prothalli of *Ceratopteris thalictroides*. Bot. Gaz. (Crawfordsville) 109: 349–354. (30)

Mahabale, T. S. 1963. Cultural behaviour of prothalli of *Stenochlaena palustris, Ceratopteris thalictroides* and *Athyriumm hohenackeranum*. In *Plant Tissue and Organ Culture*, Maheshwari P. & Rangeswamy (eds.), pp. 283–389. (13, 30)

Mahabale, T. S. & N. D'Almeida. 1953. Gametophyte and anatomy of two species of *Davallia*. Proc. 40th Indian Sci. Congr. III: 85 (30)

Mahabale, T. S. & J. D. D'Mello. 1952. Apogamy in *Salvinia*. Curr. Sci. 21: 227–228. (28)

Mahabale, T. S. & S. R. Javalgakar. 1949. Germination of spores and prothalli of *Nephrolepis*. Proc. 36th Indian Sci. Congr. III: 126. (01, 11, 13, 30)

Mahabale, T. S. & S. R. Javalgakar. 1950. Germination of spores and adult prothalli in culture of *Ceratopteris thalictroides* Brongn. Proc. 37th Indian Sci. Congr. III: 42. (01, 11, 13, 30)

Mahabale, T. S. & N. Kulkarni. 1949. Prothallus of *Lygodium flexuosum* Bedd. Proc. 36th Indian Sci. Congr. III: 124. (30)

Mahabale, T. S. & N. Kulkarni. 1950. Prothalli of *Lygodium japonicum* Sw. and *Aneimia rotundifolia* Schrade. Proc. 37th Indian Sci. Congr. III: 41. (30)

Mahabale, T. S. & J. J. Shah. 1949. Prothalli of *Cheilanthes farinosa* Kaulf. and *C. tenuifolia* Sm. Proc. 36th Indian Sci. Congr. III: 125. (30)

Mahlberg, P. G. & M. Baldwin. 1975. Experimental studies on megaspore viability, parthenogenesis, and sporophyte formation in *Marsilea, Pilularia,* and *Regnellidium*. Bot. Gaz. (Crawfordsville) 136: 269–273. (09, 28)

Mahlberg, P. G. & S. Yarus. 1977. Effects of light, pH, temperature, and crowding on megaspore germination and sporophyte formation in *Marsilea*. J. Exp. Bot. 28: 1137–1146. (02, 04, 07)

Maly, R. 1951. Cytomorphologische Studien an strahleninduzierten Konstant abweichenden Plastidenformen bei Farnprothallien. Z. Indukt. Abstammungs- Vererbungsl. 83: 447–478. (26)

Malik, S. K. & T. N. Bhardwaja. 1990. Spore germination and gametophyte development on genus *Athyrium* in response to colchicine treatment. Phytomorphology 40: 79–84. (05, 15)

Manabe, K., N. Ibushi, A. Nakayama, S. I. Takaya & M. Sugai. 1987. Spore germination and phytochrome biosynthesis in thc fern *Lygodium japonicum* as affected by gabaculine and cycloheximide. Physiol. Pl. (Kyoto) 70: 571–575. (01, 10, 12)

Manton, I. 1932. Contributions to the cytology of apospory in ferns. I. A case of induced apospory in *Osmunda regalis* L. J. Genet. 25: 423–430. (28)

Manton, I. 1950. *Problems of Cytology and Evolution in the Pteridophytes*. Cambridge Univ. Press. (26, 27, 28)

Manton, I. 1959. Observations on the microanatomy of the spermatozoid of the bracken fern (*Pteridium aquilinum*). J. Biophys. Biochem. Cytol. 6: 413–418. (24, 26)

Manton, I. & B. Clarke. 1951. Demonstration of compound cilia in a fern spermatozoid with the electron microscope. J. Exp. Bot. 2: 125–128. (24, 26)

Manton, I. & S. Walker. 1954. Induced apogamy in *Dryopteris dilatata* (Hoffm.) A. Gray and *D. filix-mas* (L.) Schott emend. and its significance for the interpretation of the two species. Ann. Bot. (London), n.s. 18: 377–383. (28)

Marc, J. & B. E. S. Gunning. 1986. Immunofluorescent localization of cytoskeletal tubulin and actin during spermatogenesis in *Pteridium aquilinum* (L.) Kuhn. Protoplasma 134: 163–177. (24, 26)

Marcondes-Ferreira, W. & G. M. Felippe. 1984. Effects of light and temperature on the germination of spores of *Cyathea delgadii*. Revista Brasil. Bot. 7: 53–56. (01, 02, 07)

Marengo, N. P. 1949. A study of the cytoplasmic inclusions during sporogenesis in *Onoclea sensibilis*. Amer. J. Bot. 36: 603–613. (10)

Marengo, N. P. 1956. The microscopic structure of the mature spores of the sensitive fern, the ostrich fern, and the royal fern. Amer. Fern J. 46: 97–104. (10)

Marengo, N. P. 1973. The fine structure of the dormant spore of *Matteuccia struthiopteris*. Bull. Torrey Bot. Club 100: 147–150. (10)

Marengo, N. P. 1979. A simplified nutrient medium for growing fern prothallia. Amer. Fern J. 69: 122. (01, 13)

Marengo, N. P. & M. E. Badalamente. 1978. The fine structure of the newly formed spore of *Onoclea sensibilis*. Amer. Fern J. 68: 52–54. (10)

Martin, C. E., M. T. Allen & C. H. Haufler. 1995. C-3 photosynthesis in the gametophyte of the epiphytic CAM fern *Pyrrosia longifolia* (Polypodiaceae). Amer. J. Bot. 82: 441–444. (32)

Martin, J. T. 1965. A simple method for growing ferns from spores. Amer. Fern J. 55: 179–181. (01, 13)

Masaoka, Y., M. Sakakibara & K. Mori. 1982. Synthesis and absolute configuration of (+)-8-hydroxy hexadecenoic acid, an endogenous inhibition for spore germination in *Lygodium japonicum*. Agric. Biol. Chem. 46: 2319–2342. (12)

Mason, N. A. & D. R. Farrar. 1989. Recovery of *Botrychium* gametophytes, gemmae, and immature sporophytes by centrifugation. Amer. Fern J. 79: 143–145. (33)

Masuyama, S. 1972. The sequence of sex expression in the prothallia of *Adiantum pedatum* and *Adiantum capillus-veneris*. J. Jap. Bot. 34: 97–106. (23)

Masuyama, S. 1975a. The gametophyte of *Pleurosoriopsis makinoi* (Maxim) Fomin. J. Jap. Bot. 50: 105–114. (30)

Masuyama, S. 1975b. The sequence of the gametangium formation in homosporous fern gametophytes I. Patterns and their possible effect on the fertilization with special reference to the gametophytes of *Athyrium*. Sci. Rep. Tokyo Kyoiku Daigaku, Sect. B 16: 4. (23, 24)

Masuyama, S. 1975c. The sequence of the gametangium formation in homosporous fern gametophytes II. Types and their taxonomic distribution. Sci. Rep. Tokyo Kyoiku Daigaku, Sect. B 16: 71–86. (23–24)

Masuyama, S. 1979. Reproductive biology of the fern *Phegopteris decursive-pinnata*. I. The dissimilar mating systems of diploids and tetraploids. Bot. Mag. (Tokyo) 92: 275–289. (23, 27, 28)

Masuyama, S. 1986. Reproductive biology of the fern *Phegopteris decursive-pinnata*. II. Genetic analysis of self-sterility in diploids. Bot. Mag. (Tokyo) 99: 107–121. (23, 27, 28)

Masuyama, S. & Y. Watano. 1990. Trends for inbreeding in polyploid pteridophytes. Pl. Spec. Biol. 5: 13–17. (23, 28)

Matzke, E. B. 1941. Gametophytes of *Equisetum arvense* L. Torreya 41: 181–187. (29, 30)

McAlpin, B. W. 1970. Fertile sporophytes of *Botrychium virginianum* attached to gametophytes. Amer. Fern J. 60: 62–65. (22, 23)

McAlpin, B. & D. R. Farrar. 1978. *Trichomanes* gametophytes in Massachusettss. Amer. Fern J. 68: 97–98. (30, 33)

McCautley, D. E., D. E. Whittier & L. M. Reilly. 1985. Inbreeding and the rate of self-fertilization in a grape fern, *Botrychium dissectum*. Amer. J. Bot. 72: 1978–1981. (23)

McMorris, T. C. & B. Voeller. 1971. Ecdysones from gametophytic tissues of a fern. Phytochemistry 10: 3253–3254. (32)

McVeigh, I. 1937. Vegetative reproduction of the fern sporophyte. Bot. Rev. (Lancaster) 3: 457–497. (21)

Mehra, P. N. 1932a. Occurrence of tracheids in the gametophytes of *Adiantum lunulatum*. Curr. Sci. 1: 2. (19, 30)

Mehra, P. N. 1932b. Some physiological investigations of fern prothalli under cultural conditions. Curr. Sci. 1: 171–172. (32)

Mehra, P. N. 1938a. Apogamy in *Adiantum lunulatum* Burm. Part I (morphological). Proc. Indian Acad. Sci. B8: 192–201. (28, 30)

Mehra, P. N. 1938b. Apogamy in *Pteris biaurita* Linn. Proc. Indian Acad. Sci. B8: 202–210. (28)

Mehra, P. N. 1944. Cytological investigation of apogamy in *Adiantum lunulatum* Burm. Proc. Natl. Acad. Sci. India, Sect B, Biol. Sci. 13: 189–204. (28)

Mehra, P. N. 1949a. Some observations on the prothallus of *Diplazium esculentum* (Retz.) Sw. J. Indian Bot. Soc. 28: 28–35. (30)

Mehra, P. N. 1949b. Cytological investigations of apogamy in *Adiantum lunulatum*. Proc. Natl. Acad. Sci. India 14: 189–204. (26, 28)

Mehra, P. N. 1952. Colchicine effects and the production of abnormal spermatozoids in the prothalli of *Dryopteris subpubescens* (Bl.) C. Chr. and *Goniopteris prolifera* Roxb. Ann. Bot. (London), n.s. 16: 49–56. (15, 24)

Mehra, P. N., J. H. Cormiller & M. C. Stephani. 1952. Effects of colchicine and light on cell form in fern gametophytes. Implications for a mechanism of light-induced cell elongation. Physiol. Pl. (Kyoto) 24: 264–271. (05, 07, 15, 17).

Mehra, P. N. & A. Gupta. 1986. *A Research Monograph on Gametophytes of Hymalayan Ferns*. Raj Bandhu Press, New Delhi. (30, 33)

Mehra, P. N. & D. S. Loyal. 1956. Colchicine effect on the prothalli of *Goniopteris multilineata* (Wall.) Bedd. and *G. prolifera* (Roxb.) with emphasis on abnormal spermatogenesis in polyploid prothalli. Ann. Bot. (London), n.s. 20: 544–552. (15, 24, 27, 28)

Mehra, P. N. & H. K. Palta. 1969. Radiobiological investigations on *Pteris vittata* L. I. X-ray induced plastid variations in the gametophytes. Radiat. Bot. 9: 93–103. (18, 26)

Mehra, P. N. & H. K. Palta. 1971. In vitro-controlled differentiation of the root callus of *Cyclosorus dentatus*. Phytomorphology 21: 375–376. (22)

Mehra, P. N. & D. S. Sulklyan. 1969. In vitro studies on apogamy, apospory and controlled differentiation of rhizome segments of the fern,

Ampelopteris prolifera (Retz.) Copel. Bot. J. Linn. Soc. 62: 431–443. (28)

Mehra, P. N. & D. S. Sulklyan. 1976. Induced parthenogenesis in *Ampelopteris prolifera* in vitro. Phytomorphology 26: 404–410. (28)

Melan, M. A. & D. P. Whittier. 1986. Characterization of mucilage rings found on the proximal cells of two-celled gametophytes of *Botrychium dissectum*. Amer. Bot. (Binghamton) 73: 738. [Resumen.] (19)

Melan, M. & D. P. Whittier. 1989. Characterization of mucilage on the proximal cells of young gametophytes of *Botrychium dissectum* (Ophioglossaceae). Amer. J. Bot. 76: 1006–1014. (32)

Melan, M. A. & D. P. Whittier. 1990. Effects of inorganic nitrogen sources on spore germination and gametophyte growth in *Botrychium dissectum*. Pl. Cell Environm. 13: 477–482. (03, 04, 14)

Mendoza R., A., B. Pérez-García, I. Reyes Jaramillo & M. Ricci. 1996–1997. Desarrollo del gametofito de *Pteris berteroana* (Pteridaceae: Pterideae). Rev. Biol. Trop. 44(3)/45(1): 51–57. (30)

Mendoza R., A., B. Pérez-García & I. Reyes Jaramillo. 1997. Morfogénesis de la fase sexual de *Lophosoria quadripinnata* var. *contracta*. Rev. Biol. Trop. 45: 993–998. (30)

Menke, W. & B. Fricke. 1964. Beobachtungen über die Entwicklung der Archegonien von *Dryopteris filix-mas*. Z. Naturf. 19B: 520–524. (24)

Mesler, M. R. 1973. Sexual reproduction in *Ophioglossum crotalophoroides*. Amer. Fern J. 63: 28–33. (23)

Mesler, M. R. 1974. The natural history of *Ophioglossum palmatum* in South Florida. Amer. Fern J. 64: 33–40. (23, 29, 30)

Mesler, M. R. 1975. The gametophyte of *Ophioglossum palmatum*. Amer. J. Bot. 62: 982–992. (30)

Mesler, M. R. 1976. Gametophytes and young sporophytes of *Ophioglossum crotalophoroides* Walt. Amer. J. Bot. 63: 443–448. (30)

Mesler, M. R. & L. K. Lu. 1977. Large gametophytes of *Equisetum hyemale* in Northern Carolina. Amer. Fern J. 67(4): 97–98. (29, 30)

Mesler, M. R., R. D. Thomas & J. G. Bruce. 1975. Mature gametophytes and young sporophytes of *Ophioglossum nudicaule*. Phytomorphology 25: 156–166. (23)

Metzner, P. 1923a. Studien über die Bewegungsmechanik der Spermatozoiden. Beitr. Allg. Bot. 2: 435–499. (24)

Metzner, P. 1923b. Studien über die Bewegungsphysiologie niederer Organismen. Naturwissenschaften 11: 365–372; 395–399. (24, 32)

Meyer, D. E. 1952. Untersuchungen über Bastardierung in der Gattung *Asplenium*. Biblioth. Bot. 123: 1–34. (28)

Meyer, D. E. 1953. Über das Verhalten einzelner isolierter Prothalliumzellem und dessen Bedeutung für Korrelation und Regeneration. Planta 41: 642–645. (21)

Meyer zu Bentrup, F. W. 1963. Vergleichende Untersuchungen zur Polaritätsinduktion durch das Licht an der *Equisetum*-spore und *Fucus* zygoten. Planta 59: 472–491 (11)

Meyer zu Bentrup, F. W. 1964. Zur Frage eines Photoinaktivierungs-Effektes bei der Polaritätsinduktion in *Equisetum*-sporen und *Fucus* zygoten. Planta 63: 356–365. (11)

Mex Veigh, I. 1937. Vegetative reproduction of the fern gametophyte. Bot. Rev. (Lancaster) 3: 457–497. (21)

Mickel, J. T. 1982. Tropical fern gametophytes in temperate U.S. Fiddlehead Forum 9: 13. (29)

Mickel, J. T. 1990. Some answers on spore viability. Fiddlehead Forum 17: 24. (09)

Millardet, G. 1869. *Le Prothallium Male des Cryptogames Vasculaires*. Strasbourg. (30)

Miller, C. C. J., J. G. Duckett & B. Kirkham. 1985. Gametogenesis: the playground of the developmental cytologist. Proc. Roy. Soc. Edinburgh, B 86: 29–35. (24)

Miller, J. H. 1961. The effects of auxin and guanine on cell expansion and cell division in the gametophyte of the fern, *Onoclea sensibilis*. Amer. J. Bot. 48: 816–819. (15, 19)

Miller, J. H. 1968a. An evaluation of specific and nonspecific induction of 2-dimensional growth in fern gametophytes. Physiol. Pl. (Copenhagen) 21: 699–710. (19)

Miller, J. H. 1968b. Fern gametophytes as experimental material. Bot. Rev. (Lancaster) 34: 361–440. (01, 09, 13, 22)

Miller, J. H. 1980a. Differences in the apparent permeability of spore walls and prothallial cell walls in *Onoclea sensibilis*. Amer. Fern J. 70: 119–123. (12, 32)

Miller, J. H. 1980b. Orientation of the plane of cell division in fern gametophytes: the roles of cell shape and stress. Amer. J. Bot. 67: 534–542. (19)

Miller, J. H. 1985. Asymmetric cell division and differentiation; fern spore germination as a model. I. Physiological studies. Proc. Roy. Soc. Edinburgh, B 86: 213–226. (11, 12)

Miller, J. H. 1987. Inhibition of fern spore germination by lipophilic solvents. Amer. J. Bot. 74: 1706–1708. (05, 12)

Miller, J. H. 1989. A computer model for the orientation of cell division during fern gametophyte development. Amer. J. Bot. Suppl. 76(6): 205. [Resumen.] (19, 20)

Miller, J. H. & A. R. Bassel. 1980. Effects of caffeine on germination and differentiation in spores of the fern *Onoclea sensibilis*. Physiol. Pl. (Copenhagen) 50: 213–220. (05, 11)

Miller, J. H. & R. H. Greany. 1974. Determination of rhizoid orientation by light and darkness in germination spores of *Onoclea sensibilis*. Amer. J. Bot. 61: 296–302. (07, 11)

Miller, J. H. & R. H. Greany. 1976. Rhizoid differentiation in fern spores: experimental manipulation. Science 193: 687–689. (11)

Miller, J. H. & J. L. Kotenko. 1987. The use of alizarin red S to detect and localize calcium in gametophyte cells of ferns. Stain. Technol. 62: 237–245. (15)

Miller, J. H. & P. M. Miller. 1961. The effect of different light conditions and sucrose on the growth and development of the gametophyte of the fern *Onoclea sensibilis*. Amer. J. Bot. 48: 154–159. (15, 17)

Miller, J. H. & P. M. Miller. 1963. Effects of red and far-red illumination on the elongation of fern protonemata and rhizoids. Pl. Cell Physiol. 4: 65–72. (17, 18)

Miller, J. H. & P. M. Miller. 1964a. Blue light in the development of fern gametophytes and its interaction with far-red and red light. Amer. J. Bot. 51: 329–334. (17)

Miller, J. H. & P. M. Miller. 1964b. Effects of auxin on cell enlargement in fern gametophytes: developmental stage of the cell and response to auxin. Amer. J. Bot. 51: 431–436. (05, 15)

Miller, J. H. & P. M. Miller. 1965. The relationship between the promotion of elongation of fern protonemata by light and growth substances. Amer. J. Bot. 52: 817–876. (15, 17, 19)

Miller, J. H. & P. M. Miller. 1966. Temperature dependance of the effects of light and auxin on the elongation of fern protonemata. Pl. Cell Physiol. 7: 485–488. (13, 15, 17, 19)

Miller, J. H. & P. M. Miller. 1967a. Action spectra for light-induced elongation in fern protonemata. Physiol. Pl. (Copenhagen) 20: 128–138. (17, 19)

Miller, J. H. & P. M. Miller. 1967b. Interaction of photomorphogenetic pigments in fern gametophytes: phytochrome and a yellow-light absorbing pigment. Pl. Cell Physiol. 8: 765–769. (17, 32)

Miller, J. H. & P. M. Miller. 1970. Unusual dark-growth and antheridial differentiation in some gametophytes of the fern *Onoclea sensibilis*. Amer. J. Bot. 57: 1245–1248. (22, 23, 24)

Miller, J. H. & M. C. Stephani. 1971. Effects of colchicine and light on cell form in fern gametophytes. Implications for a mechanism of light-induced cell elongation. Physiol. Pl. (Copenhagen) 24: 264–271. (15, 17, 19)

Miller, P. M., H. C. Sweet & J. H. Miller. 1970. Growth regulation by ethylene in fern gametophytes. I. Effects on protonemal and rhizoidal growth and interaction with auxin. Amer. J. Bot. 57: 212–217. (15)

Miller, J. H., T. C. Vogelmann & A. R. Bassel. 1983. Promotion of fern rhizoid elongation by metal ions and the function of the spore coat as an ion reservoir. Pl. Physiol. (Lancaster) 71: 828–834. (03, 11, 12)

Miller, J. H. & P. M. Wagner. 1987. Co-requirement for calcium and potassium in the germination of spores of the fern *Onoclea sensibilis*. Amer. J. Bot. 74: 1585–1589. (03)

Miller, J. H. & D. R. Wright. 1961. An age-dependent change in the response of fern gametophytes to red light. Science 134: 1629. (07)

Miller, K. G. 1984. *Trichomanes* gametophytes at Bartholomew's Cobble. Amer. Fern J. 74: 31–32. (29, 30, 33)

Miller, P.M., H. C. Sweet & J. H. Miller. 1970. Growth regulation by ethylene in fern gametophytes. I. Effects on protonema and rhizoidal growth and interaction with auxin. Amer. J. Bot. 57: 212–217. (15, 19)

Minamikawa, T., T. Koshiba & M. Wada. 1984. Compositional changes in germinating spores of *Adiantum capillus-veneris* L. Bot. Mag. (Tokyo) 97: 313–322. (26, 32)

Minamikawa, T., N. Masuda., A. Kadota & M. Wada. 1987. Effect of sulfite on compositional changes of cell constituents in germinating spores of *Adiantum capillus-veneris* L. Bot. Mag. (Tokyo) 100: 1–8. (14)

Mineyuki, Y. & M. Furuya. 1980. Effect of centrifugation on the development and timing of premitotic positioning of the nucleus in *Adiantum* protonemata. Developm. Growth & Diffent. 22: 867–874. (26)

Mineyuki, Y. & M. Furuya. 1984. Changes in organelle movement in the nuclear region during the cell cycle of *Adiantum* protonemata. Pl. Cell Physiol. 25: 297–308. (26)

Mineyuki, Y. & M. Furuya. 1985. Involvement of microtubules in nuclear positioning during apical growth in *Adiantum* protonemata. Pl. Cell Physiol. 26: 627–643. (26)

Mineyuki, Y. & M. Furuya. 1986. Involvement of colchicine sensitive cytoplasmic element in premitotic nuclear positioning of *Adiantum* protonemata. Protoplasma 130: 83–90. (15, 26)

Mineyuki, Y., T. Murata & M. Wada. 1991. Experimental obliteration of the preprophase band alters the site of cell division, cell plate orientation and phragmoplast expansion in *Adiantum* protonemata. J. Cell Sci. 100: 551–558. (26)

Mineyuki, Y., M. Takagi & M. Furuya. 1984. Changes in organelle movement in the nuclear region during the cell cycle of *Adiantum* protonema. Pl. Cell Physiol. 25: 297–308. (26)

Mineyuki, Y., M. Yamada, M. Tagaki, M. Wada & M. Furuya. 1983. A digital image processing technique for the analysis of particle movements. Its application to organelle movements during

mitosis in *Adiantum* protonemata. Pl. Cell Physiol. 24: 225–234. (26)
Mishra, M. 1993 "1992." Ontogeny and structure of gametophytes in *Pteris linearis* Poir. Indian Fern J. 9: 60–65. (30)
Mishra, M. & T. Sen. 1989. On the differentiation of vascular tissue in the gametophytes of *Pteris* L. Indian Fern J. 6: 117–123. (19, 33)
Mishra, M. & T. Sen. 1991. Ontogeny of gametophytes and sex expression in some species of *Pteris* L. In T. N. Bhardwaja & C. B. Gena (eds.), *Perspectives in Pteridology: present and future*. Aspects Pl. Sci. 13: 75–81. (23)
Mitra, D. & U. Sen. 1969. The gametophyte and young sporophyte of *Ampelopteris prolifera*. Canad. J. Bot. 47: 1953–1959. (30)
Miura, M., T. Koshiba & T. Minamikawa. 1986. Characterization and role of RNAs synthesized during early spore germination of the fern *Cyathea*. J. Pl. Physiol. 123: 487–495. (12)
Miyata, M., M. Wada & M. Furuya. 1979. Effects of phytochrome and blue-near ultraviolet light-absorbing pigment on duration of component phases of the cell cycle in *Adiantum* gametophytes. Developm. Growth & Diffent. 21: 577–584. (18, 32)
Mizukami, I. & J. Gall. 1966. Centriole replication. II. Sperm formation in the fern *Marsilea*, and the cycad *Zamia*. J. Cell Biol. 29: 97–111. (24)
Mlodzianowski, F. 1950. Gametophyt paprati *Phyllitis hybrida* i *Ceterach officinarum*. Rad Jugoslav. Akad. Znan. 226: 208–219. (28)
Moham Ram, H. Y. 1970. Gametophytes of *Equisetum ramosissimum* subsp. *ramosissimum*. II. Sexuality and its modification. Phytomorphology 20: 151–172. (23)
Mohr, H. 1956a. Die Abhöngigkeit des Protonemawachstums und der Protonemapolarität bei Farnen vom Licht. Planta 47: 127–158. (17, 20)
Mohr, H. 1956b. Die Beeinflussung der Keimung von Farnsporen durch Licht und andere Faktoren. Planta 46: 534–551. (07, 17)
Mohr, H. 1963. The influence of visible radiation on the germination of archegoniate spores and the growth of the fern protonema. J. Linn. Soc., Bot. 58: 287–296. (07, 17)
Mohr, H. 1964. The control of plant growth and development by light. Biol. Rev. Cambridge Philos. Soc. 39: 87–112. (07, 17)
Mohr, H. 1965. Die Steuerung der Entwicklung durch Licht am Beispiel der Farngametophyten. Ber. Deutsch. Bot. Ges. 78: 54–68. (07, 17)
Mohr, H. & C. Barth. 1962. Ein Vergleich der Photomorphogenese der Gametophyten von *Alsophila australis* Br. und *Dryopteris filix-mas* (L.) Schott. Planta 58: 580–593. (07, 17)
Mohr, H. & G. Holl. 1964. Die Regulation der Zellaktivität bei Farnvorkeimen durch Licht. Z. Bot. 52: 209–221. (17, 32)
Mohr, H., U. Meyer & K. Hartmann. 1964. Die Beeinflussung der Farnsporen-keimung [*Osmunda cinnamomea* L. und *O. claytoniana* L.] über das Phytochromesystem und die Photosynthese. Planta 60: 483–496. (32)
Mohr, H. & K. Ohlenroth. 1962. Photosynthese und Photomorphogenese bei Farnvorkeimen von *Dryopteris filix-mas*. Planta 57: 656–664. (17, 32)
Momose, S. 1937. Studies on the gametophyte of ferns. I. On the prothallial development and prothallium of *Dryopteris varia* O. Kuntze. J. Jap. Bot. 12: 113–120. (30)
Momose, S. 1938a. Studies on the gametophytes of ferns. IV. On the prothallium of *Diplazium thunbergi* Nakai and *D. latifolium* Moore. J. Jap. Bot. 14: 43–49. (30)
Momose, S. 1938b. Studies on the gametophytes of ferns. X. On the prothallium of eudryopteroid ferns. J. Jap. Bot. 14: 445–453. (30)
Momose, S. 1938c. On the prothallium of *Polystichum aculeatum* Rodh. var. *taiwanense* Nakai & Momose and *Leptogramma totta* J. Smith. J. Jap. Bot. 14: 56–62. (30)
Momose, S. 1939. Studies on the gametophytes of ferns. IX. Further observations on the prothallium of eudryopteroid ferns. J. Jap. Bot. 15: 280–292. (30)
Momose, S. 1940. Studies on the gametophyte of ferns XXV. On the characteristics of spores of ferns and their systematic merits. J. Jap. Bot. 16: 139–145. (30)
Momose, S. 1941a. Studies on the gametophyte of ferns XVI. On the prothallium of thelypterioid ferns. J. Jap. Bot. 17: 35–51. (30)
Momose, S. 1941b. Studies on the gametophyte of ferns XXVI. On the characteristics of spores of ferns and their systematic merits. J. Jap. Bot. 17: 187–197. (30)
Momose, S. 1941c. Studies on the gametophytes of ferns. XVII, XIX. J. Jap. Bot. 17: 96–114, 284–297. (30)
Momose, S. 1941db. Studies on the gametophytes of ferns. XX. J. Jap. Bot. 17: 356–369, 383–293, 587–597, 664–670. (30)
Momose, S. 1942. Studies on the gametophyte of ferns. J. Jap. Bot. 18: 49–65, 139–152, 189–196, 391–409, 447–457, 520–537. (30)
Momose, S. 1947. A systematic study on the prothallium of polypodiaceous ferns. IV. On *Cheilanthes*. J. Jap. Bot. 21: 151–158. (30)
Momose, S. 1949. On the prothallium of *Lygodium* and *Anemia*. J. Jap. Bot. 24: 128–132. (30)
Momose, S. 1958a. The antheridia area of the foliate type prothallium in ferns. J. Jap. Bot. 33: 33–37. (24, 30)

Momose, S. 1958b. Prothallia of onocleoid ferns. J. Jap. Bot. 33: 289–296. (30)
Momose, S. 1959a. The prothallia of Aspleniaceae. (1). J. Jap. Bot. 34: 231–238. (30)
Momose, S. 1959b. The prothallia of Aspleniaceae. (2). J. Jap. Bot. 34: 293–302. (30)
Momose, S. 1960a. The prothallia of Aspleniaceae. (3). J. Jap. Bot. 35: 47–54. (30)
Momose, S. 1960b. The prothallia of Aspleniaceae. (4). J. Jap. Bot. 35: 229–235. (30)
Momose, S. 1960c. The prothallia of Aspleniaceae. (5). J. Jap. Bot. 35: 315–320. (30)
Momose, S. 1960d. The prothallia of Aspleniaceae. (6). J. Jap. Bot. 35: 321–326. (30)
Momose, S. 1961a. The prothallia of Aspleniaceae. (7). J. Jap. Bot. 36: 33–40. (30)
Momose, S. 1961b. The prothallia of Aspleniaceae. (8). J. Jap. Bot. 36: 153–163. (30)
Momose, S. 1962. The prothallia of Aspleniaceae. (9). J. Jap. Bot. 37: 169–178. (30)
Momose, S. 1964a. The prothallus of *Ceratopteris*. J. Jap. Bot. 39: 225–235. (30)
Momose, S. 1964b. The prothallium of *Cryptogramma* group of ferns. J. Jap. Bot. 39: 305–312. (30)
Momose, S. 1965a. Miscellaneous notes in gametophyte studies of ferns (1–2). J. Jap. Bot. 40: 12–18. (30, 33)
Momose, S. 1965b. Miscellaneous notes in gametophyte studies of ferns. (3). J. Jap. Bot. 40: 48–54. (30, 33)
Momose, S. 1965c. Prothallia of some ferns from the Galapagos Islands (1). J. Jap. Bot. 40: 140–147. (30)
Momose, S. 1965d. Prothallia of some ferns of Galapagos Islands (2). J. Jap. Bot. 40: 277–281. (30)
Momose, S. 1965e. Miscellaneous notes in gametophytes studies of ferns (4). J. Jap. Bot. 40: 303–306. (30, 33)
Momose, S. 1967. *Prothallia of Japanese Ferns*. University of Tokyo Press, Tokyo. (30, 33)
Momose, S. 1968. Prothallia of the ferns from Thailand. South-east Asian Stud. 6: 73–167. (30)
Montardy-Pausader, J. 1959. The prothallial morphogenesis of a fern, *Gymnogramme sulphurea,* under the influence of an animal sex hormone, estradiol. Bull. Mus. Natl. Hist. Nat., Bot. 6: 1–5. (15)
Montardy-Pausader, J. 1982. Cytomorphogénèse du jeune gamétophyte de l'*Anemia phyllitidis* (L.) Sw. Rev. Cytol. Biol. Vég. Botaniste 5: 217–254. (19, 30)
Montardy-Pausader, J. 1989a. Edification du prothalle cordiforme de la fougère *Anemia phyllitidis* (L.) Sw. Induction du méristème. Rev. Cytol. Biol. Vég. Botaniste 12: 33–57. [Resumen en francés e inglés: Cordiform prothallus edification of the *Anemia phyllitidis* (L.) Sw. fern. Induction of the meristem.] (19, 20)
Montardy-Pausader, J. 1989b. Le méristème et l'acquisition de la forme adulte du gamétophyte d'*Anemia phyllitidis* (L.) Sw. Rev. Cytol. Biol. Vég. Botaniste 12: 59–87. [Resumen en francés e inglés: The meristem and the acquisition of the gametophytic mature shape of *Anemia phyllitidis* (L.) Sw.] (19, 20)
Montardy-Pausader, J. 1989c. Morphogenèse du prothalle d'*Alsophila australis*. I. Acquisition de la forme. Rev. Cytol. Biol. Vég. Botaniste 12: 109–122. [Resumen en francés e inglés: Prothallial morphogenesis of *Alsophila australis*. I. Acquisition of the form.] (19, 26)
Montardy-Pausader, J. 1992. Computer simulation of bidimensional growth of the gametophyte of *Anemia phyllitidis* (L.) Sw. Math. Biosci. 108: 219–240. (19)
Montemartini, L. 1911. Informo all'influenza dei raggi ultravioletti sullo sviluppo degi organi di riproduzione delle piante. Atti Ist. Bot. Univ. Pavia, ser. 2, 9: 13–23. (18)
Morel, G. 1950. Sur la culture des tissues d'*Osmunda cinnamomea*. Compt. Rend. Hebd. Séances Acad. Sci. 230: 2318–2320. (22)
Morel, G. 1956. Prolifération des feuilles d'*Adiantum pedatum* cultivées in vitro. Rev. Gén. Bot. 63: 325–330. (21, 22)
Morel, G. 1963. Leaf regeneration in *Adiantum pedatum*. J. Linn. Soc., Bot. 58: 381–383. (21)
Morel, G. & R. H. Wetmore. 1951. Fern callus tissue culture. Amer. J. Bot. 38: 141–143. (22)
Morison, R. 1699. Plantarum Historiae Universalis Oxoniensis. Pars tertia, Post Auctoris Mortem, Explevita et Absolvit a Jacobus Bobartius Theatro Scheldoniano Oxinii. (30, 33)
Morlang, C., Jr. 1967. Hybridization, polyploidy and adventitious growth in the genus *Asplenium*. Amer. J. Bot. 54: 887–897. (21, 27, 28)
Morzeti, V. M. 1962. A first report on pseudomeiotic sporogenesis, a type of spore reproduction by which "sterile" ferns produce gametophytes. Amer. Fern J. 52: 69–78. (26, 33)
Morzeti, V. M. 1966. Morphology and cytological data on southeastern United States species of the *Asplenium heterochroum-resiliens* complex. Amer. Fern J. 56: 167–176. (26, 33)
Mosebach, G. 1943. Über die Polarisierung der *Equisetum*-Spore durch das Licht. Planta 33: 340–387. (11)
Moseley, M. F. Jr. & B. C. Zimmerly. 1949. *Psilotum* gametophytes matured under greenhouse conditions from self-sown spores. Science 110: 482. (13, 29)
Mottier, D. M. 1904. Fecundation in plants. Publ. Carnegie Inst. Wash. 15: 1–187. (23)

Mottier, D. M. 1910. Notes on the sex of the gametophyte of *Onoclea struthiopteris*. Bot. Gaz. (Crawfordsville) 50: 209–213. (23)

Mottier, D. M. 1914. Resistance of certain fern prothallia to extreme dessecation. Science 39: 295. (01, 02)

Mottier, D. M. 1915. Beobachtunger über einige Farnprothallien mit Bezug auf eingebettete Antheridien und Apogamy. Jahrb. Wiss. Bot. 56: 65–83. (24, 28)

Mottier, D. M. 1924. Culture methods in the production of polyembryony in certain ferns (Polypodiaceae). Proc. Indiana Acad. Sci. 33: 239–240. (01, 13, 25)

Mottier, D. M. 1925. Polyembryony in certain Polypodiaceae and Osmundaceae. Bot. Gaz. (Crawfordsville) 80: 331–336. (25)

Mottier, D. M. 1927. Behavior of certain fern prothallia under prolonged cultivation. Bot. Gaz. (Crawfordsville) 83: 244–266. (21)

Mottier, D. M. 1931. Development of sex organs of fern prothallia under prolonged cultivation. Bot. Gaz. (Crawfordsville) 92: 218–223. (21, 23)

Muccifora, S. & P. Gori. 1995. *Asplenium trichomanes* ssp. *trichomanes* gametophyte. A light and electron microscope study. Caryologia 48: 265–274. (26, 30)

Mukherjee, A. K. & T. Sen. 1986. Gametophytes of some tree ferns and their impact on phylogenetic relationships. Indian Fern J. 3: 70–81 (27, 30).

Munroe, M. H. & P. R. Bell. 1970. The fine structure of fern root cells showing apospory. Developm. Biol. 23: 550–562. (26, 28)

Munroe, M. H. & I. M. Sussex. 1969. Gametophyte formation in bracken fern root culture. Canad. J. Bot. 47: 617–621. (22)

Munther, W. E. & D. E. Fairbrothers. 1980. Allelopathy and autotoxicity in three eastern North American ferns. Amer. Fern J. 70: 124–135. (32)

Murakami, N. & K. Iwatsuki. 1990. Origin and genetic variation of agamosporus ferns. Pl. Spec. Biol. 5: 177–182. (27)

Murata, T., A. Kadota., T. Hogetsu & M. Wada. 1987. Circular arrangement of cortical microtubules around the subapical part of a tip-growing fern protonema. Protoplasma 141: 135–138. (26)

Murata, T. & M. Wada. 1989a. Effects of colchicine and amiprophos-methyl on microfibril arrangement and cell shape in *Adiantum* protonemal cells. Protoplasma 151: 81–87. (15)

Murata, T. & M. Wada. 1989b. Organization of cortical microtubules and microfibril deposition in response to blue-light-induced apical swelling in a tip-growing *Adiantum* protonemata cell. Planta 178: 334–341. (17, 26)

Murata, T. & M. Wada. 1989c. Re-organization of microtubules during preprophase band development in *Adiantum* protonemata. Protoplasma 151: 81–87. (20)

Murata, T. & M. Wada. 1991a. Effects of centrifugation on preprophase-band formation in *Adiantum* protonemata. Planta 183(3): 391–398. (26)

Murata, T. & M. Wada. 1991b. Reformation of the preprophase band after cold-induced depolymerization of microtubules in *Adiantum* protonemata. Pl. Cell Physiol. 32: 1145–1151. (26)

Murata, T. & M. Wada. 1992. Cell cycle-specific disruption of the preprophase band of microtubules in fern protonema: effects of displacement of the endoplasm by centrifugation. J. Cell Sci. 101: 93–98. (26)

Murata, T. & M. Wada. 1993a. Cell division in caffeine-induced binucleate protonemal cells of *Adiantum*: I. Asynchronous mitosis of two nuclei in a single cell. J. Pl. Res. 106: 305–311. (26)

Murata, T. & M. Wada. 1993b. Cell division in caffeine-induced binucleate protonemal cells of *Adiantum*: II. Formation of the preprophase band and cell division in centrifuged and noncentrifuged cells. J. Pl. Res. 106: 313–318. (26)

Murray, S. A. 1971. Shock effects on some cryptogamic plants. Experientia 27: 1229–1230. (33)

Mussack, A. 1933. Untersuchungen über *Cystopteris fragilis*. Beih. Bot. Centralbl. 51: 204–254. (33)

Myles, D. G. 1975. Structural changes in the sperm of *Marsilea vestita* before and after fertilization. In *The Biology of the Male Gamete*, J. G. Duckett & P. A. Racey (eds.), Suppl. 1 Biol. J. Linn. Soc. 7: 129–134. (24, 26)

Myles, D. G. 1978. The fine structure of fertilization in the fern *Marsilea vestita*. J. Cell Sci. 30: 265–281. (23, 24)

Myles, D. G. & P. K. Hepler. 1977. Spermiogenesis in the fern *Marsilea*: microtubules, nuclear shaping, and cytomorphogenesis. J. Cell Sci. 23: 57–83. (24, 26)

Myles, D. G. & P. K. Hepler. 1982. Shaping of the sperm nucleus in *Marsilea*: a distinction between factors responsible for shape generation and shape determination. Develop. Biol. 90: 238–252. (24, 26)

Näf, U. 1953. Some contributions to the development of the gametophytic phase of the fern *Onoclea sensibilis* L. Tesis doctoral, Yale University, New Haven, Conn. (30)

Näf, U. 1956. The demonstration of a factor concerned with the initiation of antheridia in polypodiaceous ferns. Growth 20: 91–105. (23)

Näf, U. 1958. On the physiology of antheridium formation in the bracken fern [*Pteridium aquilinum* (L.) Kuhn.] Physiol. Pl. (Copenhagen) 11: 728–746. (23, 32)

Näf, U. 1959. Control of antheridium formation in the fern species *Anemia phyllitidis*. Nature 184: 798–800. (23, 32)

Näf, U. 1960. On the control of antheridium formation in the fern species *Lygodium japonicum*. Proc. Soc. Exp. Biol. 105: 82–86. (23, 32)

Näf, U. 1961a. On the physiology of antheridium formation in ferns. In *Plant Growth Regulation. Fourth International Conference on Plant Growth Regulation*, R. M. Klein (ed.), pp. 709–723. Iowa State Univ. Press. (23, 32)

Näf, U. 1961b. Mode of action of an antheridium-inducing substance in ferns. Nature 189: 900–903. (23, 32)

Näf, U. 1962a. Developmental physiology of lower archegoniates. Annual Rev. Pl. Physiol. 13: 507–532. (32)

Näf, U. 1962b. Loss of sensitivity to the antheridial factor in maturing gametophytes of the fern *Onoclea sensibilis*. Phyton (Buenos Aires) 18: 173–182. (23, 32)

Näf, U. 1963. Antheridium formation in ferns—a model for the study of developmental change. J. Linn. Soc., Bot. 58: 321–331. (23, 32)

Näf, U. 1965. On antheridial metabolism in the fern species *Onoclea sensibilis* L. Pl. Physiol. (Lancaster) 40: 888–890. (23, 32)

Näf, U. 1966. On dark-germination and antheridial formation in *Anemia phyllitidis*. Physiol. Pl. (Copenhagen) 19: 1079–1088. (17, 23, 32)

Näf, U. 1967a. *Anemia phyllitidis*: inducibility of physiological state antagonistic to antheridium formation. Science 156: 1117–1119. (23, 32)

Näf, U. 1967b. On the induction of a phase inhibitory to antheridium formation in the juvenile prothallus of the fern species *Anemia phyllitidis*. Z. Pflanzenphysiol. 56: 353–365. (23, 32)

Näf, U. 1968. On separation and identity of fern antheridiogens. Pl. Cell Physiol. 9: 27–33. (32)

Näf, U. 1969. On the control of antheridium formation in ferns. In *Current Topics in Plant Science*, J. E. Gunckel (ed.). pp. 97–116. Academic Press, New York. (23, 32)

Näf, U. 1975. On sexual reproduction in the fern species *Pteridium aquilinum*. In *Form, Structure and Function in Plants*, H. Y. M. Ram, J. J. Shah & C. K. Shah (eds.). pp. 242–254. Sarita Prakashan. (23)

Näf, U. 1979. Antheridiogens and antheridial development. In *The Experimental Biology of Ferns*, A. F. Dyer (ed.), pp. 435–470. Academic Press, New York. (23, 32)

Näf, U., K. Nakanishi & M. Endo. 1975. On the physiology and chemistry of fern antheridiogens. Bot. Rev. (Lancaster) 41: 315–359. (32)

Näf, U., J. Sullivan & M. Cummins. 1969. New antheridiogen from the fern *Onoclea sensibilis*. Science 163: 1357–1358. (32)

Näf, U., J. Sullivan & M. Cummins. 1974. Fern antheridiogen: cancellation of a light-dependent block to antheridium formation. Developm. Biol. 40: 355–365. (23, 32)

Nagai, I. 1914. Physiologische Untersuchungen über Farnprothallien. Flora 106: 281–330. (32)

Nagai, I. 1915. On the influence of nutrition upon the development of sexual organs in the fern prothallia. J. Coll. Agric. Imp. Univ. Tokyo 6: 121–164. (23, 24)

Nagatani, A., H. Suzuki & M. Furuya. 1983. Protein synthesis during photocontrolled progression of the cell cycle in single-celled protonemata of the fern *Adiantum capillus-veneris*. Developm. Growth & Diffent. 25: 217–226. (32)

Nageli, C. 1844. Bewegliche Spiralfaden (Samenfaden) an Farnen. Z. Wiss. Bot. 1: 168–188. (24)

Nagmani, R. & V. Raghavan. 1983. Origin of the rhizoid and protonemal cell during germination of spores of *Drymoglossum*, *Platycerium*, and *Pyrrosia* (Polypodiaceae). Bot. Gaz. (Crawfordsville) 144: 67–72. (11)

Nagy, A. H., J. Boosi, G. Paless & G. Vida. 1984. Red and far-red effect on the isoenzyme composition of young fern gametophytes. Biochem. Physiol. Pflanzen 179: 335–337. (17, 32)

Nagy, A. H., G. Paless & G. Vida. 1978. Differential protein synthesis after red light illuminations in germinating fern spores. Biol. Pl. 20: 193–200. (07, 12)

Nagy, A. H. & G. Paless. 1982. Regulation of differentiation in light dependent and independent fern gametophytes. Bot. Közlem. 69: 264. (17, 19)

Nakai, T. 1933. An observation on the gametophyte of *Cheiropleuria bicuspis* var. *integrifolia*. Bot. Mag. (Tokyo) 47: 1–5. (30)

Nakai, Y. 1969. Specific variation of the esterase obtained by the gel isoelectric focusing method ín some ferns (preliminary report). J. Jap. Bot. 44: 307–314. (32)

Nakamura, M. & M. Maeda. 1994. Isolation and culture of proplast from young sporophytes of *Salvinia natans* aseptically obtained by co-culture of female and male gametophytes. Pl. Cell Tissue Organ Cult. 36: 237–242. (22)

Nakamura, M. & M. Maeda. 1995. Gametophytes derived from sporophytic tissues in a fern, *Lygodium japonicum*: 1. Induction of the gametophytes and their protoplast isolation. J. Pl. Physiol. 145: 185–188. (28)

Nakanishi, K., M. Endo., U. Näf & L. F. Johnson. 1971. Structure of the antheridium-inducing factor of the fern *Anemia phyllitidis*. J. Amer. Chem. Soc. 93: 5579–5581. (23, 32)

Nakazawa, S. 1952. Studies on the polarity of *Equisetum arvense* L. Bull. Yamagata Univ. 2: 125–152. (11)

Nakazawa, S. 1956. The latent polarity in *Equisetum* spores. Bot. Mag. (Tokyo) 69: 506–509. (11)
Nakazawa, S. 1957. Centrifugation de esporas de *Equisetum*. Anal. Inst. Biol. Univ. Nac. México 28: 11–15. (11)
Nakazawa, S. 1958. The rhizoid point as the basophilic center of *Equisetum* spores. Phyton (Buenos Aires) 10: 1–6. (11)
Nakazawa, S. 1959. Morphogenesis of the fern protonema. I. Polar susceptibility to colchicine in *Dryopteris varia*. Phyton (Buenos Aires) 12: 59–64. (15, 20)
Nakazawa, S. 1960a. Morphogenesis of the fern protonema. II. Modification of the apical differentiation in *Dryopteris* affected by IAA. Protoplasma 52: 1–4. (15, 19)
Nakazawa, S. 1960b. Morphogenesis of the fern protonema. III. Differentiation of the "metallophilic cytoplasm" in *Equisetum*. Phyton (Buenos Aires) 14: 37–41. (26)
Nakazawa, S. 1960c. Cytodifferentiation patterns of *Dryopteris* protonema modified by some chemical agents. Cytologia 25: 352–361. (15, 19)
Nakazawa, S. 1963. Role of the protoplasmic connections in the morphogenesis of fern gametophytes. Sci. Rep. Tohoku Univ., Ser. 4, Biol. 29: 247–255. (19, 32)
Nakazawa, S. & S. Kimura. 1964. Reduction of TTC and Janus green B in fern gametophytes in relation to polarity. Bot. Mag. (Tokyo) 77: 222–227. (20)
Nakazawa, S. & T. Ootaki. 1961. Polarity reversal in *Dryopteris* protonema. Naturwissenschaften 48: 557–558. (20)
Nakazawa, S. & T. Ootaki. 1962. A prepattern to the papilla differentiation in *Dryopteris* gametophyte. Phyton (Buenos Aires) 18: 113–120. (19)
Nakazawa, S. & N. Tanno. 1965. Concentration gradients of RNA in fern protonema in relation to m-RNA. Naturwissenschaften 52: 457. (26, 32)
Nakazawa, S. & N. Tanno. 1967. Estimation of messenger RNA in fern gametophytes. Cytologia 32: 216–223. (26, 32)
Nakazawa, S. & A. Tsusaka. 1959a. Appearance of "metallophilic cytoplasm" as a prepattern to the differentiation in fern protonema. Cytologia 24: 378–388. (19)
Nakazawa, S. & A. Tsusaka. 1959b. Special cytoplasm detectable in fern rhizoids. Naturwissenschaften 46: 609–610. (26)
Nathansohn, A. 1900. Über Parthenogenese bei *Marsilea* und ihre Abhängigkeit von der Temperature. Ber. Deutsch. Bot. Ges. 18: 99–109. (13, 28)
Nauman, C. E. 1989. Gametophyte development and morphology in seven neotropical taxa of *Nephrolepis* Schott. Phytomorphology 39: 29–39. (30)
Nauyalis, I. I. 1989a. Factors of the formation of fern gametophytes in nature. Bot. Žurn. (Moscow & Leningrad) 74: 844–852. [En ruso.] (14, 16, 17, 29, 33)
Nauyalis, I. I. 1989b. Organization of fern gametophytes population. Bot. Žurn. (Moscow & Leningrad) 74: 994–1003. [En ruso.] (29)
Nayar, B. K. 1954. Studies in Polypodiaceae. II. Contributions to the morphology of *Pseudodrynaria coronans* (Wall.) C. Chr. Phytomorphology 4: 379–390. (30)
Nayar, B. K. 1955. Studies in Polypodiaceae. III. *Loxogramme*. J. Indian Bot. Soc. 34: 396–407. (30, 33)
Nayar, B. K. 1956. Correlations between gametophyte and sporophyte trichomes in ferns. Sci. & Cult. 21: 455–457. (30, 33)
Nayar, B. K. 1959. Studies in Polypodiaceae. VI. Further observations of the morphology of *Drynaria* Bory. J. Univ. Gauhati 9: 95–103. (30)
Nayar, B. K. 1960a. Morphology of two Indian species of *Bolbitis*. J. Indian Bot. Soc. 39: 259–277. (30)
Nayar, B. K. 1960b. The gametophyte and young sporophyte of *Athyrium esculentum*. Amer. Fern J. 50: 194–203. (30)
Nayar, B. K. 1960c. Studies in Pteridaceae—III. Morphology of the spores, prothalli and juvenile sporophytes of *Dryopteris* J. Sm. Curr. Sci. 29: 380–382. (30, 33)
Nayar, B. K. 1960d. Morphology of the gametophyte of *Quercifilix* Copeland. Lloydia 23: 102–108. (30)
Nayar, B. K. 1961a. Studies in Polypodiaceae, *Pyrrosia*. J. Indian Bot. Soc. 40: 164–186. (30)
Nayar, B. K. 1961b. Studies in Polypodiaceae. Morphology of the gametophyte of *Lepisorus excavatus* (Bory) Ching. Sci. & Cult. 27: 345–347. (30)
Nayar, B. K. 1961c. Ferns of India—I: *Adiantum*. Bull. Lucknow Natl. Bot. Gard. 52: 1–42. (30, 33)
Nayar, B. K. 1961d. Ferns of India—II: *Drynaria* and *Pseudodrynaria*. Bull. Lucknow Natl. Bot. Gard. 56: 1–30. (30, 33)
Nayar, B. K. 1961e. Ferns of India—III: *Microsorium*. Bull. Lucknow Natl. Bot. Gard. 58: 1–38. (30, 33)
Nayar, B. K. 1961f. Morphology of the gametophyte and young sporophyte of *Matteuccia orientalis* (Hk.) Trev. J. Indian Bot. Soc. 40: 502–510. (30, 33)
Nayar, B. K. 1962a. Morphology of spores and prothalli of some species of Polypodiaceae. Bot. Gaz. (Crawfordsville) 123: 223–232. (30, 33)
Nayar, B. K. 1962b. Ferns of India—V: *Hemionitis*. Bull. Lucknow Natl. Bot. Gard. 67: 1–14. (30, 33)
Nayar, B. K. 1962c. Ferns of India—VI: *Cheilanthes*. Bull. Lucknow Natl. Bot. Gard. 68: 1–36. (30, 33)
Nayar, B. K. 1962d. The gametophyte of *Coniogramme fraxinea*. Curr. Sci. 31: 522–524. (30)

Nayar, B. K. 1962e. Gametophytes of some species of *Blechnum*. J. Indian Bot. Soc. 41: 33–44. (30)

Nayar, B. K. 1962f. Contributions to the morphology of *Leptochilus* and *Paraleptochilus*. Amer. J. Bot. 50: 301–308. (30, 33)

Nayar, B. K. 1963a. Contributions to the morphology of some species of *Microsorium*. Ann. Bot. (London), n.s. 27: 89–100 (30, 33)

Nayar, B. K. 1963b. Ferns of India—VII: *Actinopteris*. Bull. Lucknow Natl. Bot. Gard. 75: 1–14. (30, 33)

Nayar, B. K. 1964. Ferns of India—XIV: *Lemmaphyllum*. Bull. Lucknow Natl. Bot. Gard. 106: 1–15. (30, 33)

Nayar, B. K. 1965. Gametophyte and juvenile leaves of drynarioid ferns. Bot. Gaz. (Crawfordsville) 126: 46–52. (30, 33)

Nayar, B. K. 1967. Morphology of the spores and prothallus of *Christiopteris tricuspis*. Amer. Fern J. 57: 15–27. (30, 33)

Nayar, B. K. 1968a. The gametophyte and juvenile leaves of *Loxogramme*. Amer. Fern J. 58: 19–29. (30, 33)

Nayar, B. K. 1968b. The prothallus of *Matteucia pennsylvanica*. Brit. Fern Gaz. 10: 26–30. (30)

Nayar, B. K. 1969. Morphology of the adult prothallus of homosporous ferns and its taxonomic significance. J. Kerala Acad. Biol. 3: 41–55 (30, 33)

Nayar, B. K. 1970. A phylogenetic classification of the homosporous ferns. Taxon 19: 229–236. (27, 33)

Nayar, B. K. & N. Bajpai. 1964. Morphology of the gametophytes of some species of *Pellaea* and *Notholaena*. J. Linn. Soc., Bot. 59: 63–76. (30)

Nayar, B. K., N. Bajpai & F. Raza. 1966. Morphological studies on some species of *Blechnum, Doodia, Woodwardia* and *Stenochlaena*. I. The gametophytes and the juvenile sporophytes. J. Linn. Soc., Bot. 59: 405–423. (30, 33)

Nayar, B. K. & S. Chandra. 1963. Observations on the morphology of the gametophyte of *Cyclosorus*. J. Indian Bot. Soc. 42: 392–400. (30)

Nayar, B. K. & S. Chandra. 1965a. Ferns of India—XV: *Pyrrosia* Mirbel. Bull. Lucknow Natl. Bot. Gard. 117: 1–98. (30, 33)

Nayar, B. K. & P. Chandra. 1965b. The gametophytes of some species of *Lastrea* Bory. J. Indian Bot. Soc. 44: 84–94. (30)

Nayar, B. K. & S. Devi. 1973. Gametophytes of some Cheilanthoid ferns of the New World. J. Indian Bot. Soc. 52: 160–175. (30)

Nayar, B. K. & P. Kachroo. 1953. Studies in Polypodiaceae I. Contributions to the morphology of *Drynaria* Bory, *D. quercifolia* (L.) J. Sm. and *D. propinqua* (Wall.) J. Sm. Phytomorphology 3: 411–424. (30, 33)

Nayar, B. K. & S. Kaur. 1963a. Ferns of India—VIII: *Microlepia* Presl. Bull. Lucknow Natl. Bot. Gard. 79: 1–25. (30, 33)

Nayar, B. K. & S. Kaur. 1963b. Ferns of India—IX: *Peranema* and *Acrophorus*. Bull. Lucknow Natl. Bot. Gard. 81: 1–40. (30, 33)

Nayar, B. K. & S. Kaur. 1964a. Ferns of India—XI: *Bolbitis*. Bull. Lucknow Natl. Bot. Gard. 88: 1–74. (30, 33)

Nayar, B. K. & S. Kaur. 1964b. Ferns of India—XIII. *Egenolfia*. Bull. Lucknow Natl. Bot. Gard. 100: 1–38. (30, 33)

Nayar, B. K. & S. Kaur. 1964c. Contributions to the morphology of *Tectaria*: the spores, prothalli, and juvenile sporophytes. Bull. Torrey Bot. Club 91: 95–105. (30, 33)

Nayar, B. K. & S. Kaur. 1965. Studies on the fern genera *Bolbitis* and *Egenolfia* II: the gametophytes and the juvenile sporophytes. J. Linn. Soc., Bot. 59: 141–154. (30, 33)

Nayar, B. K. & S. Kaur. 1968. Spore germination in homosporous ferns. J. Palynology 4: 1–14. (01, 11)

Nayar, B. K. & S. Kaur. 1969a. A reinvestigation of the morphology of the gametophyte and juvenile sporophyte of *Ceratopteris thalictroides*. Canad. J. Bot. 47: 395–404. (30, 33)

Nayar, B. K. & S. Kaur. 1969b. Types of prothallial development in homosporous ferns. Phytomorphology 19: 179–188. (11, 19, 20)

Nayar, B. K. & S. Kaur. 1971. Gametophytes of homosporous ferns. Bot. Rev. (Lancaster) 37: 295–396. (01, 02, 03, 19, 20, 30)

Nayar, B. K., S. Kaur & P. Chandra. 1968. The prothallus of *Polystichum*. Proc. Indian Acad. Sci. 69: 198–202. (30)

Nayar, B. K. & F. Kazmi. 1962a. Morphology of the spores and prothalli of five species of *Plagiogyria*. Bull. Bot. Soc. Bengal 16: 3–8. (30, 33)

Nayar, B. K. & F. Kazmi. 1962b. Ferns of India—IV *Plagiogyria*. Bull. Lucknow Natl. Bot. Gard. 64: 1–36. (30, 33)

Nayar, B. K. & F. Kazmi. 1963. Ferns of India—X: *Matteuccia*. Bull. Lucknow Natl. Bot. Gard. 82: 1–16. (30, 33)

Nayar, B. K. & F. Kazmi. 1964. Gametophyte of *Acrostichum aureum* L. Proc. Indian Acad. Sci. 59: 185–194. (30)

Nayar, B. K. & F. Raza. 1970. The prothalli of some Polypodiaceae—II. *Lepisorus loriformis*, *L. thunbergianus*, *Polypodium vulgare* and *Weatherbya accedens*. J. Indian Bot. Soc. 49: 81–86. (30)

Nayar, B. K., F. Raza & P. Lata. 1968. Gametophytes of some Indian spleenworts. Phytomorphology 18: 467–478. (30)

Nebel, M. R. 1946. Culture of fern prothallia and sporophytes in the laboratory as a supplement to their study on permanent slides. Ward's Natl. Sci. Bull. 19: 53–54. (13, 30)

Needham, J. G. 1947. A moth larva that lives on fern spores. Proc. Entomol. Soc. Wash. 49: 165–166. (29)

Nester, J. E. 1985a. Scanning electron microscopy of antheridia and archegonia of *Anemia mexicana* Klotzsch. Amer. J. Bot. 72: 777–780. (24, 26, 30)

Nester, J. E. 1985b. Spore germination and early gametophyte development in *Anemia mexicana* Klotzsch. Bot. Gaz. (Crawfordsville) 146: 510–516. (01, 11, 19, 20, 30)

Nester, J. E. & M. D. Schedlbauer. 1981. Gametophyte development in *Anemia mexicana* Klotzsch. Bot. Gaz. (Crawfordsville) 142: 242–250. (19, 20, 30)

Nester, J. E. & M. D. Schedlbauer. 1982. Antheridiogen activity of *Anemia mexicana*. Canad. J. Bot. 60: 1606–1610. (32)

Nester, J. E. & R. C. Coolbaugh. 1986. Factors influencing spore germination and early gametophyte development in *Anemia mexicana* and *Anemia phyllitidis*. Pl. Physiol. (Lancaster) 82: 230–235. (01, 02, 03, 07, 19, 20)

Nester, J. E., S. Veysey & R. C. Coolbaugh. 1987. Partial characterization of an antheridiogen of *Anemia mexicana:* comparison with the antheridiogen of *A. phyllitidis*. Planta 170: 26–33. (32)

Nester-Hudson, J. E. & T. W. Lam. 1995. Experimental studies of gametophyte growth and obligate apogamy in *Pellaea atropurpurea*. Amer. J. Bot 82(6) suppl.: 102. (28)

Niranjan, A. R. S. & S. K. Roy. 1980a. The effects of maleic hydrazide on growth and differentiation of gametophytes in the fern *Cheilanthes rufa*. Acta Bot. Indica 15: 129–133. (15, 19, 20)

Niranjan, A. R. S. & S. K. Roy. 1980b. Effects of lithium chloride on the Australian fern gametophytes development. Geobios (Jodhpur) 7: 177–178. (13, 14, 19, 20)

Nishida, M. 1954a. Gametophytes of *Botrychium* (*Osmundopteris*) *virginianum* Sw. in Pref. Chiba. J. Jap. Bot. 29: 205. (30)

Nishida, M. 1954b. Gametophyte of *Botrychium japonicum* Underw. Preliminary report. J. Jap. Bot. 29: 239–244. (30)

Nishida, M. 1955. The morphology, gametophyte, young sporophyte and systematic position of *Botrychium japonicum* Underw. Phytomorphology 5: 449–456. (30, 33)

Nishida, M. 1956. Studies on the systematic position and constitution of the Pteridophyta VI. The gametophyte of *Botrychium virginianum* and endogenous fungus. Phytomorphology 6(1): 67–72. (29, 30)

Nishida, M. 1965. Types of spore germination in the ferns. J. Jap. Bot. 40: 161–171. (11)

Nishida, M. & T. Sakuma. 1961. Abnormalities in archegonia of the fern prothallia and its bearing on systematics. J. Jap. Bot. 36: 142–152. (24, 30).

Nozu, Y. 1954. The gametophyte and sporophyte of *Botrychium japonicum* Underw. Phytomorphology 4: 430–434. (30, 33)

Nozu, Y. 1955. On the discovery of the prothallia of *Ceratopteris thalictroides* Brongn. in Japan. J. Jap. Bot. 30: 301–302. (30, 33)

Nozu, Y. 1956. Notes on the gametophyte and young sporophyte of *Angiopteris suboppositifolia* de Vries. Bot. Mag. (Tokyo) 69: 474–480. (30, 33)

Nozu, Y. 1958. The gametophyte of *Helminthostachys zeylanica* Hook. (preliminary report). Phytomorphology 8: 73–74. (30)

Nozu, Y. 1961. The gametophyte of *Helminthostachys zeylanica* and *Ophioglossum vulgatum*. Phytomorphology 11: 199–206. (30)

Ohlenroth, K. & H. Mohr. 1963. Die Steuerung der Proteinsynthese und der Morphogenese bei Farnvorkeimen durch Licht. Planta 59: 427–441. (17, 32)

Ohlenroth, K. & H. Mohr. 1964. Die Steuerung der Proteinsynthese durch Blaulicht und Hellrot in den Vorkeimen von *Dryopteris filix-mas* (L.) Schott. Planta 62: 160–170. (17, 32)

Oinonen, E. 1967. Sporal regeneration of bracken (*Pteridium aquilinum* (L.) Kuhn) in Finland in the light of the dimensions and the age of its clones. Acta Forest. Fenn. 83: 3-96. (29, 33)

Okada, Y. 1929. Notes on the germination of the spores of some pteridophytes with special regard to their viability. Sci. Rep. Tônoku Imp. Univ., Ser. 4, Biol. 4: 127–182. (09)

Olsen, L. T. & B. M. Gullvag. 1971. The presence of acid phosphatases in swelling spores of *Matteuccia struthiopteris* (L.) Grana 11: 111–116. (12)

Olsen, L. T. & B. M. Gullvag. 1973. A fine-structural and cytochemical study of mature and germinating spores of *Equisetum arvense* L. Grana 13: 113–118. (26)

Ootaki, T. 1963. Modification of the developmental axis by centrifugation in *Pteris vittata*. Cytologia 28: 21–29. (20)

Ootaki, T. 1965. Branching in fern gametophyte, *Pteris vittata*, under various light conditions. Cytologia 30: 182–193. (17, 22, 30)

Ootaki, T. 1967. Branchings and regeneration patterns of isolated single cells of a fern protonema. Bot. Mag. (Tokyo) 80: 1–10. (21, 22)

Ootaki, T. 1968. Polarity in the branching of *Pteris vittata* protonemata. Embryologia 10: 126–137. (20)

Ootaki, T. & M. Furuya. 1969. Experimentally induced apical dominance in protonemata of *Pteris vittata*. Embryologia 10: 284–296. (19, 20, 21, 22)

Orth, R. 1934. Die Wirkung des Follikelhormons auf die Entwicklung der Pflanzen. Z. Bot. 27: 565–607. (15, 30, 33)

Orth, R. 1936. Morphologische und physiologische Untersuchungen an Farnprothallien. Planta 25: 104–150. (30, 32)

Orth, R. 1937. Zur Keimungsphysiologie der Farnsporen in verschiedenen Spektralbezirken. Jahrb. Wiss. Bot. 84: 358–426. (07, 08, 32)

Otto, E. A., J. H. Crow & E. G. Kirby. 1984. Effects of acidic growth conditions on spore germination and reproductive development in *Dryopteris marginalis* (L.) Gray. Ann. Bot. (London), n.s. 53: 439–442. (32)

Pace, L. 1910. Some peculiar fern prothallia. Bot. Gaz. (Crawfordsville) 50: 49–58. (29, 30)

Padhya, M. A. & A. R. Mehta. 1981a. Induced apogamy in *Adiantum trapeziforme* L. Curr. Sci. 50: 19–20. (28)

Padhya, M. A. & A. R. Mehta. 1981b. In vitro studies on gametophytes of *Pteris vittata* L. Curr. Sci. 50: 595–597. (30)

Page, C. N. 1967. Sporelings of *Equisetum arvense* in the wild. Brit. Fern Gaz. 9: 335–338. (29, 30)

Page, C. N. 1975. Some British ferns and their cultivation. J. Scott. Rock Gard. Club 14: 263–276. (29, 33)

Page, C. N. 1979a. Experimental aspects of fern ecology. In *The Experimental Biology of Ferns*, A. F. Dyer (ed.), pp. 551–589. Academic Press, New York. (33)

Page, C. N. 1979b. The diversity of ferns. An ecological perspective. In *The Experimental Biology of Ferns*, A. F. Dyer (ed.), pp. 9–56. Academic Press, New York. (29)

Page, C. N., A. F. Dyer, S. Lindsay & D. G. Mann. 1992. Conservation of pteridophytes: the *ex situ* approach. In J. M. Ide, A. C. Jermy & A. M. Paul (eds.), *Fern Horticulture: past, present and future perspectives*, pp. 269–278. Intercept, Andover. (33)

Pal, N. & S. Pal. 1960. Studies on the gametophytic generation in *Phymatodes scolopendria* (Burm.) Ching and *P. banerjiana* Pal & Pal. Bull. Bot. Soc. Bengal 14: 82–91. (30, 33)

Pal, N. & S. Pal. 1962. The gametophyte of *Microsorium punctatum*. (L.) Copel. Bull. Bot. Soc. Bengal 16: 40–44. (30)

Pal, N. & S. Pal. 1963. Studies on morphology and affinity of the Parkeriaceae. II. Sporogenesis, development of the gametophyte, and cytology of *Ceratopteris thalictroides*. Bot. Gaz. (Crawfordsville) 124: 405–412. (19, 26, 30)

Pal, S. 1962. The prothallus of *Phymatodes nigrescens* (Bl.) J. Sm. J. Asiat. Soc. 4: 151–156. (30)

Palacios-Ríos, M., N. Bernabé & G. Williams-Linera. 1996. Spore germination and sporophyte establishment of tree ferns in a cloud forest, Veracruz, México. In J. M. Camus, M. Gibby & R. J. Johns (eds.), *Pteridology in Perspective*, p. 661, Royal Botanic Gardens, Kew. (29)

Paless, G., G. Vida & A. H. Nagy. 1984. Phytochrome-mediated control of protein synthesis during germination of fern spores. Acta Bot. Acad. Sci. Hung. 30: 191–200. (10, 12)

Palta, H. K. & P. N. Mehra. 1973. Radiobiological investigations of *Pteris vittata* L. II. X-ray effects on the gametophytic generation. Radiat. Bot. 13: 155–164. (08, 18)

Palta, H. K. & P. N. Mehra. 1986. In vitro induction of polyhaploid and octoploid *Pteris vittata* L. and their meiosis. Caryologia 36: 325–332. (28)

Pandey, P. S. & S. Kumar. 1991. Gametophytes of some *Lycopodium* L. in India. Proc. Indian Sci. Cong. 78: 67–68. (30)

Pangua, E., S. Lindsay & A. F. Dyer. 1994. Spore germination and gametophyte development in three species of *Asplenium*. Ann. Bot. (London) 73: 587–593. (30)

Pangua, E. & B. Vega. 1996. Comparative study of gametophyte development in *Cosentinia* and *Anogramma* (Hemionitidaceae) and *Cheilanthes* (Sinopteridaceae). In J. M. Camus, M. Gibby & R. J. Johns (eds.), *Pteridology in Perspective*, pp. 497–508. Royal Botanic Gardens, Kew. (30)

Panigrahi, G. 1955. The gametophyte of *Aleuritopteris grisea* (Blanford) comb. nov. Proc. Natl. Inst. Sci. India 21: 143–146. (30)

Panigrahi, G. 1962. Cytogenetics of apogamy in *Aleuritopteris farinosa* (Forsk.) Fée complex. Nucleus 5: 53–64. (28)

Pant, D. D. 1962. The gametophyte of the Psilophytales. Proc. Summer School Bot. Darjesling, India. (Junio 2–15, 1960), pp. 276–301. (30, 33)

Pant, D. D. & D. R. Misra. 1964. On the gametophytes of some Indian Ophioglossums. Proc. Indian Sci. Congr. Assoc. 60: 407. (30)

Pant, D. D. & P. K. Khare. 1971. Notes on the spore morphology of Ophioglossaceae and the occurrence of *Ophioglossum* and its gametophytes in the Gangetic Valley. Geophytology 1: 48–53. (29, 30)

Pant, D. D., D. D. Nautiyal & D. R. Misra. 1984. Gametophytes of Ophioglossaceae. Phyta Monogr. 1: 1–111. (30, 33)

Pares, Y. 1958. Étude expérimentale de la morphogenèse du gamétophyte de quelques Filicinées. Ann. Sci. Nat., Bot., Sér. 11, 19: 1–120. (30, 33)

Pares, Y. & T. A. Steeves. 1956. The production of tumorous abnormalities in fern prothalli by ionizing radiation. Proc. Natl. Acad. U.S.A. 42: 906–909. (18, 22)

Parks, J. C. 1989. Distribution of gametophytic populations of *Vittaria* and *Trichomanes* in Pennsylvania. Rhodora 91: 201–206. (29)

Partanen, C. R. 1956. Comparative microphotometric determination of deoxribonucleic acid in normal and tumerous growth of fern prothalli. Cancer Res. 16: 300–305. (22, 26, 32)

Partanen, C. R. 1958. Quantitative technique for analysis of radiation-induced tumorization in fern prothalli. Science 128: 1006–1007. (18, 22)

Partanen, C. R. 1959a. Tumorization in the gametophyte of the fern *Pteridium aquilinum*. Proc. IX Int. Bot. Congr., p. 296. [Resumen.] (22)

Partanen, C. R. 1959b. Quantitative chromosomal changes and differentiation in plants. In *Developmental Cytology*, D. Rudnick (ed.), 16th Symp. Soc. Study Developm. Growth, pp. 21–45. Ronald Press, New York. (26, 27)

Partanen, C. R. 1960a. Amino acid suppression of radiation-induced tumorization of fern prothalli. Proc. Natl. Acad. U.S.A. 46: 1206–1210. (18, 22, 32)

Partanen, C. R. 1960b. Suppression of radiation-induced tumorization in fern prothalli. Science 131: 926–927. (18, 22)

Partanen, C. R. 1961. Endomitosis in a polyploid series of fern prothalli. J. Heredity 52: 139–144. (26, 27, 28)

Partanen, C. R. 1964. The experimental modifications of form in the gametophyte of the bracken fern. Proc. X Int. Bot. Congr., pp. 442–443. [Resumen.] (22)

Partanen, C. R. 1965. On the chromosomal basis for cellular differentiation. Amer. J. Bot. 52: 204–209. (26, 27, 28)

Partanen, C. R. 1972. Comparison of gametophytic callus and tumor tissues of *Pteridium aquilinum*. Bot. Gaz. (Crawfordsville) 133: 287–292. (22)

Partanen, C. R. 1980. Geographic variation in the frequency of spontaneous tumors in fern gametophytes. Natl. Geogr. Res. Rep. 12: 535–540. (22, 29)

Partanen, C. R. & J. Nelson. 1961. Induction of plant tumors by ultraviolet radiation. Proc. Natl. Acad. U.S.A. 47: 1165–1169. (18, 22)

Partanen, C. R., J. B. Power & E. C. Cocking. 1980. Isolation and division of protoplasts of *Pteridium aquilinum*. Pl. Sci. Lett. 17: 333–338. (22)

Partanen, C. R. & T. A. Steeves. 1956. The production of tumorous abnormalities in fern prothalli by ionizing radiations. Proc. Natl. Acad. U.S.A. 42: 906–909. (18, 22)

Partanen, C. R., I. M. Sussex & T. A. Steeves. 1955. Nuclear behavior in relation to abnormal growth in fern prothalli. Amer. J. Bot. 42: 245–256. (22, 26)

Partanen, J. N. & C. R. Partanen. 1963. Observations on the culture of roots of the bracken fern. Canad. J. Bot. 41: 1657–1661. (22, 33)

Pataraya, L. M. 1966. The systematics of the sexual generation of ferns in Adzhariya. Učen Zap. Moskovsk. Pedagog. Inst. 181: 244–262. (26, 27)

Patterson, M. T. 1942. Cytology of apogamy in *Polystichum tsussemense*. Bot. Gaz. (Crawfordsville) 104: 107–114. (26, 28)

Payer, H. D. 1969. Untersuchungen zur Kompartimentierung der freien Aminosaure Alanin in den Farnvorkeimen von *Dryopteris filix-mas* (L.) Schott im Rotlicht und im Blaulicht. Planta 86: 103–115. (17, 26, 32)

Payer, H. D. & H. Mohr. 1969. Ein spezifischer Einfluss von Blaulicht auf den Einbau von photosynthetisch assimiliertem ^{14}C in das Protein von Farnvorkeimen [*Dryopteris filix-mas* (L.) Schott.] Planta 86: 286–294. (17, 32)

Payer, H. D., U. Sotriffer & H. Mohr. 1969. Die Aufnahme von CO und die Verteilung des ^{14}C auf freie Aminosäuren und auf Proteinaminosäuren im Hellrot und im Blaulicht. Planta 85: 270–283. (17, 32)

Peck, J. H. 1977. Ecology of the sexual generation of pteridophytes: Techniques and problems of field observation. 24 August 1977. En AIBS meetings, East Lansing, Michigan. [Mimeografiado.] (29)

Peck, C. J. 1985. Reproductive biology of isolated fern gametophytes. 236 pp. Tesis doctoral, Iowa State University, Ames. (23)

Peck, C. J. & J. H. Peck. 1986. Sexuality and isolate potential of isolated *Woodsia obtusa* gametophytes in culture and field. Amer. J. Bot. 73: 739. (23, 29)

Peck, J. H. 1991. Revisión de *Developmental Biology of fern gametophytes*, V. Raghavan. 1989. Amer. Fern J. 81: 75. (31)

Pedersen, R. 1875. Beitrag zur Entwicklunsgeschichte des Vorkeims der Polypodiaceen. Mitth. Gesammtgeb. Bot. 2: 130–135. (33)

Pellegrini-Esteve, C. & Y. Tourte. 1985. Excrétion lipidique et maturation des spermatozoïdes chez une pteridophyte: le *Marsilea vestita* Hook. & Grev. Compt. Rend. Hebd. Séances, Sér. 3, 301: 47–52. (24, 32)

Pérez-García, B. 1989. Morfogénesis de gametofitos de Cyatheaceae (Pterophyta: Filicales). Tesis doctoral, Fac. Ciencias, UNAM. (30)

Pérez-García, B. 1992. A review of *Developmental Biology of Fern Gametophytes* por V. Raghavan. 1989. Bol. Soc. Bot. México 52: 125–126. (31)

Pérez-García, B. & M. E. Fraile. 1985. Morfología del gametofito de *Holodictyum ghiesbreghtii* (Fourn.) Maxon. Biótica 10: 309–314. (30)

Pérez-García, B. & M. E. Fraile. 1986. El gametofito de *Dicksonia sellowiana* (Presl) Hooker. Biótica 11: 281–287. (30)

Pérez-García, B. & I. Reyes-Jaramillo. 1990. Desarrollo del gametofito de *Elaphoglossum petiolatum* (Sw.) Urban (Lomariopsidaceae). Acta Bot. Mex. 10: 23–30. (30)

Pérez-García, B. & I. Reyes Jaramillo. 1993. Helechos: propagación y conservación. Ciencias 30: 11–17. (33)

Pérez-García, B. & R. Riba. 1993. Observaciones sobre los gametofitos de *Woodwardia martinezii* Maxon ex Weatherby y *W. spinulosa* Mart. & Gal. (Blechnaceae). Acta Bot. Mex. 21: 7–14. (30)
Pérez-García, B. & R. Riba. 1982. Germinación de esporas de Cyatheaceae bajo diversas temperaturas. Biotropica 14: 281–287. (02, 29)
Pérez-García, B., M. E. Fraile & A. Mendoza. 1995. Desarrollo del gametofito de *Lophosoria quadripinnata* (J. F. Gmel.) C. Chr. (Lophosoriaceae). Rev. Biol. Trop. 43: 55–60. (30)
Pérez-García, B., A. Mendoza & R. Riba. 1994. Observaciones sobre el gametofito de *Metaxya rostrata* (H.B.K.) G. Presl (Metaxyaceae) Pic. Serm. Rev. Biol. Trop. 42: 455–460. (30)
Pérez-García, B., A. Mendoza & M. Ricci. 1996. Morfogénesis de la fase sexual de *Blechnum chilense* y *B. cycadifolium* (Pterophyta: Blechnaceae). Rev. Biol. Trop. 44: 491–497. (30)
Pérez-García, B., A. Orozco-Segovia & R. Riba. 1982. El banco de esporas de helechos en el suelo de Los Tuxtlas, Ver. Bol. Soc. Bot. México 43: 89–92. (29)
Pérez-García, B., A. Orozco-Segovia & R. Riba. 1994. The effects of white fluorescent light, far-red light, darkness and moisture on spore germination of *Lygodium heterodoxum* (Schizaeaceae). Amer. J. Bot. 81: 1367–1369. (7)
Pérez-García, B., R. Riba & A. Mendoza. 1994. Observaciones del gametofito de *Thelypteris rhachiflexuosa* Riba (Thelypteridaceae). Acta Bot. Mex. 28: 63–69. (30)
Pérez-García, B., A. Mendoza, R. Riba & M. Ricci. 1996–1997. Morfogénesis del helecho *Thyrsopteris elegans* (Filicales: Thyrsopteridaceae). Rev. Biol. Trop. 44(3)/45(1): 59–65. (30)
Perrin, G. 1908a. Influence des conditions extérieures sur le développement et la sexualité des prothalles de Polypodiacées. Compt. Rend. Hebd. Séances Acad. Sci. 147: 433–435. (23, 29)
Perrin, G. 1908b. Recherches sur les prothalles de Polypodiacées. Tesis doctoral, Paris. (30, 33)
Perrin, G. 1911. Sur les prothalles d'*Equisetum*. Compt. Rend. Hebd. Séances Acad. Sci. 153: 197–199. (30)
Peters, G. A. & S. K. Perkins. 1993. The *Azolla* and *Anabaena* symbiosis endophyte. Continuity in the *Azolla* life cycle is facilitated by epidermal trichomes II. Re-establishment of the symbiosis following gametogenesis and embryogenesis. New Phytol. 123: 65–75. (29)
Petersen, R. L. 1985. Use of fern spores and gametophytes in toxicity assessments. Proc. Roy. Soc. Edinburgh, B 86: 453. [Resumen] (01, 03, 05, 29)
Petersen, R. L., D. Arnold, D. G. Lynch & S. A. Price. 1980. A heavy metal bioassay based on percent spore germination of the sensitive fern, *Onoclea sensibilis*. Bull. Environm. Contam. Toxicol. 24: 489–495. (09, 29)
Petersen, R. L. & D. E. Fairbrothers. 1971a. North American *Osmunda* species: a serologic and disc electrophoretic analysis of spore proteins. Amer. Midl. Naturalist 85: 437–457. (12)
Petersen, R. L. & D. E. Fairbrothers. 1971b. Chromatographic and UV spectral analysis of flavonoids in the fern genus *Dryopteris*. Sporophyte and gametophyte generations. Bull. New Jersey Acad. Sci. 17: 46–47. (32)
Petersen, R. L. & D. E. Fairbrothers. 1973. Allelopathy: gametophytic chemoantagonism between *Dryopteris* and *Osmunda* or supporting the "weakest link" hypothesis. Amer. J. Bot. 60(4 Suppl.): 32. (29)
Petersen, R. L. & D. E. Fairbrothers. 1980a. Reciprocal allelopathy between the gametophytes of *Osmunda cinnamomea* and *Dryopteris intermedia*. Amer. Fern J. 70: 73–78. (29, 32)
Petersen, R. L. & D. E. Fairbrothers. 1980b. Flavonoid synthesis and antheridial initiation in *Dryopteris* gametophytes. Amer. Fern J. 70: 93–95. (23, 24, 32)
Petersen, R. L. & P. C. Francis. 1980. Differential germination of fern and moss spores in response to mercuric chloride. Amer. Fern J. 70: 115–118. (03, 29)
Petersen, R. L., M. H. Howasth & D. P. Whittier. 1981. Interaction between the fungal endophyte and host cells in *Psilotum nudum* gametophytes. Canad. J. Bot. 59: 711–720. (26, 29)
Peterson, R. L. & D. P. Whittier. 1991. Transfer cells in the sporophyte-gametophyte junction of *Lycopodium apressum*. Canad. J. Bot. 69(1): 222–226. (27)
Pettitt, J. M. 1979a. Ultrastructure and cytochemistry of spore wall morphogenesis. In *The Experimental Biology of Ferns*, A. F. Dyer (ed.), pp. 213–252. Academic Press, New York. (12)
Pettit, J. M. 1979b. Developmental mechanism in heterospory: cytochemical demostration of spore-wall enzymes associated with ß-lectins, polysaccharides and lipids in water ferns. J. Cell Sci. 38: 61–82. (12)
Pfeiffer, H. H. 1949. Polarizationsmikroskopische Untersuchungen an pflanzlichen Spermatozoiden. Planta 37: 96–102. (24)
Pfeiffer, N. E. 1912. Abnormalities in prothallia of *Pteris longifolia*. Bot. Gaz. (Crawfordsville) 53: 436–438. (22)
Philpott, M. 1973. Cell cycle studies in the gametophyte of *Pteridium aquilinum* (L.) Kuhn. Tesis doctoral, Rutgers University, New Brunswick, New Jersey. (27)
Phillips, R. W. 1919. Note on the duration of the prothallia of *Lastrea filix-mas* Presl. Ann. Bot. (London) 33: 265–266. (21)

Pickett, F. L. 1913. Resistance of the prothallia of *Camptosorus rhizophyllus* to dessication. Bull. Torrey Bot. Club 40: 641–645. (21, 29)

Pickett, F. L. 1914a. Some ecological adaptations of certain fern prothallia—*Camptosorus rhizophyllus* Link, *Asplenium platyneuron* Oakes. Amer. J. Bot. 1: 477–498. (29)

Pickett, F. L. 1914b. The development of the prothallium of *Camptosorus rhizophyllus*. Bot. Gaz. (Crawfordsville) 57: 228–238. (30, 33)

Pickett, F. L. 1923. An ecological study of *Cheilanthes gracillima*. Bull. Torrey Bot. Club 50: 329–338. (29)

Pickett, F. L. 1931. Notes on xerophytic ferns. Amer. Fern J. 21: 49–57. (29)

Pickett, F. L. & M. E. Manuel. 1925. Development of prothallium and apogamous embryo in *Pellaea glabella* Mett. Bull. Torrey Bot. Club 52: 507–514. (28, 30)

Pickett, F. L. & M. E. Manuel. 1926. An ecological study of certain ferns: *Pellaea atropurpurea* (L.) Link and *Pellaea glabella* Mett. Bull. Torrey Bot. Club 53: 1–5. (29)

Pickett, F. L. & L. A. Thayer. 1927. The gametophytic development of certain ferns: *Polypodium vulgare* var. *occidentale* and *Pellaea densa*. Bull. Torrey Bot. Club 54: 249–255. (30)

Pietrykowska, J. 1962a. Investigations on the germination of spores of the fern *Matteuccia struthiopteris* (L.) Tod. Acta Soc. Bot. Poloniae 31: 437–447. (11, 30)

Pietrykowska, J. 1962b. Investigations on the differentiation of developmental stages of the fern *Matteuccia struthiopteris* (L.) Tod. Acta Soc. Bot. Poloniae 31: 449–459. (19, 20, 30)

Pietrykowska, J. 1963. Investigations on the action of light on the germination polarity of fern spores. Acta Soc. Bot. Poloniae 32: 677–691. (07, 11)

Pinel, J. 1996. On the morphology of *Anogramma leptophylla* (L.) Link. In J. M. Camus, M. Gibby & R. J. Johns (eds.), *Pteridology in Perspective*, pp. 525–526. Royal Botanic Gardens, Kew. (30)

Powell, M. J. & J. Z. Kiss. 1994. Development of *Schizaea pusilla* gametophytes in association with an endophytic fungus. Amer. J. Bot. 81(6) suppl.: 132. (29, 30)

Prada, C., E. Pangua, S. Pajaron, A. Herrero, A. Escudero & A. Rubio. 1995. A comparative study of gametophyte morphology, gametangial ontogeny and sex expression in the *Asplenium adiantum-nigrum* complex (Aspleniaceae, Pteridophyte) Ann. Bot. Fenn. 32: 107–115. (23, 24, 30)

Prantl, K. 1878. Über die Anordnung der Zellen in flachenformigen Prothallien der Farne. Flora 61: 497–505; 529–539; 545–556. (19, 30)

Prantl, K. 1879a. Zur Entwicklungsgeschichte des Prothallium von *Salvinia natans*. Bot. Zeitung (Berlin) 37: 425–432. (30)

Prantl, K. 1879b. Über den Einfluss des Lichtes auf die Bilaterälität der Farnprothallien. Bot. Zeitung (Berlin) 37: 697–703; 713–720. (17, 19)

Prantl, K. 1880. Das amphibische Verhalten der Prothallien von Polypodiaceen. Von A. Dodel-Port aus "Kosmos" April 1880, 11–22. Bot. Zeitung (Berlin) 38: 525-526. (29)

Prantl, K. 1881. Beobachtungen über die Ernährung der Farnprothallien und die Verteilung der Sexualorgane. Bot. Zeitung (Berlin) 39: 753–758; 770–776. (23, 32)

Pray, T. R. 1968a. Interpopulational variation in the gametophytes of *Pellaea andromedifolia*. Amer. J. Bot. 55: 915–960. (27, 29)

Pray, T. R. 1968b. The gametophytes of *Pellaea* section *Pellaea*: dark-stiped series. Phytomorphology 18: 113–143. (30)

Pray, T. R. 1970. The gametophytes of *Pellaea* section *Pellaea*: light-stiped series. Phytomorphology 20: 137–144. (30)

Pray, T. R. 1971a. The gametophytes of natural hybrids in the fern genus *Pellaea*. Amer. Fern J. 61: 128–136. (28, 30)

Pray, T. R. 1971b. The gametophyte of *Anemia colimensis*. Amer. J. Bot. 58: 323–328. (30)

Pringle, R. B. 1961. Chemical nature of antheridiogen-a, a specific inducer of the male sex organ in certain ferns. Science 133: 284. (23, 32)

Pringle, R. B. 1970. Interaction between antheridogens and fatty acids in fern spore germination. Pl. Physiol. (Lancaster) 45: 315-317. (12, 32)

Pringle, R. B., U. Näf & A. C. Braun. 1960. Purification of specific inducer of the male sex organ in certain fern species. Nature 186: 1066–1067. (32)

Profumo, P. 1969. The gametophyte of *Cystopteris fragilis* and *C. dickieana*. Webbia 23: 317–328. (30)

Psaras, G. K. & W. Haupt. 1989. Light-induced fern-spore germination under reduced water potential. Bot. Acta 102: 222–228. (13, 17)

Quirk, H. & T. C. Chambers. 1981. Drought tolerance in *Cheilanthes* with special reference to the gametophyte. Fern Gaz. 12: 121–129. (29)

Racusen, R. H. & T. J. Cooke. 1982. Electrical changes in the apical cell of the fern gametophyte during irradiation with photomorphogenetically active light. Pl. Physiol. (Lancaster) 70: 331–334. (17, 20)

Racusen, R. H. & T. J. Cooke. 1984. Extracellular measurements of an electrical dipole in the apical cell of the fern gametophyte. Amer. J. Bot. 75: 131. [Resumen.] (17, 20)

Racusen, R. H., T. J. Cooke & K. A. Ketchum. 1986. Ionic basis of tip growth in the fern gametophyte. Progr. Cell Biol. Res. 210: 131–138. (17, 20)

Racusen, R. H. & F. M. Schiavone. 1990. Electrical coupling between cells of the fern gametophyte

filament during the transition to two-dimensional growth. J. Cell Biol. 111(5/2): 278A. [Resumen.] (17, 20)
Raghavan, V. 1964. Differentiation in fern gametophytes treated with purine and pyrimidine analogs. Science 146: 1690–1691. (15, 19)
Raghavan, V. 1965a. Action of purine and pyrimidine analogs on the growth and differentiation of the gametophytes of the fern *Asplenium nidus*. Amer. J. Bot. 52: 900–910. (15)
Raghavan, V. 1965b. Actinomycin D: its effects on two-dimensional growth in fern gametophytes. Exp. Cell Res. 39: 689–692. (15, 19)
Raghavan, V. 1968a. Actinomycin D-induced changes in growth and ribonucleic acid metabolism in the gametophytes of bracken fern. Amer. J. Bot. 55: 767–772. (15, 32)
Raghavan, V. 1968b. A role for purines and pyrimidines of ribonucleic acid in the induction of two-dimensional growth in the gametophytes of the fern, *Asplenium nidus*. J. Exp. Bot. 19: 553–566. (15, 32)
Raghavan, V. 1968c. RNA and protein metabolism in the particulate fractions of the gametophytes of bracken fern during growth in red and blue light. Planta 81: 38–48. (17, 32)
Raghavan, V. 1968d. Ribonucleic acid and protein changes in the subcellular components of the gametophytes of *Pteridium aquilinum* during growth in red and blue light. Physiol. Pl. (Copenhagen) 21: 1020–1028. (17, 26, 32)
Raghavan, V. 1969a. Interaction of light quality and nucleases in the growth of the gametophytes of *Asplenium nidus*. Amer. J. Bot. 56: 871–879. (17, 32)
Raghavan, V. 1969b. Photocontrol of growth pattern in a tissue isolated from the gametophytes of bracken fern. Pl. Cell Physiol. 10: 481–484. (17, 22)
Raghavan, V. 1970. Germination of bracken fern spores. Regulation of protein and RNA synthesis during initiation and growth of the rhizoid. Exp. Cell Res. 63: 341–352. (11, 12)
Raghavan, V. 1971a. Synthesis of protein and RNA for initiation and growth of the protonema during germination of bracken fern spores. Exp. Cell Res. 65: 401–407. (11, 12)
Raghavan, V. 1971b. Phytochrome control of germination of the spores of *Asplenium nidus*. Pl. Physiol. (Lançaster) 48: 100–102. (11, 12)
Raghavan, V. 1973a. Photomorphogenesis of the gametophytes of *Lygodium japonicum*. Amer. J. Bot. 60: 313–321. (07, 17)
Raghavan, V. 1973b. Blue light interference in the phytochrome-controlled germination of the spores of *Cheilanthes farinosa*. Pl. Physiol. (Lancaster) 51: 306–311. (07, 11, 12)
Raghavan, V. 1974a. Control of differentiation in the fern gametophyte. Amer. Sci. 62: 465–475. (19)
Raghavan, V. 1974b. Induction of biplanar growth in fern gametophytes I. The relationships between cell divisions and biplanar growth. Physiol. Pl. (Copenhagen) 30: 132–136. (19, 20)
Raghavan, V. 1974c. Induction of biplanar growth in fern gametophytes II. The inhibition of biplanar growth by 5-fluorouracil. Physiol. Pl. (Copenhagen) 30: 137–142. (15, 19)
Raghavan, V. 1976. Gibberellic acid-induced germination of spores of *Anemia phyllitidis*: Nucleic acid and protein synthesis during germination. Amer. J. Bot. 63: 960–972. (05, 12)
Raghavan, V. 1977a. Gibberellic acid-induced germination of spores of *Anemia phyllitidis*: autoradiographic study of the timing and regulation of nucleic acid and protein morphogenesis. J. Cell Sci. 23: 85–100. (05, 12)
Raghavan, V. 1977b. Cell morphogenesis and macromolecule synthesis during phytochrome-controlled germination of spores of the fern *Pteris vittata*. J. Exp. Bot. 28: 439–456. (12, 19)
Raghavan, V. 1980. Cytology, physiology and biochemistry of germination of fern spores. Int. Rev. Cytol. 62: 69–118. (10, 12)
Raghavan, V. 1985. Cytology of germination of spores of homosporous ferns. Proc. Roy. Soc. Edinburgh, B 86: 5–12. (10)
Raghavan, V. 1987. Changes in poly(A)+RNA concentrations during germination of spores of the fern *Onoclea sensibilis*. Protoplasma 140: 55–66. (32)
Raghavan, V. 1989. *Developmental Biology of Fern Gametophytes*. 361 pp. Cambridge University Press, Cambridge. (33)
Raghavan, V. 1993. Modulation of gene activity during photomorphogenesis of gametophytes of the fern *Onoclea sensibilis*. Bot. Acta 106: 154–163. (17, 27)
Raghavan, V. & A. E. DeMaggio. 1971a. Protein synthesis by chloroplasts isolated from gametophytes of the fern *Todea barbara*. Phytochemistry 10: 2583–2591. (22, 32)
Raghavan, V. & A. E. DeMaggio. 1971b. Enhancement of protein synthesis in isolated chloroplasts by irradiation of fern gametophytes with blue light. Pl. Physiol. (Lancaster) 48: 82–85. (17, 22, 32)
Raghavan, V. & C. S. Huckaby. 1980. A comparative study of cell division patterns during germination of spores of *Anemia*, *Lygodium* and *Mohria* (Schizaeaceae). Amer. J. Bot. 67: 653–663. (11)
Raghavan, V. & H. F. Tung. 1967. Inhibition of 2-dimensional growth and suppression of RNA and protein synthesis in the gametophytes of the fern *Asplenium nidus* by chloramphenicol, puromycin and actinomycin D. Amer. J. Bot. 54: 198–204. (15, 19, 32)
Raine, C. A. 1994. The reproductive biology of gemmiferous filmy fern gametophytes. Ph. D.

dissertation. 179 pp. University of Manchester. (23)
Raine, C. A., C. L. Dessler, D. R. Farrar & E. Sheffield. 1993. 2 or 42-? Gametophytic gemmae characters and the classification of genera within the Hymenophyllaceae. Amer. J. Bot. 80(6) suppl.: 114. (21, 23)
Raine, C. A., J. F. Rumsey & E. Sheffield. 1996. The use of gametophytic characters in systematics with specific reference to the Hymenophyllaceae. In J. M. Camus, M. Gibby & R. J. Johns (eds.), *Pteridology in Perspective*, pp. 343–345. Royal Botanic Gardens, Kew. (30, 33)
Raine, C. A., D. R. Farrar & E. Sheffield. 1991. A new *Hymenophyllum* species in the Appalachians represented by independent gametophyte colonies. Amer. Fern J. 81: 109–118. (29, 33)
Raine, C. A. & E. Sheffield. 1993. The effects of environmental conditions on the production and growth of *Trichomanes speciosum* Willd. gemmae. Amer. J. Bot. 80(6) suppl.: 111. (21, 29)
Ranal, M. A. 1991. Germination of *Polypodium hirsutissimum* spores and antheridia formation in darkness. Rev. Bras. Biol. 51: 675–679. (23, 24, 30)
Ranal, M. A. 1995. The establishment of ferns in a semideciduous mesophytic forest of the State of Sao Paulo: I. Climatic characterization of the environment. Anais Acad. Brasil. Ci. 67: 351–368. (29)
Ranker, T. A., C. E. C. Gemmill, P. G. Trapp, A. Hambleton & K. Ha. 1996. Population genetics and reproductive biology of lava-flow colonising species of Hawaiian *Sadleria* (Blechnaceae). In J. M. Camus, M. Gibby & R. J. Johns (eds.), *Pteridology in Perspective*, pp. 581–598. Royal Botanic Gardens, Kew. (23, 27, 29)
Rankin, D. E. 1934. The life-history of *Polypodium polypodioides* (L.) Hitch. especially spermatogenesis. J. Elisha Mitchell Sci. Soc. 49: 303–328. (24, 33)
Rao. A. N. 1966. Morphogenetic effects of sugars on *Regnellidium diphyllum* Lind. Flora, B 156: 373–387. (33)
Rao, A. R. 1949. The prothallus of *Hemionitis arifolia*. Curr. Sci. 18: 349–350. (30, 33)
Raper, J. R., R. E. Zirkle & K. K. Barnes. 1951. Techniques of external irradiation with beta rays. In *Biological Effects of External Beta Radiation*, R. E. Zirkle (ed.), pp. 1–41. McGraw-Hill. (08, 18, 33)
Rasbach, H., K. Rasbach & C. Jerome. 1995. Further observations on the occurrence of the fern *Trichomanes speciosum* Willd. (Hymenophyllaceae) in the Vosgues and the adjacent Germany. Carolinea 53: 21–32. (29)
Rashid, A. 1970. In vitro studies on sex-expression in *Lygodium flexuosum*. Phytomorphology 20: 255–261. (23)
Rathore, D. & B. D. Sharma. 1989. Effects of growth regulators and antibiotics on gametogenesis and sporophyte formation in the water fern *Marsilea aegyptica* Willd. Indian Fern J. 6: 181–183. (15, 23, 24)
Rauwenhoff, N. W. P. 1879a. Einiges über die ersten Keimungserscheinung der Kryptogamensporen. Bot. Zeitung (Berlin) 37: 441–448; 457–466. (30, 33)
Rauwenhoff, N. W. P. 1879b. Sur les première phénomènes de la germination des spores des cryptogames. Arch. Néerl. Sci. Exact. Nat. 14: 347–369. (01, 11)
Rauwenhoff, N. W. P. 1890a. Over de geslachtsgeneratie der Gleicheniaceen. Verslagen Meded. Afd. Natuurk. Kon. Akad. Wetensch., Ser. 3, 7: 3–4. (33)
Rauwenhoff, N. W. P. 1890b. Die Gleschlechtsgeneration der Gleicheniaceen. Natuurk. Verslagen Kon. Akad. Wetensch. Amsterdam 28: 40–50. (33)
Rauwenhoff, N. W. P. 1891. La génération sexuée des Gleicheniacées. Arch. Néerl. Sci. Exact. Nat. 21: 157–231. (33)
Raynor, G. S., E. C. Ogden & J. V. Hayes. 1976. Dispersion of fern spores into and within a forest. Rhodora 78: 473–487. (29)
Reimers, H. 1928. Über die Thermotaxis niederer Organismen. Jahrb. Wiss. Bot. 67: 242–290. (33)
Reinert, J. 1952. Der Einfluss von 3,4-Benzpyren auf das Flachenwachstum und den Auxinspiegel der Prothallien von *Stenochlaena palustris*. Z. Bot. 40: 187–192. (15, 19)
Reinhold, R. 1926. Über regenerative Sprossbildungen bei *Adiantum capillus-veneris* L. Mitt. Inst. Allg. Bot. Hamburg 6: 15–20. (21)
Reuter, L. 1953. A contribution to the cell-physiologic analysis of growth and morphogenesis in fern prothallia. Protoplasma 42: 1–29. (12, 32)
Reyes Jaramillo, I. & B. Pérez-García. 1991. Desarrollo de los gametofitos de *Thelypteris patens* (Sw.) Small y de *T. puberula* (Bak.) Morton var. *puberula*. Acta Bot. Mex. 16: 7–13. (30)
Reyes Jaramillo, I. & B. Pérez-García. 1993. Morfología y estrategias de reproducción del gametofito de *Polypodium lepidotrichum* (Fée) Maxon (Polypodiaceae). Acta Bot. Mex. 28: 71–78. (29, 30)
Reyes Jaramillo, I., B. Pérez-García & A. Mendoza. 1995. Plantas miniatura de la naturaleza: gametofitos de helechos. Contactos 12: 5–10. (33)
Reyes Jaramillo, I., B. Pérez-García & A. Mendoza. 1996. Desarrollo del gametofito y del esporofito joven de *Niphidium crassifolium* (Filicales: Polypodiaceae s. str.) Rev. Biol. Trop. 44: 485–490. (30)

Reynolds, T. L. 1979. Apical dominance in *Anemia phyllitidis* gametophytes. Amer. Fern J. 69: 92–94. (19, 20, 30)

Reynolds, T. L. 1981. Effects of auxines and abscisic acid on adventitious gametophytes formation by *Anemia phyllitidis* (L.) Sw. Z. Pflanzenphysiol. 103: 9–13. (15, 22)

Reynolds, T. L. 1982. Effects of cyanide, salicylhydroxamic acid and temperature on respiration and germination of spores of the fern *Sphaeropteris cooperi*. Physiol. Pl. (Copenhagen) 54: 52–57. (02, 03, 05, 12)

Reynolds, T. L. & G. E. Corson. 1979. Apical dominance: the effects of growth regulators on the gametophyte of *Anemia phyllitidis*. Amer. J. Bot. 66: 1261–1263. (15, 19)

Reynolds, T. L. & V. Raghavan. 1982. Photoinduction of spore germination in a fern *Mohria caffrorum*. Ann. Bot. (London), n.s. 49: 227–233. (07)

Riba, R. & I. Reyes Jaramillo. 1990. *Pityrogramma calomelanos* (L.) Link (Adiantaceae) on layers of volcanic ash in Los Tuxtlas, state of Veracruz, Mexico. Ann. Missouri Bot. Gard. 77: 287–289. (29)

Riba, R., B. Pérez-García & M. Pérez-García. 1992. *Schaffneria nigripes* (Aspleniaceae): morfogénesis del gametofito y anatomía y morfología del esporofito. Bol. Soc. Bot. México 52: 105–113. (30)

Rice, H. V. & W. M. Laetsch. 1967. Observations on the morphology and physiology of *Marsilea* sperm. Amer. J. Bot. 54: 856–866. (24)

Richardson, P. M. & H. K. Palta. 1983. C-glycosylxanthones in diploid and tissue culture-induced autotetraploid *Davallia fejeensis*. Amer. Fern J. 73: 43–45. (15, 22, 27, 28)

Rigby, S. J. 1973. Induction of apogamy in *Pellaea glabella* var. *occidentalis*. Amer. Fern J. 63: 158–164. (28)

Ritland, K., D. E. Soltis & P. S. Soltis. 1990. A two-locus model for the joint estimation of intergametophytic and intragametophytic selfing rates. Heredity 65: 289–296. (23, 27)

Robbins, R. R. & Z. B. Carothers. 1978. Spermatogenesis in *Lycopodium*: the mature spermatozoid. Amer. J. Bot. 65: 433–440. (24)

Robert, D. 1971a. Le gamétophyte femelle de *Selaginella kraussiana* (Kunze) A. Br. I. Organisation générale de la mégaspore. Le diaphragme et l'endospore. Les réserves. Rev. Cytol. Biol. Vég. 34: 96–164. (24, 30)

Robert, D. 1971b. Le gamétophyte femelle de *Selaginella kraussiana* (Kunze) A. Br. II. Organisation histologique de tissu reproducteur et principaux aspects de la dédifférenciation cellulaire préparatoire à l'oogenèse. Rev. Cytol. Biol. Vég. 34: 189–232. (24, 30)

Robert, D. 1972a. Le gamétophyte femelle de *Selaginella kraussiana* (Kunze) A. Br. III. Ultrastructure et dévéloppement des archégones. Rev. Cytol. Biol. Vég. 35: 165–242. (24, 26)

Robert, D. 1972b. Le gamétophyte femelle de *Selaginella denticulata* (L.) Spring. Rev. Cytol. Biol. Vég. 35: 243–280. (24, 30)

Robert, D. 1973. Le gamétophyte male de *Selaginella kraussiana* (Kunze) A. Br. Organisation et dévéloppement. Étude en microscopie électronique. Ann. Sci. Nat., Bot. Biol. Vég., Sér. 12, 14: 465–504. (24, 26, 30)

Robert, D. 1974. Étude ultrastructurale de la spermiogenèse, notamment, de la différenciation de l'appareil nucléaire, chez le *Selaginella kraussiana* (Kunze) A. Br. Ann. Sci. Nat., Bot. Biol. Vég., Sér. 12, 15: 65–118. (24, 26)

Robert, D., A. Blaize-Sauvenet, H. Hadj Mabrouk & S. Khlifi. 1986. Nuclear organization in the motile male gamete of the fern *Scolopendrium vulgare*. J. Submicroscop. Cytol. 18: 349–359. (24)

Robinson, A. I., J. H. Miller, R. Helfrich & M. Downing. 1984. Metal binding sites in germinating fern spores (*Onoclea sensibilis*). Protoplasma 120: 1–11. (12)

Robinson, P. M. & D. L. Smith. 1973. Lipid metabolism in the fern *Polypodium vulgare*. Phytochemistry 12: 1377–1381. (12)

Robinson, P. M. & D. Park. 1966. Volatile inhibitors of spore germination produced by fungi. Trans. Brit. Mycol. Soc. 49: 639–649. (05, 10, 29)

Rodríguez, R. R. 1973. Morfología de los protalos y esporofitos jóvenes de algunas especies chilenas de *Blechnum*. (Polypodiaceae s.l.). Gayana, Bot. 22: 1–30. (30)

Rogers, L. M. 1923. Development of the prothallium of *Lygodium palmatum*. Bot. Gaz. (Crawfordsville) 75: 75–85. (30)

Rogers, L. M. 1927. Development of the archegone and studies in fertilization in *Lygodium palmatum*. Cellule 37: 327–352. (23, 24)

Rohlfs, L. 1955a. Jeunes prothalles d'*Aneimia phyllitidis* Swartz, en provenance de Montréal (Canada). Compt. Rend. Hebd. Séances Acad. Sci. 240: 1466–1468. (30)

Rohlfs, L. 1955b. Jeunes prothalles de *Platycerium bifurcatum* (Cav.) C. Chr. Compt. Rend. Hebd. Séances Acad. Sci. 241: 1982–1984. (30)

Rosendahl, G. 1940. Versuche zur Erzeugung von Polyploidie bei Farnen durch Colchicinbehandlung sowie Beobachtungen an polyploiden Farnprothallien. Planta 31: 597–637. (15, 27)

Rottman, W. 1939. Versuche zur Gewinnung abweichender Formen mit Farnsporen und Gametophyten. Beitr. Biol. Pflanzen 26: 1–80. (30, 33)

Roux, J. P. 1993. Systematic studies in the genus *Mohria* (Anemiaceae: Pteridophyta). IV.

Comparative gametophyte morphology in *Mohria* and *Anemia*. Bothalia 23: 191–196. (30)

Roy, S. & A. Choudhury. 1989a. Development of fern gametophytes on nitrogen-deficient medium. Indian Fern J. 6: 12–17. (01, 13, 14,30)

Roy, S. & A. Choudhury. 1989b. On the physiology of fern gametophyte preceding sex organ initiation. Curr. Sci. 58: 631–633. (23, 24, 32)

Roy, S. & A. Choudhury. 1992. Nitrogen metabolism and phase-change in fern gametophytes. In T. N. Bhardwaja & C. B. Gena (eds.), *Perspectives in Pteridology: present and future*. Aspects Pl. Sci. 14: 473–477. (32)

Roy, S. & V. Raghavan. 1994. Control of heat-shock response of young gametophytes of the sensitive fern is at the translational level. J. Exp. Bot. 45(273): 477–483. (13)

Roze, E. 1867. Les anthérozoides des cryptogames. Ann. Sci. Nat., Bot., Sér. 5, 7: 87–103. (24)

Rubin, G. & D. J. Paolillo, Jr. 1983. Sexual development of *Onoclea sensibilis* on agar and soil media without the addition of antheridiogen. Amer. J. Bot. 70: 811–815. (23)

Rubin, G. & D. J. Paolillo, Jr. 1984. Obtaining sterilized soil for the growth of *Onoclea* gametophytes. New Phytol. 97: 621–628. (30)

Rubin, G., D. S. Robson & D. J. Paolillo, Jr. 1984. The spontaneous formation of antheridia in *Onoclea* is not blocked by light. Ann. Bot. (London), n.s. 54: 213–221. (17, 23, 24)

Rubin, G., D. S. Robson & D. J. Paolillo, Jr. 1985. Effects of population density on sex expression in *Onoclea sensibilis* L. on agar and ashed soil. Ann. Bot. (London), n.s. 55: 205–215. (23, 24, 29)

Rumberg, J. 1932. Entwicklungsgeschichte der Prothallium von *Equisetum silvaticum* L. und *E. palustre* L. Planta 15: 1–42. (30)

Rumsey, F. J. & E. Sheffield. 1990. British filmy-fern gametophytes. Pteridologist 2: 40–42. (29, 30)

Rumsey, F. J., C. A. Raine & E. Sheffield. 1992. The reproductive capability of "independent" *Trichomanes* gametophytes. In J. M. Ide, A. C. Jermy & A. M. Paul (eds.), *Fern Horticulture: past, present and future perspectives*, pp. 299–304. Intercept, Andover. (23, 29)

Rush, R. 1984. Raising pteridophytes from spores: the special cases. Pteridologist 1: 3–7. (01, 11, 33)

Ruth, J. B., J. L. Kotenko & J. H. Miller. 1988. Role of asymmetric cell division in pteridophyte differentiation. II. Effect of Ca 2+ on asymmetric cell division, rhizoid elongation, and antheridium differentiation in *Vittaria* gemmae. Amer. J. Bot. 75: 1755–1764. (19, 24)

Rutter, M. R. & V. Raghavan. 1978. DNA synthesis and cell division during spore germination in *Lygodium japonicum*. Ann. Bot. (London), n.s. 42: 957–965. (11, 12)

Sabba, R. P. & J. H. Miller. 1993. Calcium delays the onset of cell division and rhizoid elongation in gemmae of the calcifuge ferns *Vittaria graminifolia*. Amer. J. Bot. 80(6) suppl.: 624–628. (14)

Sabba, R. P., J. R. Hoffman & J. H. Miller. 1992. Light-dependent inhibition of cell division and rhizoid elongation in gemmae of the fern, *Vittaria graminifolia*. Amer. J. Bot. 79: 8–13. (11, 17, 19)

Sahi, A. N. & S. K. Singh. 1994. Effects of sulphite on spore germination and rhizoid development in the tropical fern *Lygodium japonicum* (Filicales: Lygodiaceae). Rev. Biol. Trop. 42: 53.57. (3)

Sarbadhikari, P. C. 1926. Apospory in *Osmunda javanica* Bl. Ceylon J. Sci., Sect. A, Bot. 12: 137–143. (28)

Sarbadhikari, P. C. 1927. Cytology of *Osmunda* and *Doodia* II. On the gametophyte and post-meiotic mitoses in the gametophyte tissue of *Doodia*. Ann. Bot. (London) 41: 1–35. (26)

Sarbadhikari, P. C. 1939. Cytology of apogamy and apospory in *Osmunda javanica* Bl. Ann. Bot. (London), n.s. 3: 137–145. (28)

Sasaki, S. 1928. Discovery of gametophytes of *Archangiopteris Somai*. Bot. Mag. (Tokyo) 42: 233–236. (29, 30, 33)

Sato, T. 1992. Size dependency of gametophytes decay in *Athyrium brevifrons* Nakai during spring desiccation. Ecol. Res. 7: 1–7. (29)

Sato, N. & M. Furuya. 1984. The composition of lipids and fatty acids determined at various stages of haploid and diploid generations in the fern *Adiantum capillus-veneris*. Physiol. Pl. (Kyoto) 62: 139–147. (32)

Sato, T. 1982. Phenology and wintering capacity of sporophytes and gametophytes of ferns native to northern Japan. Oecologia 55: 53–61. (29)

Sato, T. 1983. Freezing resistance of warm temperate ferns as related to their alternation of generations. Jap. J. Ecol. 33: 27–35. (13, 29)

Sato, T. & A. Sakai. 1980. Freezing resistance of gametophytes of the temperate fern *Polystichum retrorso-paleaceum*. Canad. J. Bot. 58: 1144–1148. (13, 29)

Sato, T. & A. Sakai. 1981. Cold tolerance of gametophytes and sporophytes of some cool temperate ferns native to Hokkaido. Canad. J. Bot. 59: 604–608. (13, 29)

Saus, G. L. & R. M. Lloyd. 1976. Experimental studies on mating systems and genetic load in *Onoclea sensibilis* L. (Aspleniaceae: Athyrioideae). Bot. J. Linn. Soc. 72: 101–113. (23, 27)

Sawhney, V. K. 1968. Observations on the occurrence of sporophytic characters in the gametophyte of *Adiantum lunulatum*. Canad. J. Bot. 46: 1160–1161. (30)

Sayers, A. & R. G. Hamilton. 1995. The effect of neighbors on gametophyte development in *Ceratopteris richardii*. Amer. Fern J. 85: 47–53. (29)

Scaramella, P.P. & G. Giomarro. 1959. Incompatibility of meristematic and filamentous growth in red light in *Polypodium aureum* gametophytes. G. Bot. Ital. 106: 295–300. (17, 19)
Scaramuzzi, F. 1960. In vitro regeneration from *Nephrolepis cordifolia* prothallial segments. Inform. Bot. Ital. 6: 297–298. (21)
Schacht, H. 1849. Beitrag zur Entwicklungsgeschichte der Farnkrauter. Linnaea 22: 753–792. (30, 33)
Schedlbauer, M. D. 1974. Biological specificity of the antheridogen from *Ceratopteris thalictroides* (L.) Brongn. Planta 116: 39–43. (15, 23, 32)
Schedlbauer, M. D. 1975a. Biology of the male gametophyte of the fern *Ceratopteris thalictroides*. Tesis doctoral, University of Massachusetts, Amherst. (23)
Schedlbauer, M. D. 1975b. Properties of the antheridogen from *Ceratopteris thalictroides* (L.) Brongn. Bot. Soc. Amer. 48: 28. [Resumen.] (15, 29)
Schedlbauer, M. D. 1976a. Fern gametophyte development: controls of dimorphism in *Ceratopteris thalictroides*. Amer. J. Bot. 63: 1080–1087. (23)
Schedlbauer, M. D. 1976b. Specificity of the antheridogen from *Ceratopteris thalictroides* (L.) Brongn. Pl. Physiol. (Lancaster) 57: 666–669. (15, 23, 32)
Schedlbauer, M. D. 1978. Effects of benlate on fern gametophyte development. Amer. J. Bot. 65: 864–868. (15)
Schedlbauer, M. D., C. C. Cave & P. R. Bell. 1973. The incorporation of dl-(3-14C) cysteine during spermatogenesis in *Ceratopteris thalictroides*. J. Cell Sci. 12: 765–779. (15, 24)
Schedlbauer, M. D. & E. J. Klekowski, Jr. 1972. Antheridogen activity in the fern *Ceratopteris thalictroides* (L.) Brongn. Bot. J. Linn. Soc. 65: 399–413. (15, 23, 32)
Schelting, A. 1875. Einige Fragen betreffend die Entwicklungsgeschichte der Farnkrautervorkeime. Schrift. Kais. Neuruss. Univ. Odessa 17: 8–17. (33)
Scheuerlein, R., R. Wayne & S. J. Roux. 1989. Calcium requirement of phytochrome-mediated fern-spore germination: no direct phytochrome-calcium interaction in the phytochrome-initiated transduction chain. Planta 178: 25–30. (14, 32)
Schifferdecker, I. 1957. Untersuchungen über die Gattung *Pteris* in besonderen die Zytologie ihrer apogamen Formen. Z. Indukt. Abstammungs-Vererbungsl. 88: 163–183. (26, 27, 28)
Schidler, E. 1925. Über den Einfluss ausserer Bedingungen auf die Wachstumsweise der Prothallien einiger Farne. Bull. Int. Acad. Polon. Sci., Cl. Sci. Math., Sér., B, Sci. Nat. 3: 509–535. (30, 33)
Schlumberger, O. 1911. Familienmerkmale der Cyatheaceen und Polypodiaceen und die Bezeihund der Gattung *Woodsia* und verwandter Arten zu beiden Familien. Flora 102: 383–414. (27)
Schmeltzeisen, W. 1933. Beiträge zur Entwicklungsgeschichte der Prothallien einiger Marattiaceen, Cyatheaceen und Polypodiaceen. Flora 127: 46–80. (30, 33)
Schmid, E. & F. Oberwinkler. 1993. Mycorrhiza-like interaction between the achlorophyllous gametophyte of *Lycopodium clavatum* L. and its fungal endophyte. Studies by light and electron microscopy. New Phytol. 124: 69–81. (26)
Schmid, E. & F. Oberwinkler. 1994. Light and electron microscopy of the host-fungus interaction in the aclorophyllous gametophyte of *Botrychium lunaria*. Canad. J. Bot. 72: 182–188. (26)
Schmid, E. & F. Oberwinkler. 1995. A light- and electron-microscopy study on a vesicular-arbuscular host-fungus in gametophytes and young sporophytes of the Gleicheniaceae (Filicales). New Phytol. 129: 317–324. (26)
Schnarrenberger, C. & H. Mohr. 1967. Die Wechselwirkung von Hellrot, Dunkelrot und Blaulicht bei der Photomorphogenese von Farngametophyten [*Dryopteris filix-mas* (L.) Schott.] Planta 75: 114–124. (07, 17)
Schneller, J. J. 1975. Studies on Swiss ferns, in particular on the group of *Dryopteris filix-mas*. II. Cytological studies. Ber. Schweiz. Bot. Ges. 85: 1–17. (26, 27)
Schneller, J. J. 1976. The position of the megaprothallus of *Salvinia natans*. Fern Gaz. 11: 217–220. (23, 30)
Schneller, J. J., C. H. Haufler & T. A. Ranker. 1990. Antheridiogen and natural gametophyte populations. Amer. Fern J. 80: 143–152. (15, 29)
Schneller, J. J. & A. Hess. 1995. Antheridiogen system in the fern *Asplenium ruta-muraria*. Fern Gaz. 15: 64–70. (15)
Schneller, J. J. & R. Holderegger. 1996a. Colonisation events and genetic variability in populations of *Asplenium ruta-muraria*. In J. M. Camus, M. Gibby & R. J. Johns (eds.), *Pteridology in Perspective*, pp. 571–580. Royal Botanic Gardens, Kew. (27, 29)
Schneller, J. J. & R. Holderegger. 1996b. Soil spore bank and genetic demography of populations of *Athyrium filix-femina*. In J. M. Camus, M. Gibby & R. J. Johns (eds.), *Pteridology in Perspective*, pp. 663–665. Royal Botanic Gardens, Kew. (27, 29)
Schottlander, P. 1892. Zur Histologie der Sexualzellen bei Kryptogamen. Ber. Deutsch. Bot. Ges. 10: 27–29. (24)
Schottlander, P. 1893. Beiträge zur Kenntniss des Zellkerns und der Sexualzellen bie Kryptogamen. Beitr. Biol. Pflanzen 6: 267–304. (24)
Schraudolf, H. 1962. Die Wirkung von Phytohormonen auf Keimung und Entwicklung

von Farnprothallien. Biol. Zentralbl. 81: 731–740. (15)

Schraudolf, H. 1963. Einige Beobachtungen zur Entwicklung der Antheridien von *Anemia phyllitidis*. Flora 153: 282–290. (23, 24)

Schraudolf, H. 1964. Relative activity of the gibberellins in the antheridium induction in *Anemia phyllitidis*. Nature 201: 98–99. (15, 23, 24)

Schraudolf, H. 1965. Einfluss von DNS-, RNS- und Proteinantimetaboliten auf die Antheridienbildung in Farne. Ber. Deutsch. Bot. Ges. 78: 73–75. (15, 23, 24)

Schraudolf, H. 1966a. Die Wirkung von Phytohormonen auf Keimung und Entwicklung von Farnprothallien. II. Analyse der Wechselbeziehung zwischen Gibberellinkonzentration, Antheridienbildung und physiologischem Alter der Prothalliumzellen in *Anemia phyllitidis*. Planta 68: 335–352. (15, 23, 24)

Schraudolf, H. 1966b. Die Wirkung von Phytohormonen auf Keimung und Entwicklung von Farnprothallien. III. Einfluss von Plasmolyse und Extirpation auf die Auslosung der Antheridienbildung durch Gibberelline bei *Anemia phyllitidis*. Biol. Zentralbl. 85: 349–360. (15, 23, 24)

Schraudolf, H. 1966c. Die Wirkung von Phytohormonen auf Keimung und Entwicklung von Farnprothallien. IV. Die Wirkung von unterschiedlichen Gibberelline und von Allogibberelinsäure auf die Auslosung der Antheridienbildung die *Anemia phyllitidis*. Pl. Cell Physiol. 7: 277–289. (15, 23, 24)

Schraudolf, H. 1966d. Nachweis von Gibberellin in Gametophyten von *Anemia phyllitidis*. Naturwissenschaften 53: 412. (15)

Schraudolf, H. 1967a. Die Steuerung der Antheridienbildung in *Polypodium crassifolium* L. (*Pessopteris crassifolia* Underw. and Maxon) durch Licht. Planta 76: 37–46. (23, 24)

Schraudolf, H. 1967b. Wirkung von Hemmstoffen der DNS-, RNS- und Proteinsynthese auf Wachstum und Antheridienbildung in Prothallien von *Anemia phyllitidis* L. Planta 74: 123–147. (15, 23, 24)

Schraudolf, H. 1967c. Wirkung von Terpenderivaten (Helminthosporol, Helminthosporsäure, Dihydrohelminthosporesäure und Steviol) auf die Antheridienbildung in *Anemia phyllitidis*. Planta 74: 188–193. (15, 23, 24)

Schraudolf, H. 1967d. Die Wirkung von IES, Cumarin und sogenannten "Antigibberellinen" auf die Auslosung der Antheridienbildung in *Anemia phyllitidis* L. durch Gibberelline. Z. Pflanzenphysiol. 56: 375–386. (15, 23, 24)

Schraudolf, H. 1968. Einige Beobachtungen zur Ausbildung des Antheridiums von Polypodiaceen. Flora, B 157: 379–385. (23, 24)

Schraudolf, H. 1972. Chromatographischer Nachweis eines zweiten Antheridiogens im Nahrmedium der Prothallien von *Anemia phyllitidis* (L.) Sw. Z. Pflanzenphysiol. 66: 189–191. (32)

Schraudolf, H. 1977a. Effects of 5-bromodeoxyuridine and 2-aminopurine on antheridium differentiation in *Anemia phyllitidis* L. Experientia 33: 1161–1162. (15, 23, 24)

Schraudolf, H. 1977b. Wirkung von cycl 3', 5'-AMP, Mononucleotiden und Theophyllin auf Antheridienbildung und Dunkelkeimung von *Anemia phyllitidis* (L.) Sw. Z. Pflanzenphysiol. 84: 49–59. (15, 23, 24)

Schraudolf, H. 1980. Induction of antheridium differentiation in the fern *Anemia phyllitidis* (L.) Sw. by halogenated base analogs. Z. Pflanzenphysiol. 96: 67–75. (15, 23, 24)

Schraudolf, H. 1981. Cell division patterns during spore germination of *Anemia phyllitidis* (L.) Sw. Beitr. Biol. Pflanzen 55: 285–288. (11)

Schraudolf, H. 1982a. Activity of 2, 2-dimethyl-gibberellin A4 in the *Anemia phyllitidis* antheridiogen assay. Naturwissenschaften 69: 286. (15)

Schraudolf, H. 1982b. Effects of metronidazole on growth, chloroplast structure and differentiation of *Anemia phyllitidis* (L.) Sw. Protoplasma 113: 144–149. (15, 26)

Schraudolf, H. 1983a. Nuclear morphology in rhizoidal cells of *Anemia phyllitidis* (L.) Sw. (Filicinae). Flora, B 173: 359–361. (26)

Schraudolf, H. 1983b. Antheridiogen-like activity of AC-94, 377, a substituted phthalamide. Z. Pflanzenphysiol. 109: 469–472. (15)

Schraudolf, H. 1984a. Ultrastructural events during sporogenesis of *Anemia phyllitidis* (L.) Sw. II. Spore wall formation. Beitr. Biol. Pflanzen 59: 237–260. (10)

Schraudolf, H. 1984b. Effects of the 4 ethoxy-i-p-tolyl-5-triazine-2, 6-ih 3h-dione on growth: antheridium differentiation and gibberellin uptake of gametophytes of *Anemia phyllitidis*. Experientia 40: 1258–1259. (15, 24)

Schraudolf, H. 1985a. Phytohormones and Filicinae: Chemical signals triggering morphogenesis in Schizaeaceae. In *Plant Growth Substances*, M. Bopp (ed.). Springer-Verlag, Berlin. (20, 21, 32)

Schraudolf, H. 1985b. Action and phylogeny of antheridiogens. Proc. Roy. Soc. Edinburgh, B 86: 75–80. (15, 32)

Schraudolf, H. 1987a. The effect of gabaculine on germination and gametophyte morphogenesis of *Anemia phyllitidis* (L.) Sw. Pl. Cell Physiol. 28: 53–60. (05, 15)

Schraudolf, H. 1987b. Parental predetermination of dark germination in spores of *Anemia phyllitidis*. Naturwissenschaften 74: 138. (07)

Schraudolf, H. 1994. Blepharoplast-like structures and cytoskeletal elements in female gametangia of homosporous ferns. Cryptog. Bot. 4: 341–345. (26)

Schraudolf, H. & A. Fisher. 1979. Evidence for cytokinins in gametophytes of the fern *Anemia phyllitidis* (L.) Sw. Pl. Sci. Lett. 14: 199–203. (15, 32)

Schraudolf, H. & R. Haag. 1985. The sporopollenin of the schizaeaceous fern *Anemia phyllitidis*. Naturwissenschaften 72: 433. (10, 12)

Schraudolf, H. & K. Legler. 1969. Wechselwirkung von Riboflavin, Isoriboflavin und 2-Thiouracil auf die Induktion Zweidimensionalenwachstums von Farnprothallien. Physiol. Pl. (Copenhagen) 22: 312–318. (15, 19)

Schraudolf, H. & U. Richter. 1978. Elektronenmikroskopische Analyse der Musterbildung im Antheridien der Polypodiaceae. Pl. Syst. Evol. 129: 291–297. (26)

Schraudolf, H. & J. Sonka. 1979. Effects of 5-bromo-deoxyuridine on chloroplast structure in gametophytes of *Anemia phyllitidis* (L.) Sw. Eur. J. Cell Biol. 19: 135–138. (15, 26)

Schulz, A. 1936. Beiträge zur Kenntnis der Entwicklung Macrogametophyten von *Pilularia globulifera* L. und *Marsilea quadrifolia* L. Planta 25: 703–719. (30)

Schulz, N. 1902. Über die Einwirkung des Lichtes auf die Keimungsfähigkeit der Sporen der Moose, Farne und Schachtelgalme. Bot. Centralbl. 211: 81–97. (07)

Schussnig, B. 1913. Die Entwicklung des Prothalliums von *Anogramma leptophylla*. Oesterr. Bot. Zeitung (Berlin) 63: 97–100. (30)

Schwabe, W. W. 1951. Physiological studies in plant nutrition XVI. The mineral nutrition of bracken I. Prothallial culture and the effects of phosphorus and potassium supply on leaf production in the sporophyte. Ann. Bot. (London), n.s. 15: 417–446. (14, 32)

Scott, R. J. & L. G. Hickok. 1987. Genetic analysis of antheridiogen sensitivity in *Ceratopteris richardii*. Amer. J. Bot. 74: 1872–1877. (15–27).

Scott, R. 1989. New approaches to the study of antheridiogen sensitivity in *Ceratopteris richardii*. 160 pp. Tesis doctoral, University of Tennessee, Knoxville. (15)

Sealy, R. L. & E. L. McWilliams. 1989. Optimal temperature for the germination of spores of two fern species using the thermogradient plate. (Resumen). HortScience (Suppl.): 119. (02)

Seilheimer, A. V. 1974. Axenic culture of the aquatic fern, *Salvinia*. Amer. Fern J. 64: 13–14. (01, 33)

Seilheimer, A. V. 1978. Chlorophyll and lipid changes on germination in the non-green spores of *Thelypteris dentata*. Amer. Fern J. 68: 67–70. (12)

Sen, T. 1981. Comparative morphology of the gametophyte of some thelypteroid ferns. Blumea 27: 239–254. (30)

Sharma, B. D. & R. Singh. 1983. Effects of morphactin on spore germination and differentiation in *Actinopteris radiata*. Phytomorphology 33: 13–16. (05, 15)

Sharma, B. D. & P. Vangani. 1988. Effects of gibberellin (GA3) on development and sex expression in the gametophytes of *Cheilanthes farinosa* (Forssk.) Klf. Indian Fern J. 5: 1–4. (15, 23)

Sharp, L. W. 1914. Spermatogenesis in *Marsilea*. Bot. Gaz. (Crawfordsville) 58: 419–431. (24)

Sharp, P. B., G. W. Keitt, Jr., H. H. Clum & U. Näf. 1975. Activity of antheridiogen from the fern *Anemia phyllitidis* in three flowering plant bioassays. Physiol. Pl. (Copenhagen) 34: 101–105. (15, 32)

Shaw, W. R. 1897. Parthenogenesis in *Marsilea*. Bot. Gaz. (Crawfordsville) 24: 114–117. (28)

Shaw, W. R. 1898a. The fertilization of *Onoclea*. Ann. Bot. (London) 12: 261–285. (23)

Shaw, W. R. 1898b. Über die Blepharoplasten bei *Onoclea* und *Marsilea*. Ber. Deutsch. Bot. Ges. 16: 177–184. (26)

Sheffield, E. 1978. The establishment of the gametophytic phase in the life cycle of a fern. Tesis doctoral, University of London. (33)

Sheffield, E. 1984a. Apospory in the fern *Pteridium aquilinum* (L.) Kuhn 1. Low temperature scanning electron microscopy. Cytobios 39: 171–176. (26, 28)

Sheffield, E. 1984b. Effects of dimethyl sulfoxide on the gametophytic and sporophytic phases of *Pteridium aquilinum* (L.) Kuhn. Ann. Bot. (London), n.s. 54: 531–536. (15)

Sheffield, E. 1985. Cellular aspects of the initiation of aposporous outgrowths in ferns. Proc. Roy. Soc. Edinburgh, B 86: 45–50. (26, 28)

Sheffield, E. 1990. A review of *Developmental Biology of Fern Gametophytes*, V. Raghavan 1989. Ann. Bot. (London), n.s. 66: 613–614. (31)

Sheffield, E. 1990a. Revisión de *Development Biology of Fern Gametophytes*, V. Raghavan 1989. Watsonia 18: 232–233. (31)

Sheffield, E. 1992. Apogamy and apospory: their potential uses in breeding and propagation. In J. M. Ide, A. C. Jermy & A. M. Paul (eds.), *Fern Horticulture: past, present and future perspectives*, pp. 189–193. Intercept, Andover. (28)

Sheffield, E. 1996. From pteridophyte spore to sporophyte in the natural environment. In J. M. Camus, M. Gibby & R. J. Johns (eds.), *Pteridology in Perspective*, pp. 541–549. Royal Botanic Gardens, Kew. (33)

Sheffield, E. & S. M. Attree. 1983. Further experiments with ferns in culture: regeneration. J. Biol. Educ. 17: 183–184. (21)

Sheffield, E., E. G. Cutter, G. E. Douglas & S. Lindsay. 1991. High resolution scanning electron microscopy of fern gametophytes: applications of a non-destructive method. Amer. Fern J. 81: 128–133. (33)

Sheffield, E & J. H. Bastin. 1978. Simple culture methods for fern prothalli. School. Sci. Rev. 60: 286–289. (13)

Sheffield, E. & P. R. Bell. 1978. Phytoferritin in the reproductive cells of a fern, *Pteridium aquilinum* (L.) Kuhn. Proc. Roy. Soc. London, Ser. B, Biol. Sci. 202: 297–306. (32)

Sheffield, E. & P. R. Bell. 1981a. Experimental studies of apospory in ferns. Ann. Bot. (London), n.s. 47: 187–195. (28)

Sheffield, E. & P. R. Bell. 1981b. Cessation of vascular activity correlated with aposporous development in *Pteridium aquilinum* (L.) Kuhn. New Phytol. 88: 533–538. (28)

Sheffield, E. & P. R. Bell. 1986. Current studies of the pteridophyte life cycle. In *Morphology and Phylogeny of Pteridophytes*, B. M. Johri S. C. Verma (eds.). Delhi. (33)

Sheffield, E., E. G. Cutter, G. E. Douglas & S. Lindsay. 1991. High resolution scanning electron microscopy of fern gametophytes: applications of a non-destructive method. Amer. Fern J. 81: 128–133. (33)

Sheffield, E., P. R. Bell & S. Laird. 1982. Tracheary occlusion in fronds of *Pteridium aquilinum* (L.) Kuhn showing apospory. New Phytol. 90: 321–325. (28)

Sheffield, E., E. G. Cutter & W. A. Charlton. 1985. Cryo SEM of reproduction in pteridophytes. Proc. Roy. Soc. Edinburgh, B 86: 458–459. [Resumen.] (23, 33)

Sheffield, E. S. & D. R. Farrar. 1988. Cryo SEM examination of gemma formation in *Vittaria graminifolia*. Amer. J. Bot. 75: 894–899. (21, 22)

Shi, D. J., L. Xu, M. Zhang & D. L. Gao. 1989. A scanning electron microscopic study of the germinating megasporocarp of *Azolla filiculoides* Lam. In *Proceedings of the International Symposium on the Systematics of Pteridophytes*, K. H. Shing & K. U. Kramer (eds.), pp. 129–132. China Science and Technology Press, Beijing. (26)

Shibata, K. 1905a. Studien über die Chemotaxis der *Salvinia* Spermatozoiden. Bot. Mag. (Tokyo) 19: 39–42. (24)

Shibata, K. 1905b. Weitere Mitteilung über die Chemotaxis der *Equisetum*-spermatozoiden. Bot. Mag. (Tokyo) 19: 126–130. (24)

Shibata, K. 1905c. Üeber die Chemotaxis der Spermatozoiden von *Equisetum*. Bot. Mag. 19: 79–82. (24)

Shibata, K. 1911. Untersuchungen über die Chemotaxis der Pteridophyten-Spermatozoiden. Jahrb. Wiss. Bot. 49: 1–60. (24)

Shivas, M. G. 1969. A cytotaxonomic study of the *Asplenium adiantum-nigrum* complex. Brit. Fern Gaz. 10: 68–80. (26)

Shorina, N. I. 1987. Age-states of fern gametophytes and sex-age structure of their populations. In L. B. Zaulgolnova (ed.), *Population Ecologuia Rastenyi*, pp. 43–48, Nawka, Moscow. (23, 29)

Shorina, N. J. 1991. Structure of cenopopulations of homosporous ferns in connection with the dynamics of plant communities. Biol. Nauki (Alma-Ata). 8: 78–91. (29)

Shorina, N. J. 1996. Coexistence of gametophytes and sporophytes in homosporous ferns cenopopulations. In J. M. Camus, M. Gibby & R. J. Johns (eds.), *Pteridology in Perspective*, pp. 669–670. Royal Botanical Gardens, Kew. (29)

Sigee, D. C. 1972a. Pattern of cytoplasmic DNA synthesis in somatic cells of *Pteridium aquilinum*. Exp. Cell Res. 73: 481–486. (32)

Sigee, D. C. 1972b. The origin of cytoplasmic DNA in the mature egg cell of *Pteridium aquilinum*. Protoplasma 75: 323–334. (32)

Sigee, D. C. & P. R. Bell. 1968. Deoxiribonucleic acid in the cytoplasm of the female reproductive cells of *Pteridium aquilinum*. Exp. Cell Res. 49: 105–115. (32)

Sigee, D. C. & P. R. Bell. 1971. The cytoplasmic incorporation of tritiated thymidine during oögenesis in *Pteridium aquilinum*. J. Cell Sci. 8: 467–487. (32)

Simabukuro, E. A., L. M. Esteves & G. M. Felippe. 1996. Ferns of a preserved cerrado region in southeast Brazil (Reserva Biologica de Moji-Guaçu, São Paulo): the study of spore morphology and its applications in spore rain and spore bank analysis. In J. M. Camus, M. Gibby & R. J. Johns (eds.), *Pteridology in Perspective*, p. 671. Royal Botanic Gardens, Kew. (29)

Singh, I. P. 1990. Effect of gamma-irradiation on growth and differentiation in the gametophyte of *Dryopteris cochleata*. Proc. Indian Natl. Sci. Acad., B 56: 449–454. (18)

Singh, I. P. & S. K. Roy. 1987. Methyl isocyanate and fern gametophyte. Curr. Sci. 56: 679–681. (05, 15)

Singh, I. P. & S. K. Roy. 1989a. Impact of the pattern of reproductive biology and the distribution of some homosporous ferns. Proc. Indiana Acad. Sci. 3: 203–212. (29)

Singh, I. P. & S. K. Roy. 1989b. Effect of colchicine on growth and differentiation of sex organs in fern gametophytes. Indian Fern J. 6: 238–243. (15, 23, 24)

Singh, J. & S. Devi. 1989a. Developmental aspects of spores of *Anemia rotundifolia* Shrad: a light and flourescence microscopy study. J. Palynol. 25: 73–79. (10, 26, 30)

Singh, J. & S. Devi. 1989b. Effect of linear alkyl-benzenesulfonate on germination of spores of the aquatic fern *Ceratopteris thalictroides*. Bull. Environm. Contam. Toxicol. 43: 111–117. (05)

Singh, J., S. Devi & Z. Jamil. 1989. Studies on the allergenicity of the developing spores of *Pteris vittata*. Ann. Allergy 63: 239–243. (29)

Singh, J., S. Devi & M. Gupta. 1990a. Chlorotetracycline induced fluorescence of antherozoids in ferns. Stain Technol. 65: 125–130. (15, 24)

Singh, J. P. 1992. Effect of gamma-radiation on the gametophyte morphogenesis of *Dryopteris cochleata*. In T. N. Bhardwaja & C. B. Gena (eds.), *Perspectives in Pteridology: present and future*. Aspects of Plant Sciences 14: 459–465. (18)

Singh, P. K., R. N. Bisoyi & R. P. Singh. 1990b. Collection and germination of sporocarps of *Azolla caroliniana*. Ann. Bot. (London), n.s. 66: 51–56. (01, 30)

Singh, S. P. & S. K. Roy. 1984a. Effects of colchicine on the gametophyte of *Lygodium flexuosum*. Phytomorphology 34: 60–64. (15)

Singh, S. P. & S. K. Roy. 1984b. Effect of chloral hydrate on the gametophyte of *Drynaria quercifolia* (L.) J. Sm. Acta Bot. Indica 12: 185–189. (15)

Singh, V. P. 1974. Effect of gamma, UV radiation, KSCN and LiCl on the rhizoid differentiation in the golden fern, *Onychium auratum* Kaulf. Indian J. Exp. Biol. 12: 63–66. (02, 08, 11)

Singh, V. P. & S. K. Roy. 1975. Studies on regeneration in *Ceratopteris thalictroides*. In *Form, Structure and Function in Plants*, H. Y. M. Ram, J. J. Shah & C. K. Shah (eds.), pp. 265–269. Sarita Prakashan. (21)

Singh, V. P. & S. K. Roy. 1977. Mating systems and distribution in some tropical ferns. Ann. Bot. (London), n.s. 41: 1055–1060. (23)

Sinyukhin, A. M. 1973. Functional activity of the action potential in ferns and mosses on fertilization. Biophysics 18: 501–507. (23)

Slade, B. 1964. Gametophytes of *Equisetum fluviale* L. in agar culture. Phytomorphology 14: 315–319. (30)

Slagg, R. A. 1932. The gametophyte of *Selaginella kraussiana* I. The microgametophyte. Amer. J. Bot. 19: 106–127. (24, 30)

Smith, C. W. & R. N. S. Yee. 1975. The effect of coconut milk on the germination and growth of spores of *Nephrolepis hirsutula*. Amer. Fern J. 65: 13–18. (05, 15)

Smith, D. L. 1972a. Localization of phosphatases in young gametophytes of *Polypodium vulgare* L. Protoplasma 74: 133–148. (32)

Smith, D. L. 1972b. Staining and osmotic properties of young gametophytes of *Polypodium vulgare* L. and their bearing on rhizoid function. Protoplasma 74: 465–479. (32)

Smith, D. L. 1973. Phosphatase and amylase activity of intact fern gametophytes. Z. Pflanzenphysiol. 69: 447–455. (32)

Smith, D. L. 1979. Biochemical and physiological aspects of gametophyte differentiation and development. In *The Experimental Biology of Ferns*, A. F. Dyer (ed.), pp. 355–392. Academic Press. (32)

Smith, D. L. & P. M. Robinson. 1969. The effects of fungi on morphogenesis of gametophytes of *Polypodium vulgare* L. New Phytol. 68: 113–122. (16, 29)

Smith, D. L. & P. M. Robinson. 1971. Growth factors produced by germinating spores of *Polypodium vulgare* L. New Phytol. 70: 1043–1052. (15, 32)

Smith, D. L. & P. M. Robinson. 1975. The effects of spore age on germination and gametophyte development in *Polypodium vulgare* L. New Phytol. 74: 101–108. (09)

Smith, D. L., P. M. Robinson & R. N. Govier. 1973. Growth factors produced by gametophytes of *Polypodium vulgare* L. grown under red and blue light. New Phytol. 72: 1261–1268. (07, 15, 17, 32)

Smith, D.L. & P. G. Rogan. 1970. The effects of population density on gametophyte morphogenesis in *Polypodium vulgare* L. New Phytol. 69: 1039–1051. (29)

Smith, H. M. & D. S. Smith, 1969. An electron-microscopic study of the starch-containing plastids in the fern *Todea barbara*. J. Cell Sci. 4: 211–221. (26)

Snyder, C. R. 1961. Effects of radiation on germination patterns of spores of certain mosses and ferns. Amer. Biol. Teacher 32: 506–512. (08, 11)

Sobota, A. E. 1966. The development of 2-dimensional growth in the fern gametophyte. Tesis doctoral, University of Pittsburgh, Pittsburgh, Pennsylvania. (19)

Sobota, A. E. 1970. Incompatibility of meristematic and filamentous growth in the fern gametophytes. Amer. J. Bot. 57: 530–534. (19)

Sobota, A. E. 1972. Ribonucleic acid synthesis associated with a developmental change in the gametophyte of *Pteridium aquilinum* Pl. Physiol. (Lancaster) 49: 914–918. (32)

Sobota, A. E. & C. R. Partanen. 1966. The growth and division of cells in relation to morphogenesis in fern gametophytes I. Photomorphogenetic studies in *Pteridium aquilinum*. Canad. J. Bot. 44: 497–506. (07, 17)

Sobota, A. E. & C. R. Partanen. 1967. The growth and division of cells in relation to morphogenesis in fern gametophytes II. The effect of biochemical agents on the growth and development of *Pteridium aquilinum*. Canad. J. Bot. 45: 595–603. (05, 15)

Soltis, D. E. & P. S. Soltis. 1986. Active enzymes from megaspores of *Marsilea* and *Regnellidium*. Amer. Fern J. 76: 17–20. (12, 32)

Soltis, D. E., P. S. Soltis & R. D. Noyes. 1988. An electrophoretic investigation of intragametophytic selfing in *Equisetum arvense*. Amer. J. Bot. 75: 231–237. (23)

Soltis, P. S. & D. E. Soltis. 1990. Evolution of inbreeding and outcrossing in ferns and fern-allies. Pl. Spec. Biol. 5: 1–11. (27)

Sonka, J. & H. Schraudolf. 1979. Incorporation of 5-bromo-2-deoxyuridine into the chloroplast DNA of *Anemia phyllitidis*. Z. Naturf., C 34: 449–451. (12, 32)

Sossountzov, I. 1948a. Influence des nitrates sur la croissance in vitro de prothalles d'*Asplenium* sp. Compt. Rend. Hebd. Séances Acad. Sci. 226: 1634–1635. (03, 05, 14, 15)

Sossountzov, I. 1948b. Présentation d'un flotteur comme substrat de culture aseptique. Compt. Rend. Hebd. Séances Mém. Soc. Biol. 142: 192–194. (01, 13)

Sossountzov, I. 1948c. Sur l'utilization de divers substrats pour l'étude de la croissance de prothalles d'*Asplenium* en culture aseptique. Compt. Rend. Hebd. Séances Mém. Soc. Biol. 142: 194–196. (01, 13, 19)

Sossountzov, I. 1949. Sur la désensibilization vis-à-vis des milieux nutritif des prothalles d'*Asplenium* sp. en culture aseptique. Compt. Rend. Hebd. Séances Acad. Sci. 228: 117–118. (01, 13)

Sossountzov, I. 1950a. Le glycocolle comme source d'azote pour la croissance in vitro des prothalles de *Gymnogramme calomelanos*. Compt. Rend. Hebd. Séances Mém. Soc. Biol. 144: 113–115. (13, 15, 19)

Sossountzov, I. 1950b. Étude du développement aseptique sur un milieux à forte concentration en glycocolle, d'une colonie prothallienne de *Gymnogramme calomelanos* d'un type aberrant. Compt. Rend. Hebd. Séances Mém. Soc. Biol. 144: 116–118. (13, 15, 22)

Sossountzov, I. 1950c. L'alanine comme source d'azote pour la croissance in vitro des prothalles de *Gymnogramme calomelanos*. Compt. Rend. Hebd. Séances Mém. Soc. Biol. 144: 239–240. (15, 19)

Sossountzov, I. 1950d. Étude de la croissance in vitro de *Gymnogramme calomelanos* sur des milieux à concentrations variables en glycocolle et en alanine. Compt. Rend. Hebd. Séances Mém. Soc. Biol. 144: 240–244. (13, 15, 19)

Sossountzov, I. 1951a. Sexualité et dimensions des prothalles de *Gymnogramme calomelanos* cultivés in vitro sur des milieux à concentrations variables en glycocolle et en alanine. Compt. Rend. Hebd. Séances Mém. Soc. Biol. 145: 295–298. (05, 15, 19)

Sossountzov, I. 1951b. La phenylalanine comme source d'azote pour la croissance des prothalles de *Gymnogramme calomelanos*. Compt. Rend. Hebd. Séances Mém. Soc. Biol. 145: 298–300. (15, 19)

Sossountzov, I. 1951c. Étude de la croissance in vitro des prothalles de *Gymnogramme calomelanos* sur des milieux à concentrations variables en alanine et en phenylalanime. Compt. Rend. Hebd. Séances Mém. Soc. Biol. 145: 300–303. (15, 19)

Sossountzov, I. 1952. Remarques sur les colonies prothalliennes de *Gymnogramme calomelanos* à "masse necrosée centrale." Compt. Rend. Hebd. Séances Mém. Soc. Biol. 146: 380–383. (22)

Sossountzov, I.1953a. Action de l'hydrazide maléique sur le développement in vitro des prothalles de fougères. Croissance des colonies prothalliennes de *Gymnogramme calomelanos*. Compt. Rend. Hebd. Séances Mém. Soc. Biol. 147: 211–213. (15, 19)

Sossountzov, I. 1953b. Action de l'hydrazide maléique sur germination in vitro des spores de *Gymnogramme calomelanos*. Compt. Rend. Hebd. Séances Mém. Soc. Biol. 147: 287–291. (05, 11)

Sossountzov, I. 1953c. Action de l'hydrazide maléique sur le développement in vitro des prothalles de fougères. Morphologie des prothalles et proportions des types prothalliennes. Compt. Rend. Hebd. Séances Mém. Soc. Biol. 147: 605–608. (15, 19, 30)

Sossountzov, I. 1953d. Remarques sur la culture in vitro des colonies prothalliennes de fougères. Présentation d'un appareil permettant la culture aseptique d'organes, d'organismes ou de tissues végétaux sur un milieu nutritif renouvelé. Compt. Rend. Hebd. Séances Mém. Soc. Biol. 147: 1001–1007. (22)

Sossountzov, I. 1953e. Action de l'hydrazide maléique sur le développement in vitro des prothalles cordiformes de *Gymnogramme calomelanos*. Compt. Rend. Hebd. Séances Mém. Soc. Biol. 147: 1007–1010. (15, 23, 30)

Sossountzov, I. 1953f. Action du glycocolle sur le développement in vitro des colonies prothalliennes de *Gymnogramme calomelanos* I. Morphologie générale et accroissement pondéral des colonies. Physiol. Pl. (Copenhagen) 6: 723–734. (30)

Sossountzov, I. 1953g. Le développement in vitro des germinations et des prothalles de *Gymnogramme calomelanos* (Filicinée, Polypodiacée) en présence d'hydrazide maleique. Phyton (Buenos Aires) 3: 1–22. (05, 15, 19)

Sossountzov, I. 1954a. Action du glycocolle sur le développement in vitro des colonies prothalliennes de *Gymnogramme calomelanos* II. Morphologie générale, sexualité et dimensions des prothalles constitutifs des colonies prothalliennes. Physiol. Pl. (Copenhagen) 7: 1–15. (23, 30)

Sossountzov, I. 1954b. Action de quelques acides aminés aliphatiques sur le développement in vitro des colonies prothalliennes de *Gymnogramme calomelanos,* Filicinée Polypodiacée. Physiol. Pl. (Copenhagen) 7: 383–396. (05, 15)

Sossountzov, I. 1954c. Le développement in vitro des colonies prothalliennes de *Gymnogramme calomelanos* en présence des acidès aspartique et glutamique et de leurs amides (asparagine et glutamine). Physiol. Pl. (Copenhagen) 7: 726–742. (05, 15, 30)

Sossountzov, I. 1955a. I. Germination in vitro des spores de *Gymnogramme calomelanos* (Filicinée, Polypodiacée) en présence d'azote ammoniacal. Compt. Rend. Hebd. Séances Mém. Soc. Biol. 149: 925–928. (03, 05)

Sossountzov, I. 1955b. II. La germination in vitro des spores de *Gymnogramme calomelanos* (Filicinée, Polypodiacée) en présence d'azote amoniacal. Compt. Rend. Hebd. Séances Mém. Soc. Biol. 149: 1121–1125. (03, 05)

Sossountzov, I. 1955c. Sexualité et dimensions des prothalles de *Gymnogramme calomelanos* (Filicinée, Polypodiacée) cultivés in vitro en présence de phenylalanine. Compt. Rend. Hebd. Séances Mém. Soc. Biol. 149: 1209–1212. (05, 15, 23, 30)

Sossountzov, I. 1955d. Sexualité et dimensions des prothalles de *Gymnogramme calomelanos* (Filicinés, Polypodiacée) cultivés sur des milieux à concentrations variables en alanine et en phenylalanine. Compt. Rend. Hebd. Séances Mém. Soc. Biol. 149: 1374–1377. (05, 15, 23, 30)

Sossountzov, I. 1956a. Action du potassium sur le gamétophyte de la fougère *Gymnogramme calomelanos.* La germination des spores en présence de concentrations variables en potassium. Compt. Rend. Hebd. Séances Mém. Soc. Biol. 150: 35–38. (03)

Sossountzov, I. 1956b. Germination in vitro des spores de *Gymnogramme calomelanos* (Filicinée, Polypodiacée) en présence d'azote ammoniacal. Compt. Rend. Hebd. Séances Mém. Soc. Biol. 150: 123–128. (03, 05)

Sossountzov, I. 1956c. Le développement in vitro des colonies prothalliennes de *Gymnogramme calomelanos* (Filicinée, Polypodiacée) en présence de mélanges binaires d'acides aminés aliphatiques. Physiol. Pl. (Copenhagen) 9: 190–197. (15)

Sossountzov, I. 1957a. La germination in vitro des spores de *Gymnogramme calomelanos* (Filicinée, Polypodiacée) dans différentes conditions d'éclairement et de nutrition. Compt. Rend. Hebd. Séances Mém. Soc. Biol. 151: 11–15. (03, 05)

Sossountzov, I. 1957b. Action de trois auxines de synthèse sur le développement in vitro des germinations de fougères. Compt. Rend. Hebd. Séances Mém. Soc. Biol. 151: 531–536. (05)

Sossountzov, I. 1957c. Le développement des prothalles de *Gymnogramme calomelanos* (Filicinée, Polypodiacée) en présence de concentrations variables en phosphore. Compt. Rend. Hebd. Séances Mém. Soc. Biol. 151: 1731–1716. (14)

Sossountzov, I. 1957d. Le développement des colonies, prothalliennes de *Gymnogramme calomelanos* (Filicinée, Polypodiacée) en présence de methylamine comme seule source d'azote. Phyton (Buenos Aires) 8: 79–96. (15)

Sossountzov, I. 1958a. Sur l'emploie de colonies prothalliennes clonales de filicinées en culture aseptique. Compt. Rend. Hebd. Séances Mém. Soc. Biol. 152: 408–413. (13, 21)

Sossountzov, I. 1958b. La croissance in vitro des colonies prothalliennes de *Gymnogramme calomelanos* (Filicinée, Polypodiacée) en présence de trois acides aminés aliphatiques. Compt. Rend. Hebd. Séances Mém. Soc. Biol. 152: 1353–1356. (15)

Sossountzov, I. 1959a. Le développement in vitro des colonies prothalliennes de *Gymnogramme calomelanos* (Filicinée, Polypodiacée) en présence de mélanges binaires d'acides aminés aliphatiques II. Sexualité et dimensions des prothalles cordiformes. Phyton (Buenos Aires) 13: 21–28. (15, 23, 30)

Sossountzov, I. 1959b. Le développement in vitro des colonies prothalliennes de *Gymnogramme calomelanos* (Filicinée, Polypodiacée) en présence de mélanges binaires d'acides aminés aliphatiques III. Proportion des prothalles filamenteux. Conclusions générales. Phyton (Buenos Aires) 13: 29–35. (15, 19)

Sossountzov, I. 1961. La germination in vitro des spores de *Gymnogramme calomelanos* (Filicinée) en présence de coumarine. Compt. Rend. Hebd. Séances Mém. Soc. Biol. 155: 1006–1010. (05)

Sossountzov, I. & P. Delaporte. 1949. Étude de la sexualité des prothalles de *Gymnogramme calomelanos* cultivés in vitro sur le milieu de Knop normal. Compt. Rend. Hebd. Séances Acad. Sci. 229: 951–953. (13, 14, 23)

Soyerman, A. 1963. Action de la penicilline sur la régénération des prothalles de *Gymnogramme calomelanos* (variété *argentea).* Compt. Rend. Hebd. Séances Acad. Sci. 257: 957–960. (15, 21)

Soyerman, A. 1964. Action de la penicilline sur la taille des colonies prothalliennes de *Gymnogramme calomelanos* (variété *argentea)* et sur les dimensions des parois des prothalles régénérés. Compt. Rend. Hebd. Séances Acad. Sci. 258: 2157–2159. (15, 21)

Soyerman, A. 1966. Action de la dihydrostreptomycine sur le gamétophyte et le sporophyte de *Gymnogramme calomelanos* (variété *argentea*) (Filicinées). Compt. Rend. Hebd. Séances Acad. Sci. 262: 2230–2233. (15)

Soyerman, A. 1968. Étude des frondes de *Gymnogramme calomelanos* (variété *argentea)* issués des prothalles soumis à l'action de la dihydrostreptomycine (DSM). Compt. Rend. Hebd. Séances Acad. Sci. 266: 1567–1569. (15, 28)

Sparrow, A. H., A. Howard, F. G. Cowie, S. S. Schwemmer & A. F. Nauman. 1975. Chromosomes and radiosensitivity. IV. A new radiotaxon represented by the ferns. Int. J. Radiat. Biol. Related Stud. Phys. 27: 343–354. (18, 27)

Sparrow, A. H., A. G. Underbrink & R. C. Sparrow. 1967. Chromosomes and radiosensitivity, I. The relationship of D_0 to chromosome volume and complexity in seventy-nine different organisms. Radiat. Res. 32: 915–945. (18, 27)

Spessard, E. A. 1917. Prothallia of *Lycopodium* in America. Bot. Gaz. (Crawfordsville) 63: 66–76. (29)

Spessard, E. A. 1922. Prothallia of *Lycopodium* in America. II. *L. lucidulum* and *L. obscurum* var. *dendroideum*. Bot. Gaz. (Crawsfordsville) 74: 392–413. (29)

Spiess, L. D. & W. G. Krouk. 1977. Photocontrol of germination of spores of the fern *Polypodium aureum*. Bot. Gaz. (Crawfordsville) 138: 428–433. (07)

Sporne, K. R. 1964. Self-fertility in a gametophyte of *Equisetum telmateia* Ehr. Nature 201: 1345–1346. (23)

Srinivasan, J. C. & P. B. Kaufman. 1978. Sex expression in *Equisetum scirpoides* in vitro. Phytomorphology 28: 331–335. (23)

Srivastava, P. 1968. Morphology of the spores and the prothalli of *Tectaria amplifolia* (v. A. v. R.) Christensen. Proc. Natl. Inst. Sci. India, B 34: 262–266. (30)

Stange, L. 1964. Regeneration in lower plants. Advances Morphogen. 4: 111–153. (21)

Stanfield, F. W. 1899. On the production of apospory by environment in *Athyrium filix-foemina* var. *unco-glomeratum,* an apparently barren fern. J. Linn. Soc., Bot. 34: 262–268. (28, 29)

Star, A. E. & P. Weber. 1978. Sporophytic exudate inhibition of gametophyte development in *Pityrogramma calomelanos*. Pl. Sci. Conf. VPI, Blacksburg, Va. [Resumen.] (15)

Steeves, T. A. & I. M. Sussex. 1952. In vitro cultures of a fern callus. Nature 170: 672–673. (22)

Steeves, T. A., I. M. Sussex & C. R. Partanen. 1955. In vitro studies of abnormal growth of prothalli of the bracken fern. Amer. J. Bot. 42: 232–245. (22)

Steil, W. N. 1911. Apogamy in *Pellaea atropurpurea*. Bot. Gaz. (Crawfordsville) 52: 400–401. (28)

Steil, W. N. 1915a. Apogamy in *Nephrodium hirtipes*. Preliminary note. Bot. Gaz. (Crawfordsville) 59: 254–255. (28)

Steil, W. N. 1915b. Some new cases of apogamy in ferns. Preliminary note. Science 41: 293–294. (28)

Steil, W. N. 1918a. Method for staining antherozoids of ferns. Bot. Gaz. (Crawfordsville) 65: 562–563. (24)

Steil, W. N. 1918b. Studies of some new cases of apogamy in ferns. Bull. Torrey Bot. Club. 45: 93–108. (28)

Steil, W. N. 1919a. Apospory in *Pteris sulcata* L. Bot. Gaz. (Crawfordsville) 67: 469–482. (28)

Steil, W. N. 1919b. On the viability of certain fern spores. Amer. Fern J. 9: 120–121. (09)

Steil, W. N. 1919c. A study of apogamy in *Nephrodium hirtipes* Hk. Ann. Bot. (London) 33: 109–132. (28)

Steil, W. N. 1921a. Vegetative reproduction and aposporous growths from the young sporophyte of *Polypodium iridoides*. Bull. Torrey Bot. Club 48: 203–205. (21, 28)

Steil, W. N. 1921b. The development of prothallia and antheridia from the sex organs of *Polypodium iridoides*. Bull. Torrey Bot. Club 48: 271–284. (28)

Steil, W. N. 1933. New cases of apogamy in certain homosporous leptosporangiate ferns. Bot. Gaz. (Crawfordsville) 95: 164–167. (28)

Steil, W. N. 1934. The archegonia of *Pellaea viridis* (Forssk.) Prantl. Bull. Torrey Bot. Club 61: 9–12. (24)

Steil, W. N. 1939. Apogamy, apospory, and parthenogenesis in the pteridophytes. Bot. Rev. (Lancaster) 5: 433–470. (28)

Steil, W. N. 1944a. Apospory and apogamy in a species of *Tectaria*. Bot. Gaz. (Crawfordsville) 105: 369–373. (28)

Steil, W. N. 1944b. Peculiar fern prothallia. Bull. Torrey Bot. Club 71: 93–98. (30)

Steil, W. N. 1949. A study of apospory in *Pteridium aquilinum*. Amer. Fern J. 39: 19–22. (28)

Steil, W. N. 1951. Apogamy, apospory and parthenogenesis in the pteridophytes. II. Bot. Rev. (Lancaster) 17: 90–104. (28)

Steil, W.N. 1952. Reproduction in *Nephrolepis cordifolia*. Amer. Fern J. 42: 86–90. (23)

Stein, B. B. 1954. Gibberellin-induced fertility in the fern *Ceratopteris thalictroides* (L.) Brongn. Pl. Physiol. (Lancaster) 48: 416–418. (15, 23)

Stein, D. B. & D. S. Barrington. 1990. Recurring hybrid formation in a population of *Polystichum* × *potteri*: evidence from chloroplast DNA comparisons. Ann. Missouri Bot. Gard. 77: 334–339. (28, 32)

Steiner, A. M. 1967a. Dose-response curves for polarotropism in germlings of a fern and a liverwort. Naturwissenschaften 54: 497. (20)

Steiner, A. M. 1967b. Action spectra for polarotropism in germlings of a fern and a liverwort. Naturwissenschaften 54: 497–498. (20)

Steiner, A. M. 1969a. Dose-response behaviour for polarotropism of the chloronema of the fern *Dryopteris filix-mas* (L.) Schott. Photochem. Photobiol. 9: 493–506. (20)

Steiner, A. M. 1969b. Action spectrum for polarotropism in the chloronema of the *Dryopteris filix-mas* (L.) Schott. Photochem. Photobiol. 9: 507–513. (20)

Steiner, A. M. 1970. Red light interactions with blue and ultraviolet light in polarotropism of germlings of a fern and a liverwort. Photochem. Photobiol. 12: 169–174. (17, 18, 20)

Stephan, J. 1928. Untersuchungen über die Lichtwirkung bestimmter Spektralbezirke und bekannter Strahlunsintensitäten auf die Keimung und das Wachstum einiger Farne und Moose. Planta 5: 381–443. (07, 17)

Stephan, J. 1929a. Keimungs und Wachstumsbeschleunigung bei *Dicksonia antarctica*. Beih. Bot. Centralbl. 45: 401–408. (33)

Stephan, J. 1929b. Entwicklungsphysiologische Untersuchungen an einigen Farnen. I. Jahrb. Wiss. Bot. 70: 707–742. (32, 33)

Stephens, E. L. & M. G. Sykes. 1910. Preliminary note on apogamy in *Pteris droogmantiana*. Ann. Bot. (London) 24: 487. (28)

Stetler, D. A. 1972. Thin-layer epoxy embedding of filamentous plant parts for light and electron microscopy. Stain Technol. 40: 270–271. (33)

Stetler, D. A. & A. E. DeMaggio. 1972. An ultrastructural study of fern gametophytes during one to two-dimensional development. Amer. J. Bot. 59: 1011–1017. (19, 26)

Stevens, R. D. & C. R. Werth. 1992. Comparison of response to the pheromone antheridiogen among populations of *Onoclea sensibilis*. ASB Bull. 39: 94–95. (29)

Stevens, R. D. & C. R. Werth. 1993. Interpopulation comparisons of antheridiogen in gametophytes of sensitive fern *Onoclea sensibilis*. Amer. J. Bot. 80(6) Suppl.: 113. (29, 32)

Stockwell, C. R. & J. H. Miller. 1974. Regions of cell wall expansion in the protonema of a fern. Amer. J. Bot. 61: 375–378. (26)

Stokey, A. G. 1918. Apogamy in the Cyatheaceae. Bot. Gaz. (Crawfordsville) 65: 97–102. (28)

Stokey, A. G. 1930. Prothallia of the Cyatheaceae. Bot. Gaz. (Crawfordsville) 90: 1–45. (30)

Stokey, A. G. 1940. Spore germination and vegetative stages of the gametophytes of *Hymenophyllum* and *Trichomanes*. Bot. Gaz. (Crawfordsville) 101: 759–790. (30)

Stokey, A. G. 1942. Gametophytes of *Marattia sambucina* and *Macroglossum smithii*. Bot. Gaz. (Crawfordsville) 103: 559–569. (30)

Stokey, A. G. 1945. The gametophytes of *Dipteris conjugatum*. Bot. Gaz. (Crawfordsville) 106: 402–411. (30)

Stokey, A. G. 1948a. Reproductive structures of the gametophytes of *Hymenophyllum* and *Trichomanes*. Bot. Gaz. (Crawfordsville) 109: 363–380. (23, 30)

Stokey, A. G. 1948b. The gametophytes of *Actinopteris australis* (L. fil.) Link. J. Indian Bot. Soc. 27: 40–49. (30)

Stokey, A. G. 1950. The gametophyte of the Gleicheniaceae. Bull. Torrey Bot. Club 77: 323–339. (30)

Stokey, A. G. 1951a. Duration of viability of spores of the Osmundaceae. Amer. Fern J. 41: 111–115. (09)

Stokey, A. G. 1951b. The contribution by the gametophyte to classification of the homosporous ferns. Phytomorphology 1: 39–58. (30, 33)

Stokey, A. G. 1959. *Polypodium pectinatum* and *P. plumula*—Polypodiaceae or Grammitidaceae. Amer. Fern J. 49: 142–146. (30, 33)

Stokey, A. G. 1960. Multicellular and branched hairs on the fern gametophyte. Amer. Fern J. 50: 78–87. (30)

Stokey, A. G. & L. R. Atkinson. 1952a. The gametophyte of *Stenochlaena palustris* (Burm.) Bedd. Phytomorphology 2: 1–9. (30)

Stokey, A. G. & L. R. Atkinson. 1952b. The gametophyte of *Blechnum spicant* (L.) Wither and *B. buchtienii* Rosenst. Phytomorphology 2: 9–15. (30)

Stokey, A. G. & L. R. Atkinson. 1952c. The gametophyte of *Acrostichum speciosum* Willd. Phytomorphology 2: 105–113. (30)

Stokey, A. G. & L. R. Atkinson. 1952d. The gametophyte and young sporophyte of *Matonia pectinata* R. Br. Phytomorphology 2: 138–150. (30)

Stokey, A. G. & L. R. Atkinson. 1954a. The gametophyte of five species of *Platycerium*. Phytomorphology 4: 165–172. (30)

Stokey, A. G. & L. R. Atkinson. 1954b. The gametophyte of *Cheiropleuria bicuspis* (Bl.) Presl. Phytomorphology 4: 192–201. (30)

Stokey, A. G. & L. R. Atkinson. 1954c. The gametophyte of *Didymochlaena sinuata* Desv. Phytomorphology 4: 310–315. (30)

Stokey, A. G. & L. R. Atkinson. 1956a. The gametophyte of the Osmundaceae. Phytomorphology 6: 19–40. (30)

Stokey, A. G. & L. R. Atkinson. 1956b. The gametophyte of *Plagiogyria glauca* (Bl.) Mett. and *P. semicordata* (Pr.) Christ. Phytomorphology 6: 239–249. (30)

Stokey, A. G. & L. R. Atkinson. 1956c. The gametophyte of *Loxsoma cunninghami* R. Br. and *Loxomopsis costaricensis* Christ. Phytomorphology 6: 249–261. (30)

Stokey, A. G. & L. R. Atkinson. 1957. The gametophyte of some American species of *Elaphoglossum* and *Rhipidopteris*. Phytomorphology 7: 275–292. (30)

Stokey, A. G. & L. R. Atkinson. 1958. The gametophyte of the Grammitidaceae. Phytomorphology 8: 391–403. (30)

Stokey, A. G. & L. R. Atkinson. 1964. Comparative morphology of the gametophyte of homosporous ferns. Phytomorphology 14: 51–70. (30)
Stokey, A. G. & A. M. Starr. 1924a. I. Le prothalle de *Lycopodium cernuum* L. Ann. Jard. Bot. Buitenzorg 4: 107–138. (30)
Stokey, A. G. & A. M. Starr. 1924b. *Lycopodium* prothallia in Western Massachusettss. Bot. Gaz. (Crawfordsville) 77: 80–88. (29, 30).
Stolwijk, J. A. J. 1954. Antagonistic effects of supplementary light of various wavelengths. Proc. VIII Int. Bot. Congr. 320–321. [Resumen.] (07, 17)
Stone, I. G. 1958. The gametophyte and embryo of *Polyphlebium venosum* (R. Br.) Copeland (Hymenophyllaceae). Austral. J. Bot. 6: 183–203. (30)
Stone, I. G. 1960. Observations on the gametophyte of *Grammitis billardieri* Willd. and *Ctenopteris heterophylla* (Labill.) Tindale (Grammitidaceae). Austral. J. Bot. 8: 11–37. (30)
Stone, I. G. 1961. The gametophytes of the Victorian Blechnaceae. I. *Blechnum nudum* (Labill.) Luerss. Austral. J. Bot. 9: 20–36. (30)
Stone, I. G. 1962. The ontogeny of the antheridium in some leptosporangiate ferns with particular reference to the funnel-shaped wall. Austral. J. Bot. 10: 76–92. (24)
Stone, I. G. 1965. The gametophyte of the Victorian Hymenophyllaceae. Austral. J. Bot. 13: 195–224. (30)
Stone, I. G. 1969. The gametophyte of the Victorian Blechnaceae. II. *Doodia aspera* R. Br., *D. media* R. Br., and *D. caudata* R. Br.: a comparison with three extra-Australian genera: *Brainea, Sadleria* and *Woodwardia*. Austral. J. Bot. 17: 31–57. (30)
Strasburger, E. 1858. Die Befruchtung bei Farnkrautern, Mém. Acad. Imp. Sci. Saint Pétersbourg, Sér. 6, Sci. Math., Seconde Pt. Sci. Nat. 7: 1014. (23)
Strasburger, E. 1870. Die Befruchtung bei den Farrnkrautern. Jahrb. Wiss. Bot. 7: 390–408. (23)
Strasburger, E. 1907. Apogamie bei *Marsilea*. Flora 97: 123–191. (28)
Strickler, B. 1946. Responses of *Pteris longifolia* to applications of ammonium 2,4-dichlorophenoxyacetic acid. Bot. Gaz. (Crawfordsville) 108: 101–114. (05, 15)
Sugai. M. 1968a. The changes of respiratory quotient during the early development in fern gametophytes. Embryologia 10: 138–146. (32)
Sugai, M. 1968b. Photomorphogenesis in *Pteris vittata*. II. Recovery from blue light induced inhibition of spore germination. Pl. Cell. Physiol. 9: 671–680. (07)
Sugai, M. 1970. Photomorphogenesis in *Pteris vittata* III. Protective action of ethanol on blue light-induced inhibition of spore germination. Developm. Growth & Different. 12: 13–20. (05, 07)
Sugai, M. 1971. Photomorphogenesis in *Pteris vittata* IV. Action spectra for inhibition of phytochrome-dependent spore germination. Pl. Cell Physiol. 12: 103–109. (05)
Sugai, M. 1982. Effects of anaerobiosis and respiratory inhibitors on blue-light inhibition of spore germination in *Pteris vittata*. Pl. Cell Physiol. 23: 1155–1160. (05, 07, 12)
Sugai, M. & M. Furuya. 1967. Phytochrome-mediated spore germination and blue-light interaction. Pl. Cell Physiol. 8: 737–748. (05, 07)
Sugai, M. & M. Furuya. 1968. Photomorphogenesis in *Pteris vittata* II. Recovery from blue light-induced inhibition of spore germination. Pl. Cell Physiol. 9: 671–680. (07)
Sugai, M. & M. Furuya. 1985. Action spectrum in ultraviolet and blue light region for the inhibition of red-light-induced spore germination in *Adiantum capillus-veneris* L. Pl. Cell Physiol. 26: 953–956. (07, 08)
Sugai, M., K. Nakamura, H. Yamane, Y. Sato. & N. Takahashi. 1987. Effects of gibberellins and their methyl esters on dark germination and antheridium formation in *Lygodium japonicum* and *Anemia phyllitidis*. Pl. Cell Physiol. 28: 199–202. (08, 23, 24)
Sugai, M., K. Takeno & M. Furuya. 1977. Diverse responses of spores in the light-dependent germination of *Lygodium japonicum*. Pl. Sci. Lett. 8: 333–338. (07)
Sugai, M., K.-I, Tomizawa, M. Watanabe & M. Furuya. 1984. Action spectrum between 250 and 800 nanometers for photoinduced inhibition of spore germination in *Pteris vittata*. Pl. Cell Physiol. 25: 205–212. (07)
Sugai, T. & M. Mori. 1984. Both enantiomers of B-hydroxy hexadecenoic acid inhibit the spore germination of *Lygodium japonicum*. Agric. Biol. Chem. 48: 2155–2156. (05)
Sulklyan, D. S. & P. N. Mehra. 1977. In vitro morphogenetic studies in *Nephrolepis cordifolia*. Phytomorphology 27: 396–407. (30, 33)
Sussex, T. M. & T. A. Steeves. 1953. Experimental and analytical studies of pteridophytes XXI. Sterile cultures of an abnormal growth from the gametophyte of bracken. Ann. Bot. (London), n.s. 17: 395–401. (22)
Sussman, A. S. 1965a. Physiology of dormancy and germination in the propagules of cryptogamic plants. In *Handbuch der Pflanzenphysiologie*, W. Ruhland (ed.), 15(2): 933–1025. Springer-Verlag. (12, 32)
Sussman, A. S. 1965b. Longevity and resistance of the propagules of bryophytes and pteridophytes. In *Handbuch der Pflanzenphysiologie*, W. Ruhland (ed.), 15(2): 1086–1099. Springer-Verlag. (09)

Suzuki, T. & K. Iwatsuki. 1990. Genetic variation in agamosporous fern *Pteris cretica* L. in Japan. Heredity 65: 221–227. (27, 28)
Swami, P. & V. Raghavan. 1980. Control of morphogenesis in the gametophyte of a fern by light and growth hormones. Canad. J. Bot. 58: 1464–1473. (15, 17)
Swatzell, L. J. & J. Z. Kiss. 1995. The relationship of endophytic fungi to the gametophyte of the fern *Schizaea pusilla*. Pl. Physiol., Suppl. 108: 92. (29)
Takahashi, C. 1961a. Chromosome study on induced apospory in the bracken fern. Kromosomo 48: 1602–1605. (27, 28)
Takahashi, C. 1961b. The growth of protonema cells and rhizoids in bracken. Cytologia 26: 62–66. (11, 19)
Takahashi, C. 1962. Cytological studies on induced apospory in ferns. Cytologia 27: 79–96. (26, 27, 28)
Takahashi, C. 1968. Correlative effects among organs in a fern sporophyte on the induction of apospory. Bot. Mag. (Tokyo) 81: 600–602. (28)
Takahashi, C. 1969. Studies on the regeneration of detached organs in pteridophytes (1). *Pteris vittata*, *Lygodium japonicum* and *Equisetum arvense*. J. Jap. Bot. 44: 149–158. (21)
Takei, M. 1989. Studies on the regeneration of the calli induced from epidermal cells of leaves of *Lepisorus thunbergianus* II. Chromosomal stability in sporophytes and gametophytes regenerated. Cytologia 54: 135–144. (22, 26)
Takei, M. & R. Tanaka. 1974. On the constancy of DNA content in prothallial cells of *Microlepia marginata*. J. Sci. Hiroshima Univ., Ser. B. Div. 2, Bot. 15: 1–7. (32)
Takeno, K. & M. Furuya. 1975. Bioassay of antheridiogen in *Lygodium japonicum*. Developm. Growth & Different. 17: 9–18.(15, 32)
Takeno, K. & M. Furuya. 1977a. Antheridiogens in ferns. Chem. Regulat. Pl. 12: 16–28. [En japonés.] (15, 32)
Takeno, K. & M. Furuya. 1977b. Inhibitory effects of gibberelline on archegonial differentiation in *Lygodium japonicum*. Physiol. Pl. (Kyoto) 39: 135–138. (15, 23, 24)
Takeno, K. & M. Furuya. 1980. Sexual differentiation in a population of prothallia in *Lygodium japonicum*. Bot. Mag. (Tokyo) 93: 67–76. (23, 24)
Takeno, K. & M. Furuya. 1987. Sporophyte formation in experimentally-induced unisexual female and bisexual gametophytes of *Lygodium japonicum*. Bot. Mag. (Tokyo) 100: 37–41. (23)
Takeno, F., M. Furuya, H. Yamane & N. Takahashi. 1979. Evidence for naturally occurring inhibitors of archegonial differentiation in *Lygodium japonicum*. Physiol. Pl. (Kyoto) 45: 305–310. (15, 23, 24)
Templeman, T. S., A. E. De Maggio & D. A. Stetler. 1987. Biochemistry of fern spore germination: globulin storage proteins in *Matteuccia struthiopteris* L. Pl. Physiol. (Lancaster) 85: 343–349. (12)
Templeman, T. S. & A. E. DeMaggio. 1990. Biochemistry of fern spore proteins: globulin storage proteins in *Onoclea sensibilis* and *Osmunda cinnamomea*. Amer. J. Bot. 77: 284–287. (32)
Teodoresco, E.-C. 1929. Observations sur la croissance des plantes aux lumières de diverses longeurs d'onde. Ann. Sci. Nat., Bot., Sér. 10, 11: 201–335. (07, 17)
Thom, C. 1899. The process of fertilization in *Aspidium* and *Adiantum*. Trans. Acad. Sci. St. Louis 9: 285–314. (23)
Thomas, A. P. W. 1901. Preliminary account of the prothallium of *Phylloglossum*. Proc. Roy. Soc. London 69: 285–290. (30)
Thomas, A. P. W. 1902. An alga-like fern-prothallium. Ann. Bot. (London) 16: 165–170. (19, 30)
Thomson, B. F. 1943. Development of sorus and prothallium of *Acrophorus stipellatus*. Bot. Gaz. (Crawfordsville) 104: 437–442. (30)
Tigerschiöld, E. 1989a. Dehiscence of antheridia in thelypteroid ferns. Nordic J. Bot. 9: 407–412. (24)
Tigerschiöld, E. 1989b. Scanning electron microscopy of gametophyte characters and antheridial opening in some Ceylonese species of Thelypteridaceae. Nordic J. Bot. 8: 639–648. (24, 26)
Tigerschiöld, E. 1989b. Micromorphology of gametophytes and antheridial dehiscence in Thelypteridaceae. Tesis doctoral, University of Stockholm. (24, 30)
Tigerschiöld, E. 1990. Gametophytes of some Ceylonese species of Thelypteridaceae. Nordic J. Bot. 9: 657–664. (30)
Tilquin, J. P. 1981. Note on apomixis in ferns. Acta Soc. Bot. Poloniae 50: 217–222. (28)
Tittle, F. L. 1987. Auxin-stimulated ethylene production in fern gametophytes and sporophytes. Physiol. Pl. (Copenhagen) 70: 499–502. (15, 32)
Toia, R. E., Jr., B. H. Marsh, S. H. Perkins. J. W. McDonald & G. A. Peters. 1985. Sporopollenin content of the spore apparatus of *Azolla*. Amer. Fern J. 75: 38–43. (12)
Tomizawa, K., K. Manabe & M. Sugai. 1982. Changes in phytochrome content during imbibition in spores of the fern *Lygodium japonicum*. Pl. Cell Physiol. 23: 1305–1308. (12)
Tomizawa, K., M. Sugai & K. Manabe. 1983. Relationship between germination and Pfr level in spores of the fern *Lygodium japonicum*. Pl. Cell Physiol. 24: 1043–1048. (12)
Tourte, Y. 1967. Contribution à l'étude de la sexualité d'une fougère leptosporangiée en culture pure. Rev. Gén. Bot. 74: 197–223. (23)
Tourte, Y. 1968. Observations sur le comportement du noyaux, des plastes et des mitochondries au cours

de la maturation de l'oosphère du *Pteridium aquilinum* L. Compt. Rend. Hebd. Séances Acad. Sci. 266: 2324–2326. (24, 26)

Tourte, Y. 1970a. Evolution des structures nucleaires au cours de la gametogenèse femelle du *Pteridium aquilinum*. Bull. Soc. Bot. France 117: 199–208. (24, 26)

Tourte, Y. 1970b. Nature, origine et évolution d'enclaves cytoplasmiques particulières aux cours de l'oogenèse chez le *Pteridium aquilinum* L. Rev. Cytol. Biol. Vég. 33: 311–324. (24, 26)

Tourte, Y. 1971. Quelques aspects cytologiques infrastructuraux au cours de la fécondation chez le *Pteridium aquilinum* L. Compt. Rend. Hebd. Séances Acad. Sci. 272: 1236–1239. (26)

Tourte, Y. 1972a. Les sécrétions mucilagineuses dans l'organe reproducteur femelle d'une fougère: étude infrastructurale. J. Microscop. 15: 377–394. (26)

Tourte, Y. 1972b. Quelques problèmes cytologiques de la gamétogenèse chez les fougères. Bull. Soc. Bot. France 119: 353–362. (26)

Tourte, Y. 1975a. Étude ultrastructural de l'oogenèse chez une pteridophyte: le *Pteridium aquilinum* (L.) Kuhn. I. Evolution des structures nucléaires. J. Microscop. Biol. Cell. 22: 87–108. (26)

Tourte, Y. 1975b. Étude infrastructurale de l'oogenèse chez une pteridophyte. III. Evolution des mitochondries et des plastes. J. Microscop. Biol. Cell. 23: 301–316. (26)

Tourte, Y. 1976. Structures particulières du reticulum endoplasmique et dégénérescence des oosphères chez le *Pteridium aquilinum* (L.) Kuhn. Bull. Soc. Bot. France 123: 355–363. (26)

Tourte, Y., J. Andres-Kuligowski & L. Sossountzov. 1971. Quelques aspects de l'oogenèse chez le *Marsilea vestita* (Hook. & Grev.) Ann. Univ. Reims Arers 9: 5–11. (26)

Tourte, Y. & G. Hurel-Py. 1967. Ontogénie et ultrastructure de l'appareil cinétique des spermatozoides du *Pteridium aquilinum* L. Compt. Rend. Hebd. Séances Acad. Sci. 265: 1289–1292. (24, 26)

Tourte, Y., J. Andres-Kuligowski & C. Barbier-Raymond. 1980. Comportement différentiel des chromatines paternelles et maternelles au cours de l'embryogenése d'une fougère: le *Marsilea*. Eur. J. Cell. Biol. 21: 28–36. (23, 26)

Tourte, Y. & B. Vaudois. 1980. Abnormal structures in the flagellar apparatus of the spermatozoa of two ferns. Cytobios 26: 175–184. (24, 26)

Towill, L. R. 1975. Photocontrol of germination of *Onoclea sensibilis* spores. II. Analysis of germination processes by means of anaerobiosis. Pl. Physiol. 55: 150–154. (07)

Towill, L. R. 1978. Temperature and photocontrol of *Onoclea sensibilis* spore germination. Pl. Physiol. 62: 116–119. (02, 07)

Towill, L. R. 1980. Analysis of starch accumulation and germination in *Onoclea* spores. Amer. J. Bot. 67: 88–94. (12)

Towill, L. R. 1985. Mobilisation of carbohydrate during germination of spores of *Onoclea sensibilis* L. Proc. Roy. Soc. Edinburgh, B 86: 203–212. (12)

Towill, L. R. 1989. Accumulation of reserves during *Onoclea* spore development. Pl. Physiol. (Lancaster) Suppl. 89: 101. [Resumen.] (32)

Towill, L. R. & H. Ikuma. 1972. Photocontrol of the germination of *Onoclea* spores. Pl. Physiol. (Lancaster) 49: 63. (07)

Towill, L. R. & H. Ikuma. 1973. Photocontrol of the germination of *Onoclea* spores I. Action spectrum. Pl. Physiol. (Lancaster) 51: 973–978. (07)

Towill, L. R. & H. Ikuma. 1975a. Photocontrol of the germination of *Onoclea* spores II. Analysis of germination processes by means of anaerobiosis. Pl. Physiol. (Lancaster) 55: 150–154. (07, 12)

Towill, L. R. & H. Ikuma. 1975b. Photocontrol of germination of *Onoclea* spores III. Analysis of germination processes by means of cycloheximide. Pl. Physiol. (Lancaster) 55: 803–808. (07, 12)

Towill, L. R. & H. Ikuma. 1975c. Photocontrol of the germination of *Onoclea* spores IV. Metabolic changes during germination. Pl. Physiol. (Lancaster) 56: 468–473. (07, 12)

Treanor, L. L. & D. P. Whittier. 1969. The effect of mineral nutrition on apogamy in *Pteridium*. Canad. J. Bot. 47: 773–777. (14, 28)

Treub, M. 1884. Étude sur les Lycopodiacées. I. Le prothalle du *Lycopodium cernuum* L. Ann. Jard. Bot. Buitenzorg 4: 107–138. (30)

Treub, M. 1886. Étude sur les Lycopodiacées. II. Le prothalle du *Lycopodium phlegmaria* L. Ann. Jard. Bot. Buitenzorg 5: 87–114. (30)

Treub, M. 1888a. Étude sur les Lycopodiacées. IV. Le prothalle du *Lycopodium salakense*. Ann. Jard. Bot. Buitenzorg 7: 141–146. (30)

Treub, M. 1888b. Étude sur les Lycopodiacées. V. Les prothalles du *Lycopodium carinatum*, *L. nummularifolium* et *L. hippuris*. Ann. Jard. Bot. Buitenzorg. 7: 146–150. (30)

Trivedi, B. S. & U. Bajpai. 1977. Ultrastructural study on effects of colchicine on gametophytes of *Lygodium flexuosum*. Phytomorphology 27: 337–343. (15, 26)

Trivedi, B. S. & U. Kher. 1975. Morphology and germination of *Pteris cretica* spores. Curr. Sci. 44: 242–243. (30)

Trivedi, B. S. & U. Kher. 1976a. Effects of gibberellic acid on the ultrastructural morphology of the cells of *Lygodium flexuosum* (L.) Sw. gametophyte. Curr. Sci. 46: 85–86. (15, 26)

Trivedi, B. S. & U. Kher. 1976b. Effect of strong magnets on the ultrastructure of plastids of

Lygodium flexuosum gametophytes. Phytomorphology 26: 220–224. (26)

Troll, W. 1932. Brutkërperbildends Prothallien bei *Antrophyum callifolium* Bl. Flora 126: 371–379. (30, 33)

Tryon, A. F. 1947. Glandular prothalli of *Notholaena standleyi*. Amer. Fern J. 37: 88–89. (30)

Tryon, A. F. 1964. *Platyzoma*—a Queensland fern with incipient heterospory. Amer. J. Bot. 51: 939–942. (30, 33)

Tryon, A. F. 1968. Comparisons of sexual and apogamous races in the fern genus *Pellaea*. Rhodora 70: 1–24. (23, 28)

Tryon, A. F. & D. M. Britton. 1958. Cytotaxonomic studies on the fern genus *Pellaea*. Evolution 12: 137–145. (27)

Tryon, R. M. & G. Vitale. 1977. Evidence for antheridogen production and its mediation of a mating system in natural populations of fern gametophytes. Bot. J. Linn. Soc. 74: 243–249. (15, 23, 29)

Tryon, R., B. Voeller, A. Tryon & R. Riba. 1973. Fern biology in Mexico. BioScience 23: 28–33. (33)

Tucker, E. B. 1989. Role of cell-to-cell communication in fern gametophyte morphogenesis. J. Cell Biol. 4: 49A. [Resumen.] (19, 26, 32)

Twiss, E. M. 1910. The prothallia of *Aneimia* and *Lygodium*. Bot. Gaz. (Crawfordsville) 49: 168–181. (30)

Van Hoek, L. 1977. Settling of *Equisetum telmateia* EHRH by means of gametophyte culture. Acta Bot. Neerl. 26: 83–87. (32)

Vaudois, B. 1963. Modifications cellulaires provoquées par le repiquage dans des prothalles de *Gymnogramme calomelanos* (Filicinées) en culture aseptique. Compt. Rend. Hebd. Séances Acad. Sci. 256: 251–253. (26)

Vaudois, B. 1964. Modifications des noyaux et des nucléoles, provoquées par le repiquage dans le prothalle de *Lygodium scandens* (Filicinées). Rev. Gén. Bot. 71: 592–599. (26)

Vaudois, B. 1969. Contribution à l'étude de la régénération du prothalle de *Lygodium japonicum* (Filicinées) I. Étude en microscopie photonique. Rev. Gén. Bot. 76: 361–415. (21)

Vaudois, B. 1983. Transitory coenocyte during spermiogenesis of a leptosporangiate fern. Cytobios 38: 21–31. (24)

Vaudois, B. & S. Laurent. 1976. Étude comparative de l'appareil vacuolaire et de son contenu phénolique au cours des phases de la régénération expérimentale d'un prothalle de *Lygodium japonicum* Sw. (Filicinées). Bull. Soc. Bot. France 123: 219–234. (26)

Vaudois, B. & Y. Tourte. 1976. La "paroi spéciale" de l'oosphere d'une pteridophyte; nature, activité et rôle possible. Bull. Soc. Bot. France 123: 81–92. (24, 26)

Vaudois, B. & Y. Tourte. 1979. Spermatogenesis in a pteridophyte. 1. First stages of the motile apparatus. Cytobios 24: 143–156. (23, 24)

Vaughn, K. C. & K. S. Renzaglia. 1993. Centrin in spermatogenesis of archegoniates. Amer. J. Bot. 80(6) suppl. 6: 38. (24)

Vazart, J. 1952. Structure d'archégone et déroulement de la fécondation chez quelques Polypodiacées. Compt. Rend. Hebd. Séances Acad. Sci. 235: 316–318. (23, 24)

Vazart, J. 1963. 1983. Differentiation des cellules sexuelles et fécondation chez les cryptogames. Protoplasmatologia 7, 3b: 1–363. (23, 24)

Vazart, J. 1964. Étude cytologique de la reproduction sexuée chez quelques pteridophytes. Rev. Cytol. Biol. Vég. 17: 263–402. (23, 26)

Vazart, J. 1964. Données sur le développement et l'infrastructure de l'appareil cinétique dans les spermatides du *Polypodium vulgare*. Compt. Rend. Hebd. Séances Acad. Sci. 259: 631–634. (26)

Vazquez, E. G. 1974. Increase and multiply—3. A fern is born. Gard. J. New York Bot. Gard. 24: 82–83. (23, 33)

Verma, S. C. 1977. Cytology and reproduction of *Cheilanthes farinosa* from Yemen. Fern Gaz. 11: 325–380. (23, 26)

Verma, S. C. 1978. Chromosome behaviour in fern *Adiantum capillus-veneris* homozygotes and heterozygotes. Nucleus 21: 147–151. (27)

Verma, S. C. 1985. The gametophyte in relation to colonising habitat in Himalayan ferns: relevance to reproductive biology. Proc. Roy. Soc. Edinburgh, B 86: 470–471. [Resumen.] (29)

Verma, S. C. & S. K. Kapur. 1972. Genetic systems in homosporous ferns. III. Comparative study of breeding systems in three adiantaceous ferns. In *Biology of Land Plants*, pp. 227–240. (23, 27)

Verma, S. C. & S. P. Khullar. 1966. Ontogeny of the polypodiaceous fern antheridium with particular reference to some Adiantaceae. Phytomorphology 16: 302–314. (23, 24)

Verma, S. C. & S. P. Khullar. 1976. Adaptive significance of simultaneous cytokinesis in pteridophytes. Phytomorphology 26: 96–102. (26, 29)

Vladesco, A. 1932. Observations sur le développement de *Scolopendrium vulgare* Sm. Bull. Bi-Mens. Soc. Linn. Lyon 10: 28–29. (33)

Vladesco, A. 1934. Cultures expérimentelles de fougères; formation de prothalles aposporiques. Compt. Rend. Hebd. Séances Acad. Sci, 199: 220–222. (28)

Voegler, C. 1891. Beitrage zur Kenntinies der Reizercheinung. Bot. Zeitung (Berlin) 49: 641–649. (33)

Voeller, B. R. 1964a. Antheridogens in ferns. In *Regulateurs Naturels de la Croissance Végétale*, pp. 665–684. 5th Int. Congr. Pl. Growth Subst. Gif-sur-Yvette. (15, 32)

Voeller, B. R. 1964b. Gibberellins: their effect on antheridium formation in fern gametophytes. Science 143: 373–375. (15, 24, 32)

Voeller, B. R. 1966. Gibberellins and growth in ferns. In *Proceedings of the International Symposium on Plant Stimulation*, pp. 247–258. Sophia. (15, 24, 32)

Voeller, B. R. 1971. Developmental physiology of fern gametophytes: relevance for biology. BioScience 21: 266–270. (32, 33)

Voeller, B. R. & E. S. Weinberg. 1967. Antheridium induction and the number of sperms per antheridium in *Anemia phyllitidis*. Amer. Fern J. 57: 107–112. (23, 24)

Voeller, B. R. & E. S. Weinberg. 1969. Evolutionary and physiological aspects of antheridium induction in ferns. In *Current Topics in Plant Science*, (J. E. Gunckel, ed.), pp. 77–93. Academic Press, New York. (23, 24, 27, 32)

Vogel, J. C., S. Jessen, M. Gibby, A. C. Jermy & L. Ellis. 1993. Gametophytes of *Trichomanes speciosum* (Hymenophyllaceae: Pteridophyta) in central Europe. Fern Gaz. 14: 227–232. (29, 30)

Vogelien, D. L., L. G. Hickok, R. M. Auge, A.J. W. Stodola & D. Hendrix. 1993. Solute analysis and water relations of gametophyte mutants tolerant to NaCl in the fern *Ceratopteris richardii*. Pl. Cell Environm. 16: 959–966. (32)

Vogelmann, T. C., A. R. Bassel & J. H. Miller. 1981. Effects of microtubule inhibitors on nuclear migration and rhizoid differentiation in germinating fern spores (*Onoclea sensibilis*). Protoplasma 109: 295–316. (05, 11)

Vogelmann, T. C. & J. H. Miller. 1980. Nuclear migration in germinating spores of *Onoclea sensibilis*: the path and kinetics of movement. Amer. J. Bot. 67: 648–652. (10, 26)

Vogelmann, T. C. & J. H. Miller. 1981. The effects of methanol on spore germination and rhizoid differentiation in *Onoclea sensibilis*. Amer. J. Bot. 68: 1177–1183. (05, 11)

Von Aderkas, P. 1983. Studies of gametophytes of *Matteuccia struthiopteris* (ostrich fern) in nature and in culture. Canad. J. Bot. 61: 3267–3270. (29, 30)

Von Aderkas, P. 1984. Promotion of apogamy in *Matteuccia struthiopteris*, the ostrich fern. Amer. Fern J. 74: 1–6. (28)

Von Aderkas, P. 1986. Enhancement of apospory in liquid culture of *Matteuccia struthiopteris*. Ann. Bot. (London), n.s. 57: 505–510. (28)

Von Aderkas, P. & E. G. Cutter. 1983a. The role of the meristem in gametophyte development of the Osmundaceae fern *Todea barbara* (L.) Moore. Bot. Gaz. (Crawfordsville) 144: 519–524. (19)

Von Aderkas, P. & E. G. Cutter. 1983b. Gametophyte plasticity and its bearing on sex expression in *Todea barbara* (L.) Moore. Bot. Gaz. (Crawfordsville) 144: 525–532. (23, 30)

Von Aderkas, P. & V. Raghavan. 1985. Spore germination and early development of the gametophyte of *Schizaea pusilla*. Amer. J. Bot. 72: 1067–1073. (30)

Von Deimling, A. & H. Mohr. 1967. Eine Analyse der durch Blaulicht bewirkten Steigerung der Proteinsynthese bei Farnvorkeimen auf der Ebene der Aminosäuren. Planta 76: 269–284. (15, 17, 32)

Von Witsch, H. & J. Rintelen. 1962. Die Entwicklung von Farnprothallien unter Gibberellineinfluss. Planta 59: 115–118. (15)

Vondy, K. P., P. R. Bell & J. S. Hyams. 1985. An investigation of the molecular events during spermatogenesis in *Marsilea vestita*. Proc. Roy. Soc. Edinburgh, B 86: 51. (24, 32)

Wada, M. 1985. Photoresponses in cell cycle regulation. Proc. Roy. Soc. Edinburgh, B 86: 231–235. (07, 17)

Wada, M., J. Hayami & A. Kadota. 1984. Returning dark-induced cell cycle to the beginning of G1 phase by red light irradiation in fern *Adiantum* protonemata. Pl. Cell Physiol. 25: 1053–1058. (07, 17)

Wada, M. & M. Furuya. 1970. Photocontrol of the orientation of cell division in *Adiantum*. I. Effects of the dark and red periods in the apical cell of gametophytes. Developm. Growth & Different. 12: 109–118. (07, 17)

Wada, M. & M. Furuya. 1971. Photocontrol of the orientation of cell division in *Adiantum* II. Effects of the direction of white light on the apical cell of gametophytes. Planta 98: 177–185. (07, 17, 19)

Wada, M. & M. Furuya. 1972. Phytochrome action on the timing of cell division in *Adiantum* gametophytes. Pl. Physiol. (Lancaster) 49: 110–113. (15, 19)

Wada, M. & M. Furuya. 1973. Photocontrol of the orientation of cell division in *Adiantum* III. Effects of metabolic inhibitors. Developm. Growth & Different. 15: 73–80. (07, 15, 17)

Wada, M. & M. Furuya. 1974. Action spectrum for the timing of photo-induced cell division in *Adiantum* gametophytes. Physiol. Pl. (Kyoto) 32: 377–381. (07, 17)

Wada, M. & M. Furuya. 1978. Effects of narrow-beam irradiations with blue and far-red light on the timing of cell division in *Adiantum* gametophytes. Planta 138: 85–90. (17, 19)

Wada, M., A. Kadota & M. Furuya. 1978. Apical growth of protonemata in *Adiantum capillus-veneris* II. Action spectra for the induction of apical swelling and the intracellular photoreceptive site. Bot. Mag. (Tokyo) 91: 113–120. (17, 19)

Wada, M., A. Kadota & M. Furuya. 1981. Intracellular photoreceptive site for polarotropism in protonema of the fern *Adiantum capillus-veneris* L. Pl. Cell Physiol. 22: 1481–1488. (17, 19, 20)

Wada, M., A. Kadota & M. Furuya. 1983. Intracellular localization and dichroic orientation of phytochrome in plasma membrane and/or ectoplasm of a centrifuged protonema of fern *Adiantum capillus-veneris* L. Pl. Cell Physiol. 24: 1441–1447. (26)

Wada, M., Y. Mineyuki & M. Furuya. 1982. Change in the rate of organelle movement during progression of the cell cycle in *Adiantum* protonemata. Protoplasma 113: 132–136. (32)

Wada, M., A. Mineyuki, A. Kadota & M. Furuya. 1980. The changes of nuclear position and distribution of circumferentially aligned cortical microtubules during the progression of cell cycles in *Adiantum* protonemata. Bot. Mag. (Tokyo) 93: 237–245. (26, 32)

Wada, M. & T. P. O'Brien. 1975. Observations on the structure of the protonema of *Adiantum capillus-veneris* L. undergoing cell division following white-light irradiation. Planta 126: 213–227. (17, 30)

Wada, M. & L. A. Staehelin. 1981. Freeze-fracture observations on the plasma membrane, the cell wall and the cuticle of growing protonemata of *Adiantum capillus-veneris* L. Planta 151: 462–468. (26)

Wada, M., H. Shimizu, H. Abe, A. Kadota & N. Kondo. 1986. A model system to study the effect of SO on plant cells. I. Experimental conditions in the case of fern gametophytes. Environ. Cont. Biol. 24: 95–102. (03)

Wada, M., H. Shimizu & N. Kondo. 1987. A model system to study the effect of SO on plant cells. II. Effect of sulfite on fern spore germination and rhizoid development. Bot. Mag. (Tokyo) 100: 51–62. (03)

Wada, M., T. Murata & M. Shibata. 1990. Changes in microtubule and microfibril arrangement during polarotropism in *Adiantum* protonemata. Bot. Mag. (Tokyo) 103: 391–402. (20, 26)

Wada, M., T. Murata, H. Shimizu & N. Kondo. 1990a. A model system to study the effect of sulfur dioxide on plant cells III. Effects of sulfite on the ultrastructure of fern protonemal cells. Bot. Mag. (Tokyo) 103 (1072): 403–418. (14)

Wadhwani, C. & T. N. Bhardwaja. 1981. Effect of *Lantana camara* L. extract on fern spore germination. Experientia 37: 245–246. (05, 15)

Wadhwani, C., T. N. Bhardwaja & S. K. Mahna. 1981. Growth and morphogenetic responses of fern gametophytes treated with extract of *Lantana camara*. Phytomorphology 31: 51–55. (05, 15)

Wagner, W. H., Jr. 1968. The gametophyte of *Trichomanes holopterum* Kunze. Bot. Gaz. (Crawfordsville) 129(3): 210–219. (30)

Wagner, W. H., Jr. & R. A. Evers. 1963. Sterile prothallial clones (*Trichomanes*) locally abundant on Illinois sandstones. Amer. J. Bot. 50: 623. (12)

Wagner, W. H., Jr. & D. R. Farrar. 1976. The Central American fern genus *Hyalotricha* and its family relationships. Syst. Bot. 1: 348–362. (30, 33)

Wagner, W. H., Jr. & A. J. Sharp. 1963. A remarkably reduced vascular plant in the United States. Science 142: 1483–1484. (29)

Wagner, W. H., Jr., F. S. Wagner & J. M. Beitel. 1985. Evidence for interspecific hybridization in pteridophytes. Proc. Roy. Soc. Edinburgh, B 86: 273–281. (28, 29)

Waldemann, H. 1928. Beiträge zur Entwicklungsgeschichte der Prothallien einheimischen Polypodiaceen. Tesis doctoral, Universität Marburg, Germany. (30)

Walker, E. R. 1921. The gametophytes of *Equisetum laevigatum*. Bot. Gaz. (Crawfordsville) 71: 378–391. (30)

Walker, E. R. 1931. The gametophytes of three species of *Equisetum*. Bot. Gaz. (Crawfordsville) 92: 1–22. (30)

Walker, E. R. 1937. The gametophyte of *Equisetum scirpoides*. Amer. J. Bot. 24: 40–43. (30)

Walker, T. G. 1966. Apomixis and vegetative reproduction in ferns. In *Reproductive Biology and Taxonomy of Vascular Plants*, J. G. Hawkes (ed.), pp. 152–161. (21, 28)

Walker, T. G. 1979. The cytogenetics of ferns. In *The Experimental Biology of Ferns*, A. F. Dyer (ed.), pp. 87–132. Academic Press. (27, 33)

Walker, T. G. 1985. Some aspects of agamospermy in ferns—The Braithwaite system. Proc. Roy. Soc. Edinburgh, B 86: 59–66. (27, 28)

Walker,T. G. 1987. A population of *Botrychium lanuginosum* Wall. ex Hook. & Grev. from Papua, New Guinea, and its relevance to hybridisation in pteridophytes with subterranean gametophytes. Bot. Helv. 97: 207–218. (23, 28, 29)

Walles, B. 1992. A review of *Developmental Biology of Fern Gametophytes* by V. Raghavan. 1989. Nordic J. Bot. 12: 222. (31)

Walp, R. L. 1951. Fern prothallia under cultivation for twelve years. Science 113: 128–129. (21)

Walp, R. L. & G. R. Proctor. 1948. Long-lived fern prothallia. Amer. Fern J. 36: 109–112. (21, 29)

Ward, M. 1954. Fertilization in *Phlebodium aureum* J. Sm. Phytomorphology 4: 1–17. (23)

Warne, T. R. & L. G. Hickok. 1987a. Single gene mutants tolerant to NaCl in the fern *Ceratopteris*: characterization and genetic analysis. Pl. Sci. 52: 49–55. (27)

Warne, T. R. & L. G. Hickok. 1987b. (2-Chloroethyl) phosphoric acid promotes germination of immature spores of *Ceratopteris richardii* Brongn. Pl. Physiol. (Lancaster) 83: 723–725. (05)

Warne, T. R. & L. G. Hickok. 1991. Control of sexual development in gametophytes of *Ceratopteris*

richardii: antheridiogen and abscissic acid. Bot. Gaz. (Crawfordsville) 152: 148–153. (15, 23, 32)
Warne, T. R. & R. M. Lloyd. 1980. The role of spore germination and gametophyte development in habitat selection: temperature responses in certain temperature and tropical ferns. Bull. Torrey Bot. Club 107: 57–64. (02, 13, 29)
Warne. T. R. & R. M. Lloyd. 1981. Inbreeding and homozygosity in the fern, *Ceratopteris pteridoides* (Hooker) Hieronymus (Parkeriaceae). Bot. J. Linn. Soc. 83: 1–13. (23, 27)
Warne, T. R. & R. M. Lloyd. 1987a. Expression of a clumped-chloroplast mutant in the fern *Acrostichum danaefolium*. Bot. Gaz. (Crawfordsville) 148: 120–122. (27)
Warne, T. R. & R. M. Lloyd. 1987b. Gametophyte density and sex expression in *Ceratopteris*. Canad. J. Bot. 65: 362–365. (23, 29)
Warne, T. R., G. L. Walker & L. G. Hickok. 1986. A novel method for surface-sterilizing and sowing fern spores. Amer. Fern J. 76: 187–188. (01)
Watson, P. J. & M. Vazquez. 1981. Comparative ecology of *Woodsia scopulina* sporophytes and gametophytes. Amer. Fern J. 71: 3–9. (29, 30)
Wayne, R. & P. K. Hepler. 1984. The role of calcium ions in phytochrome-mediated germination of spores of *Onoclea sensibilis* L. Planta 160: 12–20. (03, 05, 12)
Wayne, R. & P. K. Hepler. 1985a. Red light stimulates an increase in intracellular calcium in the spores of *Onoclea sensibilis*. Pl. Physiol. (Lancaster) 77: 8–11. (07, 12)
Wayne, R. & P. K. Hepler. 1985b. The atomic composition of *Onoclea sensibilis* spores. Amer. Fern J. 75: 12–18. (12)
Wayne, R., D. Rice & P. K. Hepler. 1986. Intracellular pH does not change during phytochrome-mediated spore germination in *Onoclea*. Developm. Biol. 113: 97–103. (12)
Webster, T. R. 1967. Induction of *Selaginella* sporelings under greenhouse and field conditions. Amer. Fern J. 57: 161–166. (01, 29)
Webster, T. R. 1979. An artificial crossing technique for *Selaginella*. Amer. Fern J. 69(1): 9–13. (23, 28)
Weibe, D. H., L. R. Towill & C. Campbell-Domsky. 1987. Soluble-starch-synthesizing and sucrose-degrading enzymes in *Onoclea* spores. Phytochemistry 26: 949–954. (12)
Weinberg, E. S. & B. R. Voeller. 1969a. External factors inducing germination of fern spores. Amer. Fern J. 59: 153–167. (01, 29)
Weinberg, E. S. & B. R. Voeller. 1969b. Induction of fern spore germination. Proc. Natl. Acad. U.S.A. 64: 835–842. (01)
Welling, C. B. & C. H. Haufler. 1993. Antheridiogen and its puzzling effects on *Polypodium australe*. Amer. J. Bot. 80(6) suppl.: 113. (32)
Wesselowska, H. 1907. Apogamie und Aposporie bie einigen Farnen. Ber. Deutsch. Bot. Ges. 25: 85–86. (28)
Wetmore, R. H., A. E. DeMaggio & G. Morel. 1963. A morphogenetic look at the alternation of generations. J. Indian Bot. Soc. 42a: 306–320. (33)
Wetmore, R. H. & G. Morel. 1951a. Sur la culture in vitro de prothallus de *Lycopodium cernuum*. Compt. Rend. Hebd. Séances Acad. Sci. 233: 323–324. (01, 13, 30)
Wetmore, R. H. & G. Morel. 1951b. Sur la culture de gametophyte de *Selaginella*. Compt. Rend. Hebd. Séances Acad. Sci. 233: 430–431. (01, 13)
Wherry, E. T. 1955. Growing fern prothallia in liquid culture. Amer. Fern J. 45: 160–161. (01, 13)
White, R. A. 1966. The morphological effects of protein synthesis inhibition in *Marsilea*. Amer. J. Bot. 53: 158–165. (32)
Whittier, D. P. 1962. The origin and development of apogamous structures in the gametophyte of *Pteridium* in sterile culture. Phytomorphology 12: 10–20. (28)
Whittier, D. P. 1964a. The effect of sucrose on apogamy in *Cyrtomium falcatum* Presl. Amer. Fern J. 54: 20–25. (15, 28)
Whittier, D. P. 1964b. The influence of cultural conditions on the induction of apogamy in *Pteridium* gametophytes. Amer. J. Bot. 51: 730–736. (28)
Whittier, D. P. 1965. Obligate apogamy in *Cheilanthes tomentosa* and *C. alabamensis*. Bot. Gaz. (Crawfordsville) 126: 275–281. (28)
Whittier, D. P. 1966a. Natural apospory in *Pteridium*? Amer. Fern J. 56: 61–64. (28)
Whittier, D. P. 1966b. The influence of growth substances on the induction of apogamy in *Pteridium* gametophytes. Amer. J. Bot. 53: 882–886. (15, 28)
Whittier, D. P. 1966c. Induced apogamy in diploid gametophytes of *Pteridium*. Canad. J. Bot. 44: 1717–1721. (28)
Whittier, D. P. 1968. Rate of gametophyte maturation in sexual and apogamous forms of *Pellaea glabella*. Amer. Fern J. 58: 12–19. (28, 29)
Whittier, D. P. 1970a. The initiation of sporophytes by obligate apogamy in *Cheilanthes castanea*. Amer. J. Bot. 57: 1249–1254. (28)
Whittier, D. P. 1970b. The rate of gametophyte maturation in sexual and apogamous species of ferns. Phytomorphology 20: 30–35. (28, 29)
Whittier, D. P. 1971. The value of ferns in an understanding of the alternation of generations. BioScience 21: 225–227. (33)
Whittier, D. P. 1972. Gametophytes of *Botrychium dissectum* as grown in sterile culture. Bot. Gaz. (Crawfordsville) 133: 336–339. (13)
Whittier, D. P. 1973a. Spore germination and early gametophyte development in *Psilotum* in axenic

culture. Amer. J. Bot. 60: 33. [Resumen.] (01, 11, 13, 19)

Whittier, D. P. 1973b. Germination of *Psilotum* spores in axenic culture. Canad. J. Bot. 51: 2000–2001. (01, 11)

Whittier, D. P. 1973c. The effect of light and other factors on spore germination in *Botrychium dissectum*. Canad. J. Bot. 51: 1790–1794. (07)

Whittier, D. P. 1975a. The origin of the apical cell in *Psilotum* gametophytes. Amer. Fern J. 65: 83–86. (19)

Whittier, D. P. 1975b. The influence of osmotic conditions on induced apogamy in *Pteridium* gametophytes. Phytomorphology 25: 246–249. (28, 32)

Whittier, D. P. 1976a. Tracheids, apogamous leaves, and sporophytes in gametophytes of *Botrychium dissectum*. Bot. Gaz. (Crawfordsville) 137: 237–241. (28)

Whittier, D. P. 1976b. Factors influencing the growth of gametophytes of *Botrychium dissectum*. Bot. Soc. Amer. 45. [Resumen.] (33)

Whittier, D. P. 1977a. *Lycopodium* gametophytes in axenic culture. ASB Bull. 24: 26. (30)

Whittier, D. P. 1977b. Gametophytes of *Lycopodium complanatum* in axenic culture. Bot. Soc. Amer. Misc. Publ. Ser. 154: 56. [Resumen.] (30)

Whittier, D. P. 1977c. Gametophytes of *Lycopodium obscurum* as grown in axenic culture. Canad. J. Bot. 55: 563–567. (30)

Whittier, D. P. 1978. Apospory in haploid leaves of *Botrychium*. Phytomorphology 28: 215–219. (28)

Whittier, D. P. 1981a. Gametophytes of *Lycopodium digitatum* formerly *L. complanatum* var. *flabelliforme* as grown in axenic culture. Bot. Gaz. (Crawfordsville) 142: 519–524. (30)

Whittier, D. P. 1981b. Spore germination and young gametophyte development of *Botrychium* and *Ophioglossum* in axenic culture. Amer. Fern J. 71: 13–19. (01, 19, 20)

Whittier, D. P. 1982. Gametophytes of *Psilotum nudum* from axenic culture. Bot. Soc. Amer. Misc. Publ. 162: 74. (13, 30, 33)

Whittier, D. P. 1983. Gametophytes of *Ophioglossum engelmanii*. Canad. J. Bot. 61: 2369–2373. (30)

Whittier, D. P. 1984. The organic nutrition of *Botrychium* gametophytes. Amer. Fern J. 74: 77–86. (32)

Whittier, D. P. 1985. Spore germination and young gametophytes of *Botrychium virginianum* in axenic culture. Amer. J. Bot. 72: 929. [Resumen.] (01, 13, 30)

Whittier, D. P. 1987. Germination of *Helmintostachys* spores. Amer. Fern J. 77: 95–99. (30)

Whittier, D. P. 1989. The geotropic response of *Helminthostachys* gametophytes. Phytomorphology 39(4): 327–330. (20, 29)

Whittier, D. P. 1990a. Effects of nitrogen source on spore germination and gametophyte growth in *Psilotum*. Bot. Gaz. (Crawfordsville) 151(1): 50–53. (03, 14)

Whittier, D.P. 1990b. Factors affecting the viability of *Psilotum* spores. Amer. Fern J. 80: 90–96. (09)

Whittier, D. P. 1990c. Gametophytes and young sporophytes of *Lycopodium appressum* in axenic culture. Amer. J. Bot. Suppl. 77(6): 108–109. [Resumen.] (30, 33)

Whittier, D. P. 1991. *Botrychium jenmanii*: its gametophytes and sexual reproduction in axenic culture. Amer. J. Bot. Suppl. 78(6): 156. [Resumen.] (13, 23)

Whittier, D. P. 1991a. Subterranean gametophytes. Fiddlehead Forum 18(6): 34–35. (29)

Whittier, D. P. 1993. Gemmae of gametophytes of *Huperzia linifolia* (Lycopodiaceae). Amer. J. Bot. 80(6) suppl.: 113–114. (21)

Whittier, D. P. 1995. Tropical gametophytes of *Huperzia* (Lycopodiaceae). Amer. J. Bot. 82(6) suppl.: 103–104. (39)

Whittier, D. P. & J. E. Braggins. 1992a. The gametophyte of *Phylloglossum drummondii* (Lycopodiaceae). Amer. J. Bot. 79(6): 121. (30)

Whittier, D. P. & J. E. Braggins. 1992b. The young gametophyte of *Phylloglossum drummondii* (Lycopodiaceae). Ann. Missouri Bot. Gard. 79: 370–376. (30)

Whittier, D. P. & J. E. Braggins. 1994. Spore germination in the Psilotaceae. Canad. J. Bot. 72: 688–692. (1, 33)

Whittier, D. P. & D. M. Britton. 1995. Gametophytes of *Diphasiastrum* × *habereri* Amer. Fern J. 85: 89–94. (30)

Whittier, D. P. & R. Moyroud. 1993. The promotion of spore germination and gametophyte development in *Ophioglossum palmatum* by low pH. Amer. Fern. J. 83: 41–46. (4, 14)

Whittier, D. P. & R. L. Peterson. 1980. Archegonial opening in *Psilotum*. Canad. J. Bot. 58: 1905–1907. (24)

Whittier, D. P. & R. L. Peterson. 1984. The surface coating on gametophytes of *Ophioglossum engelmanni*. Canad. J. Bot. 62: 360–365. (32)

Whittier, D. P. & R. L. Peterson. 1995. The cuticle on *Psilotum* gametophytes. Canad. J. Bot. 73: 1283–1288. (26, 32)

Whittier, D. P. & L. H. Pratt. 1971. The effect of light quality on the induction of apogamy in prothalli of *Pteridium aquilinum*. Planta 99: 174–178. (17, 28)

Whittier, D. P. & T. A. Steeves. 1960. The induction of apogamy in the bracken fern. Canad. J. Bot. 38: 925–930. (28)

Whittier, D. P. & T. A. Steeves. 1962. Further studies on induced apogamy in ferns. Canad. J. Bot. 40: 1525–1531. (28)

Whittier, D. P. R. D. Thomas. 1993. Gametophytes and young sporophytes of *Botrychium jenmanii* in axenic culture. Int. J. Pl. Sci. 154: 68–74. (13)

Whittier, D. P. & W. H. Wagner, Jr. 1971. The variation in spore size and germination in *Dryopteris* taxa. Amer. Fern J. 61: 123–127. (01, 29)

Whittier, D. P. & T. R. Webster. 1986. Gametophytes of *Lycopodium lucidulum* from axenic culture. Amer. Fern J. 76: 48–55 (13, 30, 33)

Whyte, J. H. 1930. Spread of bracken by spores. Trans. Roy. Bot. Soc. Edinburgh 30: 209–211. (33)

Wigand, A. 1849. Zur Entwickelungsgeschichte der Farnkrauter. Bot. Zeitung (Berlin) 7: 17–26; 33–40; 49–54; 73–80; 89–97; 105–116. (33)

Wilkie, D. 1954. The movements of spermatozoa of bracken (*Pteridium aquilinum*). Exp. Cell Res. 6: 384–391. (24)

Wilkie, D. 1956. Incompatibility in bracken. Heredity 10: 247–256. (27)

Wilkie, D. 1963. Genetic analysis of variation in the bracken prothallus. J. Linn. Soc. Bot. 58: 333–336. (27)

Williams, E. 1993. Transplanting gametophytes. Fiddlehead Forum 20: 1. (29)

Williams, S. 1938. Experimental morphology. In *Manual of Pteridology*, F. Verdoorn (ed.), pp. 105–140. Martinus Nijhoff, The Hague. (33)

Willson, M. F. 1981. Sex expression in fern gametophytes: some evolutionary possibilities. J. Theor. Biol. 93: 403–409. (23)

Windham, M. D. & C. H. Haufler. 1986. Biosystematic uses of fern gametophytes derived from herbarium specimens. Amer. Fern J. 76: 114–128. (27, 33)

Windham, M. D., P. G. Wolf & T. A. Ranker. 1986. Factors affecting prolonged spore viability in herbarium collections of three species of *Pellaea*. Amer. Fern J. 76: 141–148. (09)

Windisch, P. G. & M. Pereira-Noronha. 1983. Notes on the ecology and development of *Plagiogyria fialhoi*. Amer. Fern J. 73: 79–83. (29)

Winkler, H. 1908. Über Parthenogenesis und Apogamie im Pflanzenreich. Progr. Rei. Bot. 2: 293–454. (28)

Witsch, H. V. & J. Rintelen. 1962. Die Entwicklung von Farnprothallien unter Gibberellineinfluss. Planta 59: 115–118. (15)

Wolf, P. G., C. H. Haufler & S. Sheffield. 1987. Electrophoretic evidence for genetic diploidy in the bracken fern (*Pteridium aquilinum*). Science 236: 947–949. (27)

Wolniak, S. M. & W. Z. Cande. 1980. Physiological requirements for ciliary reactivation of bracken fern spermatozoids. J. Cell Sci. 43: 195–207. (24, 32)

Wollersheim, M. 1957. Entwicklugsphysiologische Untersuchungen der Prothallien von *Equisetum arvense* und *Equisetum limosum* mit besonderer Berucksichtigung der Frage nach der Geschlechtsbestimmung. Z. Bot. 45: 245–261. (32)

Worenew, W. 1894. Einfluss der ausseren Bedingungen auf das Keimen der Sporen und Wachsen der Prothallien. Just's Bot. Jahresber. 22: 176–177. (30, 33)

Woronin, H. 1908. Apogamie und Apospory bei einigen Farnen. Flora 98: 101–162. (28)

Wright, C. H. 1909. Longevity of fern spores. Bull. Misc. Inform. 1909: 427. (09)

Wright, L. A. 1963. The influence of visible radiation on the germination of archegoniate spores and the growth of fern protonema. J. Linn. Soc., Bot. 58: 287–296. (07, 17)

Wuist, E. D. 1910. The physiological conditions for the development of monoecious prothallia in *Onoclea struthiopteris*. Bot. Gaz. (Crawfordsville) 49: 216–219. (23, 32)

Wuist, E. D. 1913. Sex and development of the gametophyte of *Onoclea struthiopteris*. Physiol. Res. 1: 93–132. (23, 30)

Wuist, E. D. 1916. Branched prothallia in the Polypodiaceae. Bull. Torrey Bot. Club 43: 365–383. (30)

Wuist, E. D. 1917. Apogamy in *Phegopteris polypodioides* Fée, *Osmunda cinnamomea* L., and *O. claytoniana* L. Bot. Gaz. (Crawfordsville) 64: 435–437. (28)

Yadav, A. K. & T. N. Bhardwaja. 1979. Temperature and light interaction on spore germination of ferns. Geobios 6: 318–319. (02, 07)

Yamauchi, T., N. Oyama, H. Yamane, N. Murofushi, N Takahashi, H. Schraudolf, M. Fuber, L., N. Mander, G. L. Patrick & B. Twitchin. 1991. Biosynthesis of antheridic acid, the principal antheridiogen in *Anemia phyllitidis*. Phytochem. 30: 3247–3250. (32)

Yamane, H., N. K. Takahashi & H. Schraudolf, 1987. Identification of antheridic acid as an antheridiogen in *Anemia rotundifolia* and *Anemia flexuosa*. Pl. Cell Physiol. 28: 1203–1207. (32)

Yamane, H., N. Y. Takahashi, K. Takeno & M. Furuya. 1980. Endogenous inhibitors for spore germination in *Lygodium japonicum* and their inhibitory effects on pollen germination in *Camellia japonica* and *Camellia sinensis*. Agric. Biol. Chem. 44: 1697–1699. (12)

Yamane, H., N. Takahashi, K. Takeno & M. Furuya. 1979. Identification of gibberellin A9 methyl ester as a natural substance regulating formation of reproductive organs in *Lygodium japonicum*. Planta 147: 251–256. (23, 24, 32)

Yamanouchi, S. 1907. Apogamy in *Nephrodium*. Bot. Gaz. (Crawfordsville) 44: 142–146. (28)

Yamanouchi, S. 1908a. Spermatogenesis, oogenesis, and fertilization in *Nephrodium*. Bot. Gaz. (Crawfordsville) 45: 145–175. (23, 24)

Yamanouchi, S. 1908b. Apogamy in *Nephrodium*. Bot. Gaz. (Crawfordsville) 45: 289–318. (28)

Yamasaki, N. 1954. Über den Einfluss von Colchicin auf Farnplanzen I. Die jungen Prothallien von *Polystichum craspedosorum* Diels. Cytologia 19: 849–254. (15, 19)

Yatsuhashi, H., A. Kadota & A. Wada. 1985. Blue and red-light action in photo-orientation of chloroplasts in *Adiantum* protonemata. Planta 165: 43–50. (17, 26)

Yatsuhashi, Y., T. Hashimoto & M. Wada. 1987. Dichroic orientation of photoreceptors for chloroplast movement in *Adiantum* protonemata. Nonhelical orientation. Pl. Sci. 51: 165–170. (17)

Yatsuhashi, H. & M. Wada. 1990. High-fluence rate responses in the light-oriented chloroplast movement in *Adiantum* protonemata. Pl. Sci. 68: 87–94. (17, 26)

Yatskievych, G. 1993. Antheridium response in *Phanerophlebia* and related fern genera. Amer. Fern J. 83: 30–36. (32)

Yeoh, O. C. & V. Raghavan. 1966. Riboflavin as photoreceptor in the induction of two-dimensional growth in fern gametophytes. Pl. Physiol. (Lancaster) 41: 1739–1742. (19, 32)

Yoroi, R. 1972. Studies on spore germination and gametophytes of Japanese Hymenophyllaceae. Sci. Rep. Tokyo Kyoku Daigaku, Sect. B 15: 81–110. (01, 13, 30)

Yoroi, R. 1975. Spore germination and gametophyte development of the Vittariaceae (1). J. Jap. Bot. 59: 33–43. (01, 13, 30)

Yoroi, R. 1976. Gametophyte and apogamous embryo of *Crepidomanes latemarginale* from Isle Ishigaki. Ryuku. J. Jap. Bot. 51: 257–267. (28)

Yoroi, R. 1992. Gametophyte and embryo of *Microgonium tahitense* (Hymenophyllaceae). J. Jap. Bot. 67: 169–176. (39)

Yoroi, R. & M. Kato. 1987. Wild gametophytes of *Phanerosorus major* (Matoniaceae). Amer. J. Bot. 74: 354–359. (29)

Yoshida, Y. 1960. Some critical information on the silver-nitrate reduction in the cells of several musci and ferns. Bot. Mag. (Tokyo) 73: 245–251. (32)

Young, J. E. 1985. Some effects of temperature on germination and protonemal growth in *Asplenium ruta-muraria* and *A. trichomanes*. Proc. Roy. Soc. Edinburgh, B 86: 454–455. [Resumen.] (02, 13)

Yuasa, A. 1932. Studies in the cytology of Pteridophyta I. On the spermatozoid of *Pteris cretica* L. var. *albo-lineata* Hk. Bot. Mag. (Tokyo) 46: 4–12. (24, 26)

Yuasa, A. 1933a. Studies in the cytology of Pteridophyta II. The morphology of spermatozoids of some ferns. Cytologia 4: 305–337. (24, 26)

Yuasa, A. 1933b. Studies on the cytology of Pteridophyta III. The morphology of spermatozoids in eight species of ferns. Bot. Mag. (Tokyo) 47: 681–696. (24, 26)

Yuasa, A. 1933c. Studies in the cytology of Pteridophyta 4. The morphology of spermatozoids of *Selaginella*, *Isoëtes* and *Salvinia*. Bot. Mag. (Tokyo) 47: 697–709. (24, 26)

Yuasa, A. 1934. Studies in the cytology of Pteridophyta 5. Spermato-teleosis in *Notogramme japonica* Presl and *Pteris multifida* Poir. with special reference to the development of border-brim, lateral bar and cilia-bearing band. J. Fac. Sci. Univ. Tokyo, Sect. 3, Bot. 4: 389–397. (24, 26)

Yuasa, A. 1935a. Studies on the cytology of Pteridophyta 8. The morphology of spermatozoids in seven species of ferns. Bot. Mag. (Tokyo) 49: 15–24. (24, 26)

Yuasa, A. 1935b. Feulgens nuclear reaction applied to the blepharoplast. Bot. Mag. (Tokyo) 49: 868–875. (24, 26)

Yuasa, A. 1936a. Feulgen's nuclear staining applied to Pteridophyta. Proc. Imp. Acad. Japan 12: 266–268. (26)

Yuasa, A. 1936b. Studies in the cytology of Pteridophyta 9. On the nature of the border brim. Bot. Mag. (Tokyo) 50: 151–158. (24, 26)

Yuasa, A. 1936c. Studies in the cytology of Pteridophyta X. Origin and behaviour of the "border brim" in spermatoteleosis and fertilization of *Adiantum capillus-veneris* L. and *Pteris cretica* L. var. *albo-lineata* Hk. (A preliminary note). Jap. J. Genet. 12: 47–49. (24, 26)

Yuasa, A. 1937a. Studies in the cytology of Pteridophyta XIV. Spermatoteleosis and fertilization in some ferns, with special reference to border brim. Jap. J. Bot. 9: 17–35. (23, 24, 26)

Yuasa, A. 1937b. Velocity of spermatoteleosis and fertilization in *Dryopteris oligophlebia* var. *elegans* H. Ito. Bot. Mag. (Tokyo) 51: 646–652. (23, 24)

Yuasa, A. 1938a. The stainability of blepharoplast. Kagaku Chishiki [Scientific Knowledge] 8: 53. (26)

Yuasa, A. 1938b. Cytological studies of spermatoteleosis and fertilization in Pteridophyta with special reference to the border brim. Stud. Tokugawa Inst. 4: 1–116. (23, 24)

Yuasa, A. 1938c. Critical considerations on the origin of blepharoplast. The nucleolar substance theory. Bot. Mag. (Tokyo) 52: 318–328. (26)

Yuasa, A. 1938d. Studies in the cytology of Pteridophyta XV. A critical consideration of cytologic fixation and staining in the sporophytic cells, prothallium cells, and spermatozoids of *Dryopteris uniformis* Makino. Jap. J. Bot. 9: 145–191. (24, 26)

Yuasa, A. 1939. Critical observations on the origin of the blepharoplast and centrosome in plants. Jap. J. Bot. 10: 259–284. (24, 26)

Yuasa, A. 1940a. Studies in the cytology of Pteridophyta XIX. The structure of the chloroplast of some pteridophyte plants, observed on fixed and stained material. Bot. Mag. (Tokyo) 54: 215–230. (26)

Yuasa, A. 1940b. Studies in the cytology of Pteridophyta XX. The process of formation of starch grains in the chloroplast. Bot. Mag. (Tokyo) 54: 338. (26)

Yuasa, A. 1952. Studies in the cytology of Pteridophyta XXIII. Cytomorphological study on the plant spermatozoid with special reference to its phylogenetic meaning. Bot. Mag. (Tokyo) 67: 6–14. (24, 26, 27)

Zacharias, E. 1887. Beiträge zur Kenntniss des Zellkerns und der Sexualzellen. Bot. Zeitung (Berlin) 45: 346, 355; 362–371. (24)

Zamora, P. M., C. Beltran-Amoroso, S. Chaimongkal & M. Marzan. 1992. Structure and development of the gametophytes of Philippine cheilanthoid ferns, II. *Cheilanthes javensis* (Willd.) Moore. Asia Life Sci. 1: 129–145. (19)

Zamora, P. M., S. Chaimongkal & M. Marzan. 1995. Structure and development of the gametophytes of Philippine cheilanthoid ferns, II. *Cheilanthes concolor* (Langsdorff et Fischer) R. Tryon. Sci. Diliman 5(1992,1): 1–7. (30, 33)

Zanno, P. R., M. Endo, K. Nakanishi, U. Näf & C. Stein. 1972. On the structural diversity of fern antheridiogens. Naturwissenschaften 59: 512. (32)

Zilberstein, A., T. Arzess & J. Gressel. 1984a. Early morphogenetic changes during phytochrome-induced fern spore germination I. The existence of pre photoinduction phase and the accumulation of chlorophyll. Z. Pflanzenphysiol. 114: 97–107. (05, 12)

Zilberstein, A., J. Gressel, T. Arzee & M. Edelmann. 1984b. Early morphogenetic changes during phytochrome-induced fern spore germination II. Transcriptional and translational events. Z. Pflanzenphysiol. 114: 109–122. (05, 26, 27)

Zimmerly, B. C. Y H. P. Banks. 1950. On gametophytes of *Psilotum* Amer. J. Bot. 37: 668. [Resumen.] (30, 33)

Zirkle, R. E. 1932. Some effects of alpha radiation upon plant cells. J. Cell. Comp. Physiol. 2: 251–274. (08, 18)

Zirkle, R. E. 1935. Biological effectiveness of alpha particles as a function of ion concentration produced in their paths. Amer. J. Cancer 23: 558–567. (08, 18, 32)

Zirkle, R. E. 1936. Modification of radiosensitivity by means of readily penetrating acide and bases. Amer. J. Roengenol. Rad. Therapy 35: 230–237. (08, 18, 32)

Zirkle, R. E. 1941. Combined influence of x-ray intensity and intracellular acidity on radiosensitivity. J. Cell. Comp. Physiol. 17: 65–70. (08, 18, 32)

Zirkle, R. E., P. C. Aebersold & E. R. Dempster. 1937. The relative biological effectiveness of fast neutrons and x rays upon different organisms. Amer. J. Cancer 29: 556–562. (08, 18)

INDICE TEMÁTICO

ESPORAS

01. Métodos de cultivo, agua, sustrato.

Armenise 1959; Bartha 1964; Basile 1973; Becquerel 1931; Benedict 1939, 1955; Bierhorst 1955, 1967a; Boydstom 1958; Bridgers 1958a, 1958b; Brown 1920b; Cahill et al. 1979; Carusso 1973; Chandler 1948; Chema 1980, 1984; Chema & Kaur 1985; Chen & Ikuma 1979; Christopher 1989; Cohen & DeMaggio 1986; Conway 1949; Cunningham & Reid 1933; Debary 1858; Eakle 1975; Douglas & Sheffield 1990; Edwards 1977; Edwards & Miller 1972b; Endress 1974; Esteves et al. 1985; Fischer 1911a, 1911b, 1912; Fliflet 1961; Francis 1981; Guiragossian & Koning 1986; Hainsworth 1989; Hartt 1925; Heald 1898; Hires 1940; Hurel-Py 1944c, 1944 d, 1947a, 1949c; Javalgekar & Mahabale 1959; Kasahara et al. 1994; Kawasaki 1954c; Kleinschmidt 1952, 1957; Kott & Britton 1982; Kuriyama et al. 1989; Lane 1980; Laroche & Guervin 1967; Lindsay 1794; Lloyd & Klekowski 1970; Mahabale & Javalgakar 1949, 1950; Manabe et al. 1987; Marcones-Ferreira & Felippe 1984; Marengo 1979; Martin 1965; Miller 1968b; Mottier 1914, 1924; Nayar & Kaur 1968, 1971; Nester 1985b; Nester & Coolbaugh 1986; Petersen 1985; Rauwenhoff 1879b; Roy & Choudhury 1989; Rush 1984; Seilheimer 1974; Singh et al. 1990b; Sossountzov 1948b, 1948c, 1949; Warne et al. 1986; Webster 1967; Weinberg & Voeller 1969a, 1969b; Wetmore & Morel 1951a, 1951b; Wherry 1955; Whittier 1973a, 1973b, 1981b, 1985; Whittier & Braggins 1994; Whittier & Wagner 1971; Yoroi 1972, 1975.

02. Temperatura.

Bhardwaja & Sen 1966; Becquerel 1930; Dodd & Ebert 1973b; Fliflet 1961; Haupt 1990; Mahlberg & Yarus 1977; Marcondes-Ferreira & Felippe 1984; Mottier 1914; Nayar & Kaur 1971; Nester & Coolbaugh 1986; Pérez-García & Riba 1982; Reynolds 1982; Sealy & McWilliams 1989; Singh 1974; Towill 1978; Warne & Lloyd 1980; Yadav & Bhardwaja 1979; Young 1985.

03. Nutrimentos inorgánicos.

Beri & Bir 1994 "1993"; Brown 1920b; Chilton & Graham 1988; Courbet 1955; Fischer 1911a; Fliflet 1961; Francis 1981; Francis & Petersen 1983a, 1983b; Gupta & Devi 1992; Haupt 1985; Melan & Whittier 1990; Miller et al. 1983; Miller & Wagner 1987; Nayar & Kaur 1971; Nester & Coolbaugh 1986; Petersen 1985; Petersen & Francis 1980; Reed 1907; Reynolds 1982; Sahi & Singh 1994; Shukla et al. 1981; Sossountzov 1948a, 1955a, 1955b, 1956a, 1956b, 1957a; Wada et al. 1986, 1987; Wayne & Hepler 1984; Whittier 1990a.

04. pH.

Courbet 1955; Fisher 1911a; Fliflet 1961; Francis 1981; Laroche & Guervin 1967; Mahlberg & Yarus 1977; Melan & Whittier 1990; Whittier & Moyroud 1993.

05. Compuestos orgánicos, hormonas.

Bannon et al. 1991; Brown 1920b; Burcky 1977; Cahill et al. 1979; Caruso 1973; Cheng & Schraudolf 1974; Chia & Raghavan 1982; Chiang & Chiang 1967; Cohen & DeMaggio 1986; Courbet 1957, 1963; De Camp & DeMaggio 1992; Edwards 1977; Edwards & Miller 1972b; Huckaby et al. 1982b; Hurel-Py 1969; Kato 1955a, 1957b, 1973a; Kosiba et al. 1984; Kumar & Roy 1985; Malik & Bhardwaja 1990; Mehra et al. 1952; Miller 1987; Miller & Bassel 1980; Miller & Miller 1964b; Petersen 1985; Raghavan 1976; Raghavan 1977a; Reed 1907; Reynolds 1982; Robinson & Park 1966; Sharma & Singh 1983; Schraudolf 1987a; Singh & Devi 1989b; Singh & Roy 1987; Smith & Yee 1975; Sobota & Partanen 1967; Sossountzov 1948a, 1951a, 1953b, 1953g, 1954b, 1954c, 1955a, 1955b, 1955c, 1955d, 1956b, 1957a, 1957b, 1961; Strickler 1946; Sugai 1970, 1971, 1982, Sugai & Furuya 1967; Sugai & Mori 1984; Vogelman et al. 1981; Vogelman & Miller 1981; Wadhwani & Bhardwaja 1981; Wadhwani et al. 1981; Warne & Hickok 1987b; Wayne & Hepler 1984; Zilberstein et al. 1984a, 1984b.

06. Factores bióticos.

Devi & Wadhwani 1983.

07. Luz visible.

Agnew et al. 1984; Becquerel 1931; Bunning & Etzold 1958; Bunning & Mohr 1955; Burgerstein 1901, 1908; Chen & Ikuma 1979; Cooke 1994; Cooke & Paolillo 1979a; Cooke et al. 1987; Eakle 1975; Esteves & Filippe 1985; Fischer 1911b, 1912; Fliflet 1961; Furuya et al. 1980; Gemmrich 1982; Guiragossian & Koning 1986; Hartt 1925; Haupt 1985; Haupt & Filler 1986; Hayami et al. 1986; Howland & Edwards 1979; Huckaby et al. 1982b; Huckaby & Raghavan 1981c; Isikawa & Oahusa 1954, 1956; Jarvis & Wilkins 1973; Life 1907; Mahlberg & Yarus 1977; Marcondes-Ferreira & Felippe 1984; Mehra et al. 1952; Miller & Greany 1974; Miller & Wright 1961; Mohr 1956b, 1963, 1964, 1965; Morh & Barth 1962; Nagy et al. 1978; Nester & Coolbaugh 1986; Orth 1937; Pérez-García, Orozco-Segovia & Riba 1994; Pietrykowska 1963; Raghavan 1973a, 1973b; Reynolds & Raghavan 1982; Schnarrenberger & Mohr 1967; Schraudolf 1987b; Schulz 1902; Smith et al. 1973; Sobota & Partanen 1966; Spies & Krouk 1977; Stephan 1928; Stolwijk 1954; Sugai 1968b, 1970, 1982; Sugai & Furuya 1967, 1968, 1985; Sugai et al. 1977, 1984; Teodoresco 1929; Towill 1975, 1978; Towill & Ikuma 1972, 1973, 1975a, 1975b, 1975c; Wada 1985;

Nebel 1946; Niranjan & Roy 1980b; Psaras & Haupt 1989; Roy & Choudhury 1989; Roy & Raghavan 1994; Sato 1983; Sato & Sakai 1980, 1981; Sheffield & Bastin 1978; Sossountzov 1948b, 1948c, 1949, 1950a, 1950b, 1950d, 1958a; Sossountzov & Delaporte 1949; Warne & Lloyd 1980; Wetmore & Morel 1951a, 1951b; Wherry 1955; Whittier 1955, 1972, 1973a, 1982, 1985, 1991; Whittier & Thomas 1993; Whittier & Webster 1986; Yoroi 1972, 1975; Young 1985.

14. Nutrimentos inorgánicos, pH.

Beri & Bir 1994 "1993"; Bittmannova 1955, 1965; Bittmannova-Nogova 1962, 1966, 1967; Brown 1920b; Bryan & O'Kelly 1967; Chilton & Graham 1988; Conway & Stephens 1957; Courbet 1955; Durr & Scheverlein 1990; Evans & Bozzone 1977, 1978; Faivre-Baron 1979a; Francis 1981; Garg & Devi 1994; Gemmrich 1988; Grill 1990; Guervin & Laroche 1967; Gupta & Devi 1992; Hamilton 1994; Hass & Scheverlein 1990; Hickok et al. 1991; Igura 1954a, 1954b; Kuriyama et al. 1992; Lloyd & Buckley 1986; Melan & Whittier 1990; Minamikara et al. 1987; Nakazawa 1960b; Nauyalis 1989a; Niranjan & Roy 1980b; Reed 1907; Roy & Choudhury 1989a; Sabba & Miller 1993; Schwabe 1951; Scheverlein et al. 1989; Sossountzov 1948a, 1957c; Sossountzov & Delaporte 1949; Treanor & Whittier 1969; Wada et al. 1990a; Whittier 1990a; Whittier & Moyroud 1993.

15. Compuestos orgánicos, hormonas.

Album 1938b; Bähre 1976, 1977; Bannon et al. 1991; Brown 1920b; Bürcky 1977a, 1977b, 1977c, 1977d, 1977e; Burns & Ingle 1968, 1970; Cahill et al. 1979; Cheema & Kaur 1985; Cheng & Schraudolf 1974; Chia & Raghavan 1982; Chiang & Chiang 1967; Cohen & Crotty 1979; Davidonis & Ruddat 1974; Davinson 1972; Davis 1968a, 1968c, 1970, 1971; Davis et al. 1974; De Camp & DeMaggio 1992; Dhir & Charch 1982; Dyar & Shade 1974; Edwards & Miller 1970; Elmore 1976; Faivre 1969a, 1969b; Faivre-Baron 1977c, 1980, 1981a, 1981b; Fisher & Miller 1975, 1978; Fisher & Shropshire 1979; Forrest et al. 1989; Furber & Mander 1988; Galston & Furuya 1989; Gemmrich 1986b; Grill 1988; Grill & Schraudolf 1981, 1993; Guervin et al. 1979; Hamilton 1989; Haufler & Gastony 1976; Hickok & Kiriluk 1984; Hickok & Schwartz 1986; Hirsch 1975; Hotta 1959a, 1959b, 1960; Hotta & Osawa 1958; Hotta et al. 1959; Howard & Haigh 1974; Hurel-Py 1943a, 1943c, 1946, 1947b, 1955a, 1955b, 1969; Hutchinson 1967; Igura 1960b; Jayasekera et al. 1972; Kadota & Furuya 1981; Kato 1955a, 1957b, 1964a, 1967b, 1973b; Kelley & Postlethwaite 1962; Kermarrec & Tourte 1985; Khare 1979, 1981; Khare & Roy 1977; Knobloch 1957; Koop 1973; Korpelainen 1994; Koshiba et al. 1984; Kraft-Klaunzer et al. 1990, 1993; Kristof et al. 1986; Kumar & Roy 1985; Kuriyama et al. 1990; Laurent 1953; Mehra 1952; Malik & Bhardwaja 1990; Mehra & Loyal 1956; Mehra et al. 1952; Miller 1961; Miller & Kotenko 1987; Miller & Miller 1961, 1964b, 1965, 1966; Miller & Stephani 1971; Miller & Miller 1966b; Miller et al. 1970; Mineyuki & Furuya 1986; Montardy & Pausader 1959; Murata & Wada 1989a; Nakazawa 1959, 1959,1960a; 1960b, 1960c, 1968; Nakazawa & Kimura 1964; Niranjan & Roy 1980a; Orth 1934; Raghavan 1964, 1965a, 1965b, 1968a, 1968b, 1974c; Raghavan & Tung 1967; Rathore & Sharma 1989; Reed 1907; Reinert 1952; Reynolds 1981; Reynolds & Corson 1979; Richardson & Palta 1983; Rosendahl 1940; Schneller & Hess 1995; Sharma & Singh 1983; Sharma & Vangani 1988; Schedlbauer 1974, 1975b, 1976b, 1978; Schedlbauer et al. 1973; Schedlbauer & Klekowsi 1972; Schneller et al. 1990; Schraudolf 1962, 1964, 1965, 1966a, 1966b, 1966c, 1966d, 1967b, 1967c, 1967d, 1977a, 1977b, 1980, 1982a, 1982b, 1983b, 1984b, 1985b, 1987; Schraudolf & Fisher 1979; Schraudolf & Legler 1969; Schraudolf & Sonka 1979; Schott 1989; Schott & Hickok 1987; Sharp et al. 1975; Sheffield 1984b; Singh et al. 1990a; Singh & Roy 1984a, 1984b, 1987, 1989; Smith & Yee 1975; Smith & Robinson 1971; Smith et al. 1973; Sobota & Partanen 1967; Sossountzov 1948a, 1950a, 1950b, 1950c, 1950d, 1951a, 1951b, 1951c, 1953a, 1953c, 1953e, 1953g, 1954b, 1954c, 1955c, 1955d, 1956c, 1957d, 1958b, 1959a, 1959b, 1959c; Soyerman 1963, 1964, 1966, 1968; Star & Weber 1978; Stein 1954; Strickler 1946; Swami & Raghavan 1980; Takeno & Furuya 1975, 1977a, 1977b; Takeno et al. 1979; Tittle 1987; Trivedi & Bajpai 1977; Trivedi & Kher 1976a; Tryon R. & Vitale 1977; Voeller 1964a, 1964b, 1966; Von Deimling & Mohr 1967; Von Witsch & Rintelen 1962; Wada & Furuya 1972, 1973; Wadhwami & Bhardwaja 1981; Wadhwami et al. 1981; Warne & Hockok 1991; Whittier 1964a, 1966b; Witsch & Rintelen 1962; Yamasaki 1954.

16. Factores bióticos.

Elmore & Whittier 1973, 1974, 1975a, 1975b; Hamilton & Lloyd 1991b; Nauyalis 1989a; Smith & Robinson 1969.

17. Luz visible.

Agnew & Smith, 1985; Bähre 1976; Becquerel 1931; Burgerstein 1908; Chansa Ngavej & Raghavan 1987, 1989; Chiang & Chiang 1967; Cooke 1979, 1994; Cooke & Paolillo 1979a, 1979b, 1980b; Cooke et al. 1983; Cran & Dyer 1975; Davis 1968b; DeMaggio & Raghavan 1973; Dill & Branton 1968; Donaher & Partanen 1971; Eilenber et al. 1991; Fisher & Shropshire 1979; Furuya 1977, 1978, 1983, 1985; Furuya et al. 1967, 1980; Gemmrich 1986a, 1988; Gifford & Brandon 1978; Grill 1987, 1988, 1990a, 1990b; Goebel 1928; Greany & Miller 1976; Gressel 1980; Hauke 1971; Haupt & Björn 1987; Hayami et

Murata & Wada 1989c; Nakazawa 1959; Nakazawa & Kimura 1964; Nakazawa & Ootaki 1961; Nayar & Kaur 1969b, 1971; Nakazawa 1959; Nakazawa & Kimura 1964; Nakazawa & Ootaki 1961; Nester 1985b; Nester & Schedlbauer 1981; Nester & Coolbaugh 1986; Niranjan & Roy 1980a, 1980b; Ootaki 1963, 1968; Ootaki & Furuya 1969; Pietrykowska 1962b; Racusen & Cooke 1982, 1984; Racusen & Schiavone 1990; Racusen et al. 1986; Raghavan 1974b; Reynolds 1979; Schraudolf 1985a; Steiner 1967a, 1967b, 1969a, 1969b, 1979; Wada et al. 1981, 1990; Whittier 1981b, 1989.

21. Regeneración, multiplicación vegetativa, longevidad.

Akdik 1938; Album 1938a; Atkinson 1965b; Ball 1976; Bally 1909; Bordonneau & Tourte 1987; Brown 1918; Cheema 1984; Cheema & Kaur 1985; Dassler & Farrar (in press); Döpp 1937; Emigh & Farrar 1977; Faivre 1970, 1975a, 1975b; Faivre-Baron 1977a, 1977b; Farlow 1874b; Farrar 1967, 1971, 1974, 1978, 1985, 1992a; Farrar et al. 1983; Farrar & Mickel 1991; Fernández et al. 1990, 1993; Goebel 1902; Hegde & D'Souza 1996; Huges 1971; Hurel-Py 1942, 1943a, 1944a, 1949a; Ito 1960, 1962; Kagawa & Wada 1993; Kotenko et al. 1987; Laage 1907; Lawton 1932, 1936; Leconiat & Hurel-Py 1976; Linsbauer 1926; Lloyd 1973a; Loyal & Chopra 1977; Maeda & Ito 1981; McVeigh 1937; Meyer 1953; Mex Veigh 1937; Morel 1956, 1963; Morlang 1967; Mottier 1927, 1931; Ootaki 1967; Ootaki & Furuya 1969; Phillips 1919; Pickett 1913; Raine & Sheffield 1993; Raine et al. 1993; Reinhold 1926; Scaramuzzi 1960; Sheffield & Farrar 1988; Schraudolf 1985a; Sheffield & Attree 1983; Singh & Roy 1975; Sossountzov 1958a; Soyerman 1963, 1964; Stange 1964; Steil 1921a; Takahashi 1969; Vaudois 1969; Walker 1966; Walp 1951; Walp & Proctor 1948; Whittier 1993.

22. Cultivo de tejidos, protoplastos, crecimiento vegetativo anormal.

Attree & Sheffield 1984, 1985, 1985a, 1986a, 1986b; Bower 1887a, 1888; Bristow 1962; Camloh & Gogala 1992; Caponetti 1986; Caponetti et al. 1982; Cheema & Sharma 1992 "1991"; Czaja 1922; Davis 1975; Davis & Postlethwaite 1966a, 1966b; DeMaggio 1964; Elmore & Whittier 1973, 1974, 1975a, 1975b; Farlow 1874a, 1974b; Farrar 1974; Fernández et al. 1990; Gairdner 1933; Haigh & Howard 1973b; Heidcamp 1972; Hicks & Von Aderkas 1986; Hirsch 1975, 1976; Howard & Haigh 1974; Ito 1960, 1962; Kato 1963a, 1964b, 1965a, 1968a, 1969b, 1972; Kadota & Wada 1989b; Kagawa & Wada 1993; Kshirsagar & Mehta 1978; Kwa et al. 1990, 1991; Leconiat & Hurel-Py 1976; Loyal et al. 1977; Maeda & Ito 1981; Maeda et al. 1990; McAlpin 1970; Mehra & Palta 1971; Miller 1968b; Miller & Miller 1970; Morel 1950, 1956; Morel & Wetmore 1951; Munroe & Sussex 1969; Nakamura & Maeda 1994; Ootaki 1965, 1967; Ootaki & Furuya 1969; Pares & Steeves 1956; Partanen 1956, 1958, 1959a, 1960a, 1960b, 1964, 1972, 1980; Partanen & Nelson 1961; Partanen et al. 1980; Partanen & Steeves 1956; Partanen et al. 1955; Partanen & Partanen 1963; Pfeiffer 1912; Raghavan 1969b; Raghavan & DeMaggio 1971a, 1971b; Reynolds 1981; Richardson & Palta 1983; Sheffield & Farrar 1988; Sossountzov 1950b, 1952, 1953d; Steeves & Sussex 1952; Steeves et al. 1955; Sussex & Steves 1953; Takei 1989.

23. Diferenciación sexual y reproducción.

Andersson 1923; Andersson-Kotto 1928, 1930, 1931, 1932, 1936; Andres 1964; Atkinson 1943; Bierhorst 1954; Banks 1993; Banks et al. 1993; Bordonneau et al. 1984; Britton & Taylor 1902; Brokaw 1957, 1958a, 1958b, 1959, 1974; Buchholz & Salett 1941; Campbell 1886a, 1902; Castle 1953; Chapman et al. 1979; Cheema 1984; Chiang 1976; Clute 1911; Conant 1990; Conway 1949; Corey et al. 1986; Cousens 1969, 1973, 1975, 1979, 1988; Cousens & Horner 1970; Czaja 1921; Davie 1951; DeMaggio 1977; Döp 1950, 1955a, 1959, 1962; Druery 1886a, 1886b; Dubey & Roy 1985; Duckett 1968, 1970, 1972a, 1975, 1977, 1979a, 1979b; Duckett & Duckett 1980; Duckett & Bell 1971, 1972; Duckett & Pang 1964; Durán & de la Sota 1996; Evans & Bozzone 1977, 1978; Evans & Conway 1980; Faivre et al. 1982; Faivre-Baron 1979a; Farrar & Gooch 1975; Gemmrich 1986a, 1986b; Guervin et al. 1979; Hamilton 1994; Hanstein 1866; Haufler & Gastony 1978; Haufler & Ranker 1985; Haufler & Soltis 1984; Hauke 1967, 1971, 1977; Haupt 1940; Hickok 1978a, 1978b, 1983; Hickok & Kiriluk 1984; Holbrook-Walker & Lloyd 1973; Hoyt 1910; Hurel-Py 1943a; Jackson 1936; Kagawa & Wada 1993; Kato 1965c; Khare & Kaur 1979; Khare & Kaur 1992; Kirkpatrick et al. 1990; Klekowski 1969b, 1970b, 1970c, 1972b, 1973b, 1979; Klekowski & Lloyd 1963; Korpelainen 1994; Kshirsagar & Mehta 1979; Kuligowski-Andres & Tourte 1978; Kuligowski-Andres et al. 1982; Kuligowski et al. 1985; Lane 1980; Laroche et al. 1978; Le Coq et al. 1980; Lewis et al. 1993; Lindsay 1794; Lloyd 1973a, 1974a, 1974b, 1974c, 1980, 1988; Lloyd & Gregg 1975; McCauley et al. 1985; Masuyama 1972, 1975b, 1975c, 1979, 1986; Masuyama & Watano 1990; McAlpin 1970; Mesler 1973, 1974; Mesler et al. 1975; Miller & Miller 1970; Mishra & Sen 1991; Moham Ram 1970; Mottier 1904, 1910, 1931; Myles 1978; Näf 1956, 1958, 1959, 1960, 1961a, 1961b, 1962b, 1963, 1965, 1966, 1967a, 1967b, 1969, 1975, 1979; Näf et al. 1974; Nagai 1915; Nakanishi et al. 1971; Peck 1985; Peck & Peck 1986; Perrin 1908a; Petersen & Fairbrothers 1980b; Prada et al. 1995; Prantl 1881; Pringle 1961; Raine 1994; Raine et al. 1993; Ranal 1991; Ranker et al. 1996; Rashid 1970; Rathore & Sharma 1989; Ritland et al. 1990; Rogers

1927; Rothschield 1952, 1956; Roy & Choudhury 1989a; Rubin & Paolillo 1983; Rubin et al. 1984, 1985; Rumsey et al. 1992; Saus & Lloyd 1976; Schedlbauer 1974, 1975a, 1976a, 1976b; Schedlbauer & Klekowski 1972; Scheneller 1976; Schraudolf 1963, 1964, 1965, 1966a, 1966b, 1966c, 1967a, 1967b, 1967c, 1967d, 1968, 1977a, 1977b, 1980; Sharma & Vangani 1988; Shaw 1898a; Sheffield et al. 1985; Shorina 1987; Sing & Roy 1977, 1989; Sinyukhin 1973; Soltis et al. 1988; Sossountzov 1953e, 1954a, 1955c, 1955d, 1959a; Sossountzov & Delaporte 1949; Sporne 1964; Srinivasan & Kaufman 1978; Steil 1952; Stein 1954; Stokey 1948a; Strasburger 1858, 1870; Sugai et al. 1987; Takeno & Furuya 1977b, 1980, 1987; Takeno et al. 1979; Thorm 1899; Tourte 1967; Tourte et al. 1980; Tryon, A. 1968; Tryon, R. & Vitale 1977; Vaudois & Tourte 1979; Vazart 1952, 1963; Vázquez 1974; Verma 1977; Verma & Kapur 1972; Verma & Khullar 1966; Voeller & Weinberg 1967, 1969; Von Aderkas & Cutter 1983b; Walker 1987; Ward 1954; Warne & Hickok 1991; Warne & Lloyd 1981, 1987b; Webster 1979; Willson 1981; Whittier 1970, 1991; Wuist 1910, 1913; Yamane et al. 1979; Yamanouchi 1908a; Yuasa 1937a, 1937b, 1938b.

24. Gametangios, gametos.

Allen 1911; Allen 1914; Bajon-Barbier & Tourte 1979; Banks 1993; Barton 1967, 1969, 1976; Belajeff 1889, 1897; Bell 1960, 1964, 1969b, 1972, 1974b, 1974c, 1979c, 1980, 1982, 1983b, 1986; Bell & Duckett 1976; Bell et al. 1971; Bell & Muhlethaler 1962a, 1962b; Bierhorst 1954; Bilderback et al. 1974; Black 1909; Brokaw 1957, 1958a, 1958b, 1959, 1974; Buller 1900; Bürcky 1977a; Campbell 1886a, 1887; Cave & Bell 1973, 1974a, 1974b, 1979; Chapman et al. 1979; Chang & Chiang 1991a, 1991b; Chiang 1976; Cousens 1969; Davie 1951; Demalsy-Feller 1957a, 1957b; Feller 1957b; Doonan et al. 1986; Döpp 1962; Dracinschi 1930, 1932; Duckett 1975; Duckett & Carothers 1982; Duckett et al. 1979; Dute & Bell 1997; Elmore & Adams 1976; Fellenberg-Kressel 1969; Feller 1957; Ferguson 1911; Fowler 1975; Gairdner 1933; Garbary et al. 1993; Gemmrich 1986a, 1986b; Gorska-Brylass 1968; Grill 1988, 1991; Guignard 1889a, 1889b, 1889c; Hartman 1931; Haufler & Gastony 1978; Haufler & Ranker 1985; Hauke 1968a, 1968b; Hepler 1976; Hickok 1976, 1983; Igura 1956b, 1958, 1959; Jackson 1936; Janczewski 1872; Kagawa & Wada 1993; Kermarrec & Tourte 1984, 1985; Kny 1870, 1879; Kotenko 1985, 1986, 1990; Kressel 1965; Kuligowski-Andres et al. 1982; Kuriyama et al. 1989; Lair & Sheffield 1986; Lang 1936; Leclerc du Sablon 1888; Leung & Näf 1979; Maden et al. 1993; Manton 1959; Manton & Clarke 1951; Marc & Gunning 1986; Masuyama 1975b, 1975c; Mehra 1952; Mehra & Lloyd 1956; Menke & Fricke 1964; Mehra & Loyal 1956; Menke & Fricke 1964; Metzner 1923a, 1923b; Miller et al. 1985; Miller & Miller 1970; Mizukami & Gall 1966; Momose 1958a; Mottier 1915; Myles 1975, 1978; Myles & Hepler 1977, 1982; Nagai 1915; Nageli 1844; Nester 1985a; Nishida & Sakuma 1961; Olsen & Gullvag 1973; Pellegrini-Esteve & Tourte 1985; Petersen & Fairbrothers 1980b; Pfeiffer 1949; Prada et al. 1995; Ranal 1991; Rankin 1934; Rathore & Sharma 1989; Rice & Laetsch 1967; Robbins & Carothers 1978; Robert 1971a, 1971b, 1972a, 1972b, 1973, 1974; Robert et al. 1986; Rogers 1927; Rothschield 1952; Roze 1867; Roy & Choudhury 1989b; Rubin et al. 1984, 1985; Ruth et al. 1988; Schedlbauer et al. 1973; Schottlander 1892, 1893; Schraudolf 1963, 1964, 1965, 1966a, 1966b, 1966c, 1967a, 1967b, 1967c, 1967d, 1968, 1977a, 1977b, 1980, 1984b; Sharp 1914; Shibata 1904, 1905a, 1905b, 1905c, 1911; Slagg 1932; Singh & Roy 1989; Singh et al. 1990a; Steil 1918a, 1934; Stone 1962; Sugai et al. 1987; Takeno & Furuya 1977b, 1980; Takeno et al. 1979; Tigerschiöld 1989a, 1989b; Tourte 1968, 1970a, 1970b; Tourte & Hurel-Py 1967; Tourte & Vaudois 1980; Vaudois 1983, 1976b; Vaudois & Tourte 1976, 1979; Vaughn & Renzaglia 1993; Vazart 1952, 1963; Verma & Khullar 1966; Voeller 1964b, 1966; Voeller & Weinberg 1967, 1969; Vondy et al. 1985; Wilkie 1954; Whittier & Peterson 1980; Wolniak & Cande 1980; Yamane et al. 1979; Yamanouchi 1908a; Yuasa 1932, 1933a, 1933b, 1933c, 1934, 1935a, 1935b, 1936b, 1936c, 1937a, 1937b, 1938b, 1938d, 1939, 1952; Zacharias 1887.

25. Poliembrionía.

Atkinson 1893; Banks 1993; Bergfeld 1970; Duncan 1943; Etter 1923; Kagawa & Wada 1993; Mottier 1924, 1925.

26. Ultraestructura, histoquímica, citología.

Alfano et al. 1993; Allen & Haigh 1973; Allen et al. 1973; Atkinson 1938; Beisvag 1970; Banks A. .1993; Bell 1960, 1961, 1963, 1964, 1969a, 1969b, 1970b, 1974a, 1974b, 1974c, 1975a, 1975b, 1978, 1979b, 1980, 1981a, 1982, 1983a, 1983b, 1987; Bell et al. 1971, 1966; Bell & Muhlethaler 1962a, 1962b, 1964; Bergfeld 1963, 1965b, 1967, 1968, 1970; Bonharmont 1972; Brack-Hanes & Vaughn 1978; Cave & Bell 1973, 1974a, 1975; Cohen et al. 1973; Cooke et al. 1990; Coker 1903; Cran 1970, 1979; Cran & Dyer 1973; Crotty 1960; Crotty & Ledbetter 1973; DeMaggio 1977; Diers 1965; Doonan et al. 1986; Döpp 1939; Duckett 1972b; Duckett & Bell 1971, 1972; Duckett & Ligrone 1992; Dyer 1976; Ekes 1979; Elmore & Adams 1976; Evans 1964; Fabbri & Marassi Bonzi 1982; Faivre et al. 1982; Faivre-Baron 1977a, 1977b, 1981b; Farmer et al. 1903; Fraser & Smith 1974; Frey et al. 1994; Friebel 1933; Gantt & Arnott 1963; Garg & Devi 1994; Gastony 1977; Gastony & Haufler 1976; Gemmrich 1981; Gratzy-Wardengg 1931; Guervin 1971, 1972a; Haigh & Howard 1970; Hannaford & DeMaggio

1975; Heilbronn 1935; Hepler 1976; Heun 1939; Hickok 1979b; Howland 1972; Huang & Chiang 1991; Huckaby et al. 1982a; Hudak & Bednarova 1963; Igura 1955a, 1955b, 1955c, 1955d, 1956a, 1960a, 1962; Iqbal 1977; Ito 1969, 1970; Jayasekera & Bell 1971; Jayasekera et al. 1972; Jenni et al. 1990; Kadota 1990; Kadota et al. 1986a, 1979; Kadota & Wada 1989a, 1989c, 1992b, 1992d; Kagawa & Wada 1993; Kagawa et al. 1992; Kirby 1928; Kiss et al. 1995; Laurent 1952; Leung & Näf 1979; Little et al. 1981; Loyal 1959; Maden et al. 1993; Maly 1951; Manton 1950, 1959; Manton & Clarke 1951; Marc & Gunning 1986; Mehra 1949b; Mehra & Palta 1969; Minamikawa et al. 1984; Mineyuki & Furuya 1980, 1984, 1985, 1986; Mineyuki et al. 1983, 1984, 1991; Montardy-Pausader 1989c; Morzeti 1962, 1966; Muccifora & Gori 1995; Munroe & Bell 1970; Murata & Wada 1989b, 1991a, 1992, 1993a, 1993b; Murata et al. 1987; Myles 1975; Myles & Hepler 1977, 1982; Nakazawa 1960b, 1963; Nakazawa & Tanno 1965, 1967; Nakazawa & Tsusaka 1959; Nester 1985a; Olsen & Gullvag 1973; Pal & Pal 1963; Partanen 1956, 1959b, 1961, 1965; Partanen et al. 1955; Pataraya 1966; Patterson 1942; Payer 1969; Petersen et al. 1981; Raghavan 1968d; Robert 1972a, 1973, 1974; Sarbadhikari 1927; Schifferdecker 1957; Schmid & Oberwinkler 1993, 1994, 1995; Schnell 1975; Schraudolf 1982b, 1983a, 1994; Schraudolf & Richter 1978; Schraudolf & Sonka 1979; Shaw 1898b; Sheffield 1984a, 1985; Shi et al 1989; Shivas 1969; Singh & Devi 1989a; Smith & Smith 1969; Stetler & DeMaggio 1972; Stockwell & Miller 1974; Takahashi 1962; Takei 1989; Tigerschiöld 1989a; Tilney et al. 1990; Tourte 1968, 1970a, 1970b, 1971, 1972a, 1972b, 1975a, 1975b, 1976; Tourte et al. 1971, 1980, Tourte & Hurel-Py 1967; Tourte & Vaudois 1980; Tucker 1989; Trivedi & Bajpai 1977; Trivedi & Kher 1976a, 1976b; Vaudois 1963, 1964; Vaudois & Laurent 1976; Vaudois & Tourte 1976; Vazart 1964; Verma 1977; Verma & Khullar 1976; Vogelmann & Miller 1980; Wada et al. 1980, 1983, 1990; Wada & Staehelin 1981; Whittier & Peterson 1995; Yatsuhashi & Wada 1990; Yatsuhashi et al. 1985; Yuasa 1932, 1933a, 1933b, 1933c, 1934, 1935a, 1935b, 1936a, 1936b, 1936c, 1937a, 1938a, 1938 c, 1938d, 1939, 1940a, 1940b, 1952; Zilberstein et al. 1984.

27. Genética, evolución, filogenia.

Andersson 1923; Andersson-Kotto 1928, 1930, 1931, 1938; Atkinson 1973; Banks 1993; Baroutis & Gastony 1978; Bell 1970a, 1986; Buchholz & Salett 1941; Carlson 1969; Chansa Ngavej & Raghavan 1987; Cousens 1975, 1979; Cousens & Horner 1970; Crist & Farrar 1983; Czaja 1921; DeMaggio 1971; DeMaggio & Lambrukos 1974; DeMaggio & Stetler 1971; Döpp 1936, 1939, 1955b; Farrar 1967, 1978, 1985, 1990; Farrar et al. 1983; Fechner & Schraudolf 1984; Frey et al. 1993, 1994; Ganders 1972; Garbary et al. 1993; Gastony 1977, 1990; Gastony & Gottlieb 1982; Gastony & Haufler 1976; Haigh & Howard 1970; Hannaford & DeMaggio 1975; Haufler 1985, 1987; Haufler & Adams 1982; Haufler & Ranker 1985; Heilbronn 1927, 1932a, 1932b, 1935; Hickok 1978a, 1978b, 1979b, 1985a, 1985b, 1987; Hickok & Schwartz 1986; Hickok et al. 1987, 1991; Horvat 1922a; Ji et al. 1994; Khare & Kaur 1992; Kirkpatrick et al. 1990; Klekowski 1970a, 1970b, 1970c, 1971a, 1971b, 1972a, 1972b, 1973, 1973a, 1973c, 1976a, 1976b, 1978a, 1978b, 1979, 1984; Klekowski & Baker 1966; Klekowski & Davis 1977; Klekowski & Hickok 1974; Klekowski & Klekowski 1982; Klekowski & Poppel 1976; Korpelainen 1996; Kott & Peterson 1974; Lang 1923; Laroche et al. 1978; Lawton 1932, 1936; Le Coq et al. 1980; Lloyd 1973b, 1974a, 1974b, 1974c; Lloyd & Warne 1978; Lovis 1968a, 1968b; Loyal 1959, 1960; Loyal & Paik 1971; Loyal et al. 1977; Manton 1950; Masuyama 1979, 1986; Mehra & Loyal 1956; Morlang 1967; Mukherjee & Sen 1986; Murakami & Iwatsuki 1990; Nayar 1970; Palta & Mehra 1986; Panigrahi 1962; Partanen 1959b, 1961, 1965; Pataraya 1966; Peterson & Whittier 1991; Philpott 1973; Pray 1968a; Raghavn 1993; Ranker et al. 1996; Richardson & Palta 1983; Ritland et al. 1990; Rosendahl 1940; Saus & Lloyd 1976; Schifferdecker 1957; Schlumberger 1911; Schneller 1975; Schneller & Holderegger 1996a, 1996b; Schott & Hickok 1987; Soltis & Soltis 1990; Sparrow et al. 1975, 1967; Silverstein et al. 1984b; Suzuki & Iwatsuki 1990; Takahashi 1961a, 1962; Tryon, A. & Britton 1958; Verma 1978; Verma & Kapur 1972; Voeller & Weinberg 1969; Walker 1979, 1985; Warne & Hickok 1987a; Warne & Lloyd 1981, 1987a; Wilkie 1956, 1963; Windham & Haufler 1986; Wolf et al. 1987.

28. Apogamia, aposporia, partenogénesis, poliploidía, híbridos.

Allen 1911; Allen, 1914; Andersson-Kotto 1932; Andersson-Kotto & Gairdner 1936; Barrington 1990; Bell & Richards 1958; Berggren 1888; Bhardwaja & Abdullah 1972; Bierhorst 1975b; Bonharmont 1972; Bower 1886, 1887b, 1888, 1889, 1894; Braithwaite 1964; Brades 1973; Brown 1919, 1920a, 1923; Cheema 1979; Chopra & Loyal 1964; Conant 1990; Czaja 1922; Debary 1878; DeMaggio 1971; DeMaggio & Lambrukos 1974; DeMaggio & Stetler 1971; Digby 1905; Döpp 1932, 1933, 1955b, 1967; Druery 1887, 1893, 1894; Duckett 1979a; Duncan 1941, 1943; Durán & de la Sota 1996; Elmore 1976; Elmore & Whittier 1973, 1974, 1975a, 1975b; Emigh & Farrar 1977; Evans 1964, 1969; Farlow 1888; Farmer & Digby 1907; Farmer et al. 1903; Farrar 1967; Fischer 1909, 1919; Freeberg 1957; Fries 1970; Gastony 1977, 1990; Gastony & Haufler 1976; Geiger 1935; Georgevitch 1910a, 1910b; Goebel 1905, 1914; Gómez Pignataro 1975; Hayes 1924; Heilbronn 1910; Heun 1935; Hickok 1979a; Hirsch 1976; Kanamori 1967, 1972; Klekowski & Baker 1966; Knobloch

1975; Chiou 1985, 1989, 1992; Conard 1908, 1929; Cooke & Racusen 1988; Cran 1970; Daigobo 1983; Darnell-Smith 1918; Dassler & Farrar 1983, 1992; Davis & Postlethwaite 1966a; De Boer 1990; DeMaggio 1961; Demalsy-Feller 1957a; Dodel-Port 1880; Döpp 1927, 1933, 1935, 1937; Duckett 1968, 1979a, 1979b, 1973; Duthie 1923; Dyer 1979a; Edgerley 1915; Elmore & Adams 1976; Estes 1963; Esteves et al. 1985; Faegri 1934; Faivre 1969b; Farlow 1874a; Farrar 1978, 1985; Farrar et al. 1983; Farrar & Wagner 1968; Foster 1964; Freeberg 1962; Freeberg & Wetmore 1957; Freer 1926; Furuya 1977; Galdi 1966; Gant & Arnott 1965; Gauthier & Dumais 1938; Geiger 1935; Gewirtz & Fahn 1960; Giauque 1949; Gifford & Brandon 1978; Goebel 1877, 1888, 1928; Guervin 1968; Hannaford & DeMaggio 1970; Hartman 1931; Haufler 1979; Hauke 1969, 1980, 1985; Haupt 1940; Heim 1896; Heinsen 1900; Henriet 1970; Henriet et al. 1976; Henriet & Moens 1976; Higinbotham 1941; Hires 1940; Holbrook-Walker & Lloyd 1973; Holloway 1918, 1920, 1921, 1930, 1935, 1939, 1944; Horvat 1922a; Huang & Chiang 1986; Hurel-Py 1949b, 1959; Hiyama et al. 1992; Igura 1960a; Janczewski & Rostafinski 1875; Javalgekar 1960; Javalgekar & Mahabale 1959; Jeffrey 1898; Jonkman 1878, 1880; Jones & Hook 1970; Khare & Chandra 1995; Kachroo 1955a, 1955b, 1955c, 1955d, 1956, 1957, 1963; Kachroo & Nayar 1952, 1953; Kadota & Wada 1986; Karpowicz 1927; Kashyap 1914; Kaulfuss 1827; Kaur 1961, 1963a, 1963b, 1972, 1977; Kaur & Chandra 1973; Kaur & Devi 1976; Kawasaki 1954a, 1954b, 1956b, 1959; Kelly & Postlethwaite 1960; Klebs 1916/17; Klein 1881; Kleinschmidt 1952; Kny 1869, 1870, 1871, 1875; Kny 1972; Laage 1907; La Motte 1933; Lagerberg 1906, 1908; Laird & Sheffield 1986; Lampa 1901; Lang 1896, 1902; Lawson 1917a, 1917b; Leitgeb 1878, 1879a; Lemoigne 1968, 1969; Leszcyc-Suminski 1849; Lin et al. 1992; Lindsay 1794; Liu et al. 1991; Lloyd, 1980; Lloyd & Gregg 1975; Loyal 1960, 1972; Lyon 1901; Ma & Wang 1986; Mackel 1924; Mahabale 1937a, 1937b, 1937c, 1947, 1948, 1963; Mahabale & D'Almeida 1953; Mahabale & Javalgakar 1949, 1950; Mahabale & Kulkarni 1949, 1950; Mahabale & Shah 1949; Masuyama 1975a; Matzke 1941; McAlpin & Farrar 1978; Mehra 1932a, 1938a, 1949a; Mehra & Gupta 1986; Mendoza R. et al. 1996–1997, 1997; Mesler 1974, 1975, 1976; Mesler & Lu 1977; Millardet 1869; Miller 1984; Mishra 1993 "1992"; Mitra & Sen 1969; Momose 1937, 1938a, 1938b, 1938c, 1939, 1940, 1941, 1941a, 1941b, 1941c, 1941d, 1942, 1947, 1949, 1958a, 1958b, 1959a, 1960a, 1960b, 1960c, 1960d, 1961a, 1961b, 1962, 1964a, 1964b, 1965d, 1965b, 1965c, 1965b, 1965e, 1967, 1968; Montardy-Pausader 1982; Morison 1699; Muccifora & Gori 1995; Mukherjee & Sen 1986; Näf 1953; Nakai 1933; Nayar 1954, 1955, 1956, 1959, 1960a, 1960b, 1960c, 1960d, 1961a, 1961b, 1961c, 1961d, 1961e, 1961f, 1962a, 1962b, 1962c, 1962d, 1962e, 1962f, 1963a, 1963b, 1964, 1965, 1967, 1968a, 1968b, 1969; Nauman 1989; Nayar & Bajpai 1964; Nayar et al. 1966; Nayar & Chandra 1963, 1965a, 1965b; Nayar & Devi 1973; Nayar & Kachroo 1953; Nayar & Kaur 1963a, 1963b, 1964a, 1964b, 1964c, 1965, 1969a, 1971; Nayar et al. 1968; Nayar & Kazmi 1962a, 1962b, 1963, 1964; Nayar & Raza 1970; Nebel 1946; Nester 1985a, 1985b; Nester & Schedlbauer 1981; Nishida 1954a, 1954b, 1955, 1956; Nishida & Sakuma 1961; Nozu 1954, 1955, 1956, 1958, 1961; Ootaki 1965; Orth 1934, 1936; Pace 1910; Padhya & Mehta 1981b; Page 1967; Pal & Pal 1960, 1962, 1963; Pal 1962; Pal & Pal 1960; Pandey & Kumar 1991; Pangua & Vega 1996; Pangua et al. 1994; Panigrahi 1955; Pant 1962; Pant & Misra 1964, 1984; Pant & Khare 1971; Pant et al. 1984; Pares 1958; Pérez-García 1989; Pérez-García & Fraile 1985, 1986; Pérez-García & Reyes-Jaramillo 1990; Pérez-García & Riba 1993; Pérez-García, Mendoza & Riba 1994; Pérez-García, Riba & Mendoza 1994; Pérez-García et al. 1995, 1996, 1996–1997; Perrin 1908b, 1911; Pickett 1914b; Pickett & Manuel 1925; Pickett & Thayer 1927; Pietrykowska 1962a, 1962b; Pinel 1996; Powell & Kiss 1994; Prada et al. 1995; Prantl 1878, 1879a; Pray 1968b, 1970, 1971a, 1971b; Profumo 1969; Raine et al. 1996; Ranal 1991; Rao 1949; Rauwenhoff 1879a; Reyes-Jaramillo & Pérez-García 1991; Reyes Jaramillo & Pérez-García 1993; Reyes Jaramillo et al. 1996; Reynolds 1979; Riba et al. 1992; Robert 1971a, 1971b, 1972b, 1973; Rodríguez 1973; Rogers 1923; Rohlfs 1955a, 1955b; Rottman 1939; Roux 1993; Roy & Choudhurg 1989; Rubin & Paolillo 1984; Rumberg 1932; Rumsey & Sheffield 1990; Sasaki 1928; Sawhney 1968; Schacht 1849; Schidler 1925; Schmeltzeisen 1933; Scheneller 1976; Schulz 1936; Schussnig 1913; Sen 1981; Singh & Devi 1989a; Singh et al. 1990b; Slade 1964; Slagg 1932; Sossountzov 1953c, 1953e, 1953f, 1954a, 1954c, 1955c, 1955d, 1959a; Srivastava 1968; Steil 1944b; Stokey 1930, 1940, 1942, 1945, 1948a, 1948b, 1950, 1951b, 1959, 1960; Stokey & Atkinson 1952a, 1952b, 1952c, 1952d, 1954a, 1954b, 1954c, 1956a, 1956b, 1956c, 1957, 1958, 1964; Stokey & Starr 1924a, 1924b; Stone 1958, 1960, 1961, 1965, 1969; Sulklyan & Mehra 1977; Thomas 1901, 1902; Thomson 1943; Tigerschiöld, 1989b, 1990; Treub 1884, 1886, 1888a, 1888b; Trivedi & Kher 1975; Troll 1932; Tryon, A. 1947, 1964; Twiss 1910; Vogel et al. 1993; Von Aderkas 1983; Von Aderkas & Cutter 1983b; Von Aderkas & Raghavan 1985; Wada & O'Brien 1975; Wagner 1968; Wagner & Farrar 1976; Waldemann 1928; Walker 1921, 1931, 1937; Watson & Vazquez 1981; Wetmore & Morel 1951a; Whittier 1977a, 1977b, 1977c, 1981a, 1982, 1983, 1985, 1987, 1990c; Whittier & Braggins 1992a, 1992b; Whittier & Britton 1995; Whittier & Webster 1986; Worenew 1894; Wuist 1913, 1916; Yoroi 1972, 1975; Zamora et al. 1995; Zimmerly & Banks 1950.

1896; Leena et al., 1994; Leitgeb 1878, 1879a; Leszcyc-Suminski 1849; Ligrone et al. 1993; Lindsay & Dyer 1996; Lindsay, Sheffield & Dyer 1992; Lloyd 1971; McAlpin & Farrar 1978; Mason & Farrar 1989; Mehra & Gupta 1986; Miller 1984; Mishra & Sen 1989; Momose 1965a, 1965b, 1965e, 1967; Morison 1699; Morzeti 1962, 1966; Murray 1971; Mussack 1933; Nakazawa 1960a, 1961; Nauyalis 1989; Nayar 1955, 1956, 1960c, 1961c, 1961d, 1961e, 1961f, 1962a, 1962b, 1962c, 1962f, 1963a, 1963b, 1964, 1965, 1967, 1968a, 1969, 1970; Nayar et al. 1966; Nayar & Chandra 1965a; Nayar & Kachroo 1953; Nayar & Kaur 1963a, 1963b, 1964a, 1964b, 1964c, 1965, 1969a; Nayar & Kazmi 1962a, 1962b, 1963; Nishida 1955; Nozu 1954, 1955, 1956; Oinonen 1967; Orth 1934; Page 1975, 1979a; Page et al. 1992; Pal & Pal 1960; Pant 1962; Pant et al. 1984; Pares 1958; Partanen & Partanen 1963; Pedersen 1875; Pérez-García & Reyes Jaramillo 1993; Perrin 1908; Pickett 1914b; Raghavan 1989; Raine et al. 1991, 1996; Rankin 1934; Rao 1949, 1966; Raper et al. 1951; Rauwenhoff 1879a, 1890a, 1890b, 1891; Reimers 1928; Reyes Jaramillo et al. 1995; Rottman 1939; Rush 1984; Sasaki 1928; Schacht 1949; Schelting 1875; Sheffield 1996; Sheffield et al. 1985; Schidler 1925; Schmeltzeisen 1933; Seilheimer 1974; Sheffield 1978; Sheffield & Bell 1986; Sheffield et al. 1991; Stephan 1929a, 1929b; Stetler 1972; Stokey 1951b, 1959; Sulklyan & Mehra 1977; Troll 1932; Tryon, A. 1964; Tryon, R. et al. 1973; Vázquez 1974; Vladesco 1932; Voegler 1891; Voeller 1971; Wagner & Farrar 1976; Walker 1979; Wetmore et al. 1963; Whittier 1971, 1976b, 1982, 1990c, 1995; Whittier & Webster 1986; Whyte 1930; Wigand 1849; Williams 1938; Windham & Haufler 1986; Worenew 1894; Yoroi 1992; Zamora et al. 1995; Zimmerly & Banks 1950.

INDICE TAXONÓMICO

▸*Antrophyum*
Troll 1932 (30, 33).
▸*Arachniodes*
Chandra & Nayar 1970 (30).
▸*Archangiopteris*
Sasaki 1928 (29, 30, 33).
▸*Arcypteris*
Atkinson 1970b (30).
▸Arquegoniadas
Bower 1935 (30); Goebel 1892 (33); Goebel 1896 (33).
▸*Aspidium*
Döpp 1932 (28), 1933 (28, 30); Fischer 1909 (28); Thom 1899 (23).
▸Aspleniaceae
Momose 1959a (30), 1959b (30), 1960a (30), 1960b (30), 1960c (30), 1960d (30), 1961a (30), 1961b (30), 1962 (30); Nayar et al. 1968 (30); Saus & Lloyd 1976 (23, 27).
▸*Asplenium*
Bonharmont 1972 (26, 28); Crist & Farrar 1983 (27, 29); Faegri 1934 (30); Fernández et al. 1990 (21, 22), 1993 (21); Freer 1926 (30); Goebel 1905 (28); Henriet 1970 (30); Henriet et al. 1976 (30); Henriet & Moens 1976 (30); Hurel-Py 1942 (13, 21), 1943a (15, 21, 23), 1943c (15), 1945 (13), 1946 (15), 1947b (15); Lovis 1968b (27, 28); Meyer 1952 (28); Morlang 1967 (21, 27, 28); Morzeti 1966 (26, 33); Muccifora & Gori 1995 (26, 30); Nayar et al. 1968 (30); Pangua et al. 1994 (30); Pickett 1914a (29); Prada et al. 1995 (23, 24, 30); Raghavan 1965a (15), 1968b (15, 32), 1969a (17, 32), 1969b (17, 22); 1971b (11, 12); Raghavan & Tung 1967 (15, 19, 32); Schneller & Hess 1995 (15); Schneller & Holderegger (27, 29) 1996a; Shivas 1969 (26); Sossountzov 1948a (03, 05, 14, 15), 1948c (01, 13, 19), 1949 (01, 13); Young 1985 (02, 13).
▸*Asplenium adiantum-nigrum* (complejo)
Shivas 1969 (26)
▸Athyrioideae
Saus & Lloyd 1976 (23, 27).
▸*Athyrium*
Bähre 1976 (15, 17), 1975a (32); 1975b (32); 1977 (15); Bednarova-Nogova 1968 (30); Courbet 1957 (05); Druery 1886a (23), 1886b (23), 1894 (28); Faegri 1934 (30); Jenni et al. 1990 (26); Mahabale 1963 (13, 30); Malik & Bhardwaja 1990 (05, 15); Masuyama 1975b (23, 24); Nayar 1860b (30); Sato 1992 (29); Schneller & Holderegger 1996b (27, 29); Stanfield 1899 (28, 29).
▸*Azolla*
Fowler 1975 (24); Peters & Perkins 1993 (29); Shi et al. 1989 (26); Singh et al. 1990 (01, 30); Toia et al. 1985 (12); Zheng et al. 1990 (26).
▸Blechnaceae
Klekowski 1969b (23); Stone 1961 (30), 1969 (30).
▸*Blechnum*
Beisvag 1970 (26); Chiou 1989 (30); Cousens 1973 (23, 29), 1979 (19, 23, 27, 29), 1981 (29); Durán & de la Sota 1996 (23, 28); Kachroo 1955c (30); Laurent 1968 (32), 1976 (32); Nayar 1962e (30); Nayar et al. 1966 (30, 33); Pérez-García, Mendoza & Ricci 1996 (30); Rodríguez 1973 (30); Stokey & Atkinson 1952b (30); Stone 1961 (30).
▸*Bolbitis*
Nayar 1960a (30); Nayar & Kaur 1964a (30, 33), 1965 (30, 33).
▸*Bommeria*
Gastony & Haufler 1976 (26, 27, 28); Haufler 1979 (30, 33), 1985 (27, 32); Haufler & Gastony 1976 (15), 1978 (23, 24); Huckaby et al. 1981 (11).
▸*Botrychium*
Bierhorst 1958 (30); Bruchmann 1906 (30); Campbell 1921 (30), 1922 (30); Conard 1929 (30); Foster 1964 (30); Gifford & Brandon 1978 (13, 17, 30); Jeffrey 1898 (30); Mason & Farrar 1989a (29, 33); Melan & Whittier 1986 (19), 1989 (32), 1990 (03, 04, 14); McAlpin 1970 (22, 23); McCautley et al. 1985 (23); Nishida 1954a (30), 1954b (30), 1955 (30, 33), 1956 (29, 30); Nozu 1954 (30, 33); Schmid & Oberwinkler 1994 (26); Walker 1987 (23, 28, 29); Whittier 1972 (13), 1973c (07), 1976a (28), 1976b (33), 1978 (28), 1981b (01, 19, 20), 1984 (32), 1985 (01, 13, 30), 1991 (13, 23); Whittier & Thomas 1993 (13).
▸*Botrytis*
Jaffe & Etzold 1962 (10).
▸*Brainea*
Stone 1969 (30).
▸*Callistopteris*
Dassler & Farrar (in press) (21).
▸*Camptosorus*
Brown 1919 (28); Pickett 1913 (21, 29), 1914a (29), 1914b (30, 33).
▸*Cardiomanes*
Holloway 1944 (13, 30).
▸*Ceratopteris*
Banks 1993 (23–27); Banks et al. 1993 (23); Caponetti 1986 (22); Cave & Bell 1973 (24, 26); Cheema 1979 (13, 28), 1984 (01, 13, 21, 23); Cheema & Sharma 1992 "1991" (22); Chiang 1975 (30), 1976 (23, 24); Chiang & Chiang 1962 (19, 30), 1967 (05, 15, 17); Cooke 1994 (7, 17); Cooke et al. 1987 (07); Duckett et al. 1979 (24); Endres 1974 (01); Hickok 1978b (23, 27), 1979a (28), 1979b (26, 27), 1983 (23, 24), 1985b (27), 1987 (27); Hickok & Kiriluk 1984 (15, 23); Hickok & Schwartz 1986 (15, 27, 29); Hickok et al. 1987 (27, 33); Hickok et al. 1987 (27, 33), 1991 (14, 27); Javalgakar 1960 (30, 33); Klekowski 1970b (23, 27); Klekowski & Hickok 1974 (27); Kny 1875 (30); Lloyd 1973a (21, 23); Lloyd & Warne 1978 (27); Loyal & Chopra 1977 (21, 28); Mahabale 1948 (30), 1963 (13, 30); Mahabale & Jagalvakar 1950 (01, 11, 13, 30); Momose 1964a (30); Nayar & Kaur 1969a (30, 33); Nozu 1955 (30,

24), 1975 (23, 27); Cousens & Horner 1970 (23, 27); Cran & Dyer 1973 (26), 1975 (17), 1976 (19); Döpp 1939 (26, 27); Duncan 1943 (25, 28); Durr & Scheverlein 1990 (14); Dyer & Cran 1976 (19); Ekes 1979 (26); Etzold 1965 (20); Fries 1970 (28); Grill 1990b (17, 19); Haas et al. 1991 (32); Hass & Scheverlein 1990 (14); Hotta 1959a (13, 15), 1959b (15, 19); Howland 1972 (17, 26, 32); Isikawa & Oahusa 1956 (07); Kanamori 1967 (28), 1969 (09, 12); Kato 1957a (10, 11), 1957b (05, 11, 15), 1957c (11); Kaur 1977 (30); Khare & Roy 1977 (13, 15, 19); Korn 1974 (19, 20, 33); Korpelainen 1994 (15, 23); Loyal 1959 (26, 27, 28); Manton & Walker 1954 (28); Mehra 1952 (15, 24); Menke & Fricke 1964 (24); Mohr & Barth 1962 (07, 17); Mohr & Ohlenroth 1962 (17, 32); Momose 1937 (30); Nakazawa 1959 (15, 20), 1959 a (15, 20); 1960a (15, 19), 1960b (26), 1960c (13, 15, 19); 1969c (15, 19); Nakazawa & Ootaki 1961 (20), 1961a (20); 1962 (19), 1962a (19); Nayar 1960c (30, 33); Ohlenroth & Mohr 1964 (17, 32); Otto et al. 1984 (32); Payer 1969 (17, 26, 32); Payer & Mohr 1969 (17, 32); Petersen & Fairbrothers 1971b (32), 1980a (29, 32), 1971c (32), 1980b (23, 24, 32); Schnarrenberger & Mohr 1967 (07, 17); Schneller 1975 (26, 27); Singh 1990 (18); Singh 1992 (18); Steiner 1969a (20), 1969b (20); Whittier & Wagner 1971 (01, 29); Yuasa 1937b (23, 24), 1938d (24, 26).

▸*Egenolfia*
Nayar & Kaur 1964b (30, 33), 1965 (30, 33).

▸*Elaphoglossum*
Pérez-García & Reyes Jaramillo 1990 (30); Stokey & Atkinson 1957 (30).

▸Equisetaceae
Guignard 1889a (24).

▸*Equisetum*
Alfano, F., R. Gambardella & J. G. Duckett 1993 (26); Breslavets 1951 (30); Buchtien 1887 (30); Castle 1953 (13, 23); Chatterjee & Mohan Ram 1968 (19, 30); Duckett 1968 (23, 30), 1970 (23), 1972a (23), 1973 (30), 1977 (23), 1979a (23, 28, 30), 1979b (23, 30), 1985 (29); Duckett & Duckett 1980 (23, 29); Duckett & Pang 1984 (23); Dute & Bell 1977 (24); Feigley 1949 (29); Guervin & Laroche 1967 (14); Guervin et al. 1979 (15, 23); Guignard 1889a (24); Gullvag 1968 (10); Hauke 1967 (23, 29), 1968a (24), 1968b (24), 1969 (30), 1971 (17, 23), 1977 (23), 1980 (30), 1985 (30, 33); Haupt 1957 (11), 1958 (11); Haupt et al. 1961 (11); Hurel-Py 1949a (21), 1949b (13, 30), 1959 (13, 30); Jones & Hook 1970 (30); Kashyap 1914 (30); Kato 1957c (11); Korpelainen 1996 (27, 29); Kuriyama et al. 1989 (01, 13, 24), 1990 (15, 28), 1990a (15), 1992 (14), 1993 (15); Laroche & Guervin 1967 (01, 04); Laroche et al. 1978 (23, 27); Le Coq et al. 1980 (23, 27); Mackel 1924 (30); Matzke 1941 (29, 30); Mesler & Lu 1977 (29, 30); Meyer zu Bentrup 1963 (11), 1964 (11); Moham Ram 1970 (23); Mosebach 1943 (11); Nakazawa 1952 (11), 1956 (11), 1957 (11), 1958 (11), 1960b (26); Olsen & Gullvag 1973(26); Page 1967 (29, 30); Perrin 1911 (30); Rumberg 1932 (30); Shibata 1905b (24), 1905c (24); Slade 1964 (30); Sporne 1964 (23); Takahashi 1969 (21); Soltis et al. 1988 (23); Srinivasan & Kaufman 1978 (23); Takahashi 1969 (21); Van Hoek 1977 (32); Walker 1921 (30), 1931 (30), 1937 (30); Wollersheim 1957 (32).

▸Eudriopteroides
Momose 1938b (30), 1939 (30).

▸*Gleichenia*
Adams & Haufler 1981 (30, 33); Campbell 1908b (30); Haufler & Adams 1982 (19, 20, 27, 29).

▸Gleicheniaceae
Rauwenhoff 1890a (33), 1890b (33), 1891 (33); Stokey 1950 (30).

▸*Goniopteris*
Kumar & Roy 1964 (08, 18); Mehra 1952 (15, 24); Mehra & Loyal 1956 (15, 24, 27, 28).

▸Grammitidaceae
Bishop 1989 (30); Stokey 1959 (33); Stokey & Atkinson 1958 (30); Stone 1960 (30).

▸*Grammitis*
Stone 1960 (30).

▸*Gymnocarpium*
Kirkpatrick et al. 1990 (23, 27).

▸*Gymnogramme*
Bauke 1878b (30, 33); Faivre 1969a (15), 1969b (15, 30), 1970 (21), 1975a (21), 1975b (21); Faivre-Baron 1977a (21, 26, 32), 1977b (21, 26, 32), 1977c (15, 19), 1978a (32), 1978b (32), 1981b (15, 32), 1979b (32); Goebel 1877 (30); Guervin 1968 (19, 20, 30), 1971 (19, 20, 26), 1972a (19, 20, 26), 1972b (32); Guervin & Laroche 1967 (14); Hurel-Py 1944c (01, 13), 1946 (15); Laroche & Guervin 1967 (01, 04); Montardy-Pausader 1959 (15); Sossountzov 1950a (13, 15, 19), 1950b (13, 15, 22), 1950c (15, 19), 1950d (13, 15, 19), 1951a (05, 15, 19), 1951b (15, 19), 1951c (15, 19), 1952 (22), 1953a (15, 19), 1953b (05, 11), 1953c (15, 19, 30), 1953e (15, 23, 30), 1953f (30), 1953g (05, 15, 19), 1954a (23, 30), 1954b (05), 1954c (05, 15, 30), 1955a (03, 05), 1955b (03, 05), 1955c (05, 15, 23, 38), 1955d (05, 15, 23, 33), 1956a (03), 1956b (03, 05), 1956c (15), 1957a (03, 05), 1957c (14), 1957d (15), 1958b (15), 1959a (15, 23, 30), 1959b (15, 19), 1961 (05); Sossountzov & Delaporte 1949 (13, 14, 23); Soyerman 1963 (15, 21), 1964 (15, 21), 1966 (15), 1968 (15, 28); Vaudois 1963 (26).

▸*Gymnopteris*
Huckaby et al. 1981 (11); Kaur 1972 (30); Mahabale 1947 (30).

▸*Hecistopteris*
Goebel 1896 (33).

▸*Helminthostachys*
Lang 1902 (30); Nozu 1958 (30), 1961 (30), Whittier 1987 (30), 1989 (29).

▸*Hemionitis*
Huckaby et al. 1981 (11); Kaur & Khare 1983 (08, 18); Nayar 1962b (30, 33); Rao 1949 (30, 33).

1974 (24); Bloom 1953 (09), 1955 (09), 1961 (09); Bloom & Nichols 1972a (19), 1972b (19); Bordonneau et al. 1984 (23); Buchholz & Salett 1941 (23, 27); Butters 1892a (30); Campbell 1892b (30), 1894 (19, 20, 30); Coker 1903 (26); Cunningham & Reid 1933 (01, 11); Demalsy-Feller 1957a (24, 30), 1957b (24, 33); Feller 1957 (24); Hanstein 1866 (23, 33); Hepler 1976 (24, 26); Johnson 1985 (09); Kermarrec & Tourte 1984 (24), 1985 (13, 15, 24); Kuligowski et al. 1985 (23), 1982 (23, 24), 1991 (32); Lang 1936 (24); Mahlberg & Baldwin 1975 (09, 28); Mahlberg & Yarus 1977 (02, 04, 07); Mizukami & Gall 1966 (24); Myles 1975 (24, 26), 1978 (23, 24); Myles & Hapler 1977 (24, 26), 1982 (24, 26); Nathansohn 1900 (13, 28); Pellegrini-Esteve & Tourte 1985 (24, 32); Rathore & Sharma 1989 (15, 23, 24); Rice & Laetsch 1967 (24); Rice & DeMaggio 1967 (24, 32); Schultz 1936 (30); Sharp 1914 (24); Shaw 1897 (28), 1898b (26); Soltis & Soltis 1986 (12, 32); Strasburger 1907 (28); Tourte et al. 1971 (26), 1980 (23, 26); Vondy et al. 1985 (24, 32); White 1966 (32).

▸Marsileaceae

Bloom 1962 (19); Guignard 1889a (24).

▸*Matonia*

Stokey & Atkinson 1952d (30).

▸*Matteuccia*

Araki & Cooper-Driver 1993 (32); Barker & White 1964 (09); Clute 1911 (23, 33); Cohen & DeMaggio 1986 (01, 05, 12); Gantt & Arnott 1963 (26), 1965 (30); Hicks & Von Aderkas 1986 (22); Igura 1960a (26, 30), 1962 (26), 1966 (32); Jarvis & Wilkins 1973 (07); Lloyd 1973b (27, 28); Marengo 1956 (10), 1973 (10); Nayar 1961f (30, 33), 1968b (30); Nayar & Kazmi 1963 (30, 33); Olsen & Gullvag 1971 (12); Pietrykowska 1962a (11, 30), 1962b (19, 20, 30); Templeman et al. 1987 (12); Von Aderkas 1983 (29, 30), 1984 (28), 1986 (28).

▸*Merinthosorus*

Bajpai 1964 (30).

▸*Metaxya*

Pérez-García, Mendoza & Riba 1994 (30).

▸*Microgonium*

Yoroi 1992 (39).

▸*Microlepia*

Fellenberg-Kressel 1969 (24); Kawasaki 1954b (30); Kressel 1965 (24); Nayar & Kaur 1963a (30, 33); Takei & Tanaka 1974 (32).

▸*Microsorium*

Nayar 1961e (30, 33), 1963a (30, 33); Pal & Pal 1962 (30).

▸*Mohria*

Atkinson 1960b (30); Chia & Raghavan 1982 (05, 15); Raghavan & Huckaby 1980 (11); Reynolds & Raghavan 1982 (07); Roux 1993 (30).

▸*Nephrodium*

Black 1909 (24); Druery 1893 (28); Steil 1915a (28), 1919c (28); Yamanouchi 1907 (28), 1908a (23, 24), 1908b (28).

▸*Nephrolepis*

Hurel-Py 1943b (21), 1946 (15); Javalgakar & Mahabale 1959 (01, 30); Mahabale & Javalgakar 1949 (01, 11, 13, 30); Nauman 1989 (30); Scaramuzzi 1960 (21); Smith & Yee 1975 (05, 15); Steil 1952 (23); Sulklyan & Mehra 1977 (30, 33).

▸*Niphidium*

Reyes Jaramillo, Pérez-García & Mendoza 1996 (30).

▸*Notogramme*

Yuasa 1934 (24, 26).

▸*Notholaena*

Berggren 1888 (28); Nayar & Bajpai 1964 (30); Tryon 1947 (30).

▸*Onoclea*

Bassel et al. 1981 (10, 11); Black 1914 (30); Cahill et al. 1979 (01, 05, 13, 15); Chansa Ngavej & Raghavan 1987 (17, 18, 27), 1989 (17, 32); Campbell 1886b (33); Chen 1965 (11, 19, 30); Chen & Ikuma 1979 (01, 07); Cooke 1979 (17); Cooke & Racusen 1982 (19); Cooke et al. 1983 (17, 19); Czaja 1924 (33); DeMaggio et al. 1980 (12); DeMaggio & Stetler 1980 (10, 12); Edwards 1977 (01, 05); Estes 1963 (13, 18, 30); Fisher & Shropshire 1979 (15, 17, 32); Francis & Petersen 1983a (03); Ganders 1972 (27); Hartt 1925 (01, 07); Huckaby et al. 1982a (26), 1982b (05, 07, 08); Huckaby & Miller 1984 (11, 12); Ketchum et al. 1985 (17); Klekowski & Lloyd 1963 (23, 33); Kotenko 1985 (24), 1986 (20, 24), 1990 (24); Kotenko et al. 1987 (19, 21); Leung & Näf 1979 (24, 26); Marengo 1949 (10); Marengo & Badalamente 1978 (10); Miller 1961 (15, 19), 1980a (12, 32); Miller & Bassel 1980 (05, 11); Miller & Greany 1974 (07, 11); Miller & Miller 1961 (15, 17), 1970 (22, 23, 24); Miller & Wagner 1987 (03); Mottier 1910 (23); Näf 1953 (30), 1962b (23, 32), 1965 (23, 32); Näf et al. 1969 (32); Petersen et al. 1980 (09, 29); Raghavan 1987 (32), 1993 (17, 27); Robinson et al. 1984 (12); Rubin & Paolillo 1983 (23), 1984 (30); Rubin et al. 1984 (17, 23, 24), 1985 (23, 24, 29); Saus & Lloyd 1976 (23, 27); Shaw 1898a (23), 1898b (26); Stevens & Werth 1992 (29), 1993 (29, 32); Templeman & DeMaggio 1990 (32); Towill 1975 (07), 1978 (02, 07), 1980 (12), 1985 (12), 1989 (32); Towill & Ikuma 1972 (07), 1973 (07), 1975a (07, 12), 1975b (07, 12), 1975c (07, 12); Vogelmann et al. 1981 (05, 11); Vogelmann & Miller 1980 (10, 26), 1981 (05, 11); Wayne & Hepler 1984 (03, 05, 12), 1985a (07, 12), 1985b (12); Warne et al. 1986 (12); Weibs et al. 1987 (12); Wuist 1910 (23, 32), 1913 (23, 30).

▸Onocleoides

Bao et al. 1989 (30); Chansa-Ngavej & Raghavan (32); Lloyd 1971 (32, 33); Momose 1958b (30).

▸*Onychium*

Singh 1974 (02, 08, 11).

(01, 13, 25), 1925 (25); Näf 1956 (23); Nagmani & Raghavan 1983 (11); Nayar 1955 (30, 33), 1959 (30), 1961a (30), 1961b (30), 1962a (30, 33), Nayar & Kachroo 1953 (30, 33); Nayar & Raza 1970 (30); Pedersen 1875 (33); Perrin 1908a (23, 29), 1908b (30, 33); Prantl 1880 (29); Rodríguez 1973 (30); Rosendahl 1940 (15, 27); Schlumberger 1911 (27); Schmeltzeisen 1933 (30, 33); Schraudolf 1967a (23, 24), 1968 (23, 24); Schraudolf & Rickter 1978 (26); Stokey 1959 (30, 33); Stübner 1882 (30); Vazart 1952 (23, 24); Verma & Khullar 1966 (23, 24); Waldemann 1928 (30); Wuist 1916 (30).

▸*Polypodium*

Agnew & Smith 1985 (17); Agnew et al. 1984 (07); Akdik 1938 (21); Atkinson & Stokey 1970 (30); Fraser & Smith 1974 (26); Heilbronn 1932b (27); Knudson 1940 (18); Kott & Peterson 1974 (27, 28); Nayar & Raza 1970 (30); Pickett & Thayer 1927 (30); Ranal 1991 (23, 24, 30); Rankin 1934 (24, 33); Reyes Jaramillo & Pérez-García 1993 (29, 30); Robinson & Smith 1973 (12); Scaramella & Giomarro 1959 (17, 19); Schraudolf 1967a (23, 24); Smith 1972a (32), 1972b (32); Smith & Robinson 1969 (16, 29), 1971 (15, 32), 1975 (09); Smith et al. 1973 (07, 15, 17, 32); Smith & Rogan 1970 (29); Spiess & Krouk 1977 (07); Steil 1921a (21, 28), 1921b (28); Stokey 1959 (30, 33); Vazart 1964 (26); Welling & Haufler 1993 (32).

▸*Polystichum*

Barrington 1990 (28); Bittmannova 1965 (14); Chandra & Nayar 1970 (30); Druery 1887 (28); Hudak & Bednarova 1963 (26); Momose 1938c (30); Nayar et al. 1968 (30); Patterson 1942 (26, 28); Sato & Sakai 1980 (13, 29); Stein & Barrington 1990 (28, 32); Yamasaki 1954 (15, 19).

▸*Pronephrium*

Leena & Madhusoodanan 1994 (33).

▸*Pseudodrynaria*

Nayar 1954 (30); Nayar 1961d (30, 33).

▸Psilophytales

Pant 1962 (30, 33).

▸Psilotaceae

Lawson 1917b (30); Whittier & Braggins 1994 (1, 33).

▸*Psilotum*

Bierhorst 1953 (30), 1954 (23, 24), 1955 (01, 11), 1967a (01, 13); Darnell-Smith 1918 (30); Holloway 1939 (30); Moseley & Zimmerly 1949 (13, 29); Peterson et al. 1981 (29); Petersen et al. 1981 (26, 29); Whittier 1973a (01, 11, 13, 19), 1973b (01, 11), 1975a (19), 1982 (13, 30, 33), 1990 a (03, 14), 1990 b (09); Whittier & Peterson 1980 (24); Whittier & Peterson 1995 (26, 3); Zimmerly & Banks 1950 (30, 33).

▸Pteridaceae

Haufler 1985 (27, 32); Kachroo & Nayar 1953 (30); Nayar 1960c (30, 33).

▸*Pteridium*

Alfano et al. 1993 (26); Attree & Sheffield 1984 (22), 1985 (22), 1985a (22), 1986a (22); Barton 1967 (24), 1976 (24); Bell 1960 (24, 26), 1961 (26), 1969a (26), 1969b (24, 26), 1972 (24, 32), 1974b (24, 26), 1974c (24, 26), 1975b (26), 1978 (26), 1983b (24, 26); Bell & Duckett 1976 (24); Bell et al. 1971 (24, 26); Bell & Muhlethaler 1962a (24, 26), 1962b (24, 26), 1964 (26); Brokaw 1957 (23, 24), 1958a (23, 24), 1958b (23, 24), 1959 (23, 24), 1974 (23, 24); Cave & Bell 1974a (24, 26); 1974b (24, 32), 1979 (24, 32); Chapman et al. 1979 (23, 24); Conway 1949 (01, 11, 19, 23); Conway 1953 (09, 29), 1957 (29); Conway & Stephens 1957 (14, 29); Davis 1965 (19), 1968a (15, 19, 32), 1968b (17, 19), 1969 (19, 32), 1970 (15, 19, 32); Davis & Postlethwaite 1965 (19, 32), 1966b (13, 19, 22); DeMaggio & Raghavan 1972 (11, 12); Döpp 1950 (23, 32), 1955a (23, 32), 1959 (23, 32), 1962 (23, 24, 32); Duckett 1972b (26); Duckett & Bell 1971 (23, 26), 1972 (23, 26); Elmore 1976 (15, 28); Elmore & Adams 1976 (24, 26, 30); Elmore & Whittier 1973 (16, 22, 28), 1974 (16, 22, 28), 1975a (16, 22, 28), 1975b (16, 22, 28); Evans & Bozzone 1977 (14, 19, 20, 23), 1978 (14, 19, 20, 23); Evans & Conway 1980 (23); Gliessman 1978 (29); Hadfield & Dyer 1988 (32); Howland 1974 (08, 17); Howland & Boyd 1974 (18); Hutchinson 1967 (15), 1976 (29, 33); Hutchinson & Fahim 1958 (29, 33); Jayasekera & Bell 1971 (26, 32); Jayasekera et al. 1972 (15, 26); Klekowski 1972b (23, 27), 1973c (27, 29); Lagerberg 1906 (30, 33); Lindsay, Sheffield & Dyer 1995 (29); Manton 1959 (24, 26); Marc & Gunning 1986 (24, 26); Marc et al. 1988 (24, 32); Munroe & Sussex 1969 (22); Näf 1958 (23, 32), 1975 (23); Oinonen 1967 (29, 33); Partanen 1959a (22), 1964 (22), 1972 (22); Partanen et al. 1980 (22); Partanen & Partanen 1963 (22, 33); Philpott 1973 (27); Raghavan 1968a (15, 32), 1968c (17, 32), 1968d (17, 26, 32), 1969b (17, 22), 1970 (11, 12), 1971a (11, 12); Schwabe 1951 (14, 32); Sheffield 1984a (26, 28), 1984b (15); Sheffield & Bell 1978 (32), 1981b (28); Sheffield et al. 1982 (28); Sigee 1972a (32), 1972b (32); Sigee & Bell 1968 (32), 1971 (32); Sobota 1972 (32); Sobota & Partanen 1966 (07, 17), 1967 (05, 15); Steeves et al. 1955 (22); Steil 1949 (28); Sussex & Steeves 1953 (22); Takahashi 1961a (27, 28), 1961b (11, 19); Tourte 1968 (24, 26), 1970a (24, 26), 1970b (24, 26), 1971 (26), 1975a (26), 1976 (26); Tourte & Hurel-Py 1967 (24, 26); Treanor & Whittier 1969 (14, 28); Whittier 1962 (28), 1964b (28), 1966a (28), 1966b (15, 28), 1966c (28), 1975b (28, 32), 1977 (28); Whittier & Pratt 1971 (17, 28); Whittier & Steeves 1960 (28); Whyte 1930 (33); Wilkie 1954 (24), 1956 (27), 1963 (27); Wolf et al. 1987 (27); Wolniak & Cande 1980 (24, 32).

▸Pteridofitas

Basile 1973 (01); Bordonneau et al. 1984 (23); Boullard 1957 (33); Devi & Wadhwani 1983 (06, 29); Dracinschi 1932 (24); Esteves & Filippe 1985 (07, 12); Evans 1969 (28); Fabbri & Marassi Bonzi 1982 (36); Farrar 1977 (29); Gorska-Brylass 1968 (24, 32); Gullvag 1969 (10, 12), 1971 (10, 11, 12); Haufler

▸*Tectaria*
Kachroo 1956 (30); Nayar & Kaur 1964c (30, 33); Srivastava 1968 (30); Steil 1944a (28).
▸Tectarioides
Kaur & Devi 1976 (30); Loyal & Ratra 1979 (19); Momose 1941c (30); Sen 1981 (39).
▸Thelypteridaceae
Atkinson 1975a (30); Atkinson & Stokey 1973 (30); Momose 1941a (30); Tigerschiöld 1989a (24), 1989b (24, 26); 1990 (30).
▸*Thelypteris*
Atkinson 1971 (30); Davidonis & Ruddat 1973 (29, 32), 1974 (15, 32); Dyar & Shade 1974 (15); Ganders 1972 (27); Huckaby & Rhagavan 1981a (11), 1981c (07); Pérez-García, Riba & Mendoza 1994 (30); Reyes-Jaramillo & Pérez-García 1991 (30); Seilheimer 1978 (12).
▸*Thyrsopteris*
Pérez-García, Mendoza, Riba & Ricci 1996–1997 (30).
▸*Tmesipteris*
Frey et al. 1993 (27), 1994 (26, 27); Holloway 1918 (30), 1921 (30); Lawson 1917a (30).
▸*Todea*
Boodle 1908 (11, 30); DeMaggio 1961 (30); DeMaggio & Krasnoff 1980 (32); Hagar & Freeberg 1980 (12, 32); Hannaford & DeMaggio 1975 (26, 27); Raghavan & DeMaggio 1971a (22, 32); Smith & Smith 1969 (26); Von Aderkas & Cutter 1983a (19), 1983b (23, 30).
▸*Trichipteris*
Esteves et al. 1985 (01, 30, 33).
▸*Trichomanes*
Bennert et al. 1994 (29, 30); Bierhorst 1975b (28); Bower 1887a (22), 1888 (22, 28), 1894 (28); Dassler & Farrar 1992 (30); Farrar 1992a (21, 29); Farrar et al. 1983 (21, 27, 29, 30); Farrar & Wagner 1968 (30); Georgevitch 1910a (28), 1910b (28); Gómez Pignataro 1975 (28); Holloway 1930 (13, 30); Ji et al. 1994 (27); McAlpin & Farrar 1978 (30, 33); Miller 1984 (29, 30, 33); Parks 1989 (29); Raine & Sheffield 1993 (21, 29); Rasbach, Rasbach & Jerome 1995 (29); Stokey 1940 (30), 1948a (23, 30); Rumsey, Raine & Sheffield 1992 (23, 29); Vogel, Jessen, Gibby, Jermy & Ellis 1993 (29, 30); Wagner 1968 (30); Wagner & Evers 1963 (12).
▸*Vittaria*
Britton & Taylor 1902 (30, 33); Caponettii et al. 1982 (22); Cusick 1983 (29); Emigh & Farrar 1977 (21, 28); Farrar 1978 (21, 27, 29, 30); Farrar & Mickel 1991 (21, 33); Farrar et al. 1983 (21, 27, 29, 30); Kotenko et al. 1987 (19, 21); Parks 1989 (29); Ruth et al. 1988 (19, 24); Sabba et al. 1992 (11, 17, 19); Sabba & Miller 1993 (14); Sheffield & Farrar 1988 (21, 22).
▸Vittariaceae
Farrar 1974 (21, 22); Yoroi 1975 (01, 13, 30).
▸*Weatherbya*
Nayar & Raza 1970 (30).
▸*Woodsia*
Arnautova 1988 (30, 33); Bryan & O'Kelly 1967 (14); Kaur & Chandra 1973 (30); Ma & Wang 1986 (13, 30); Peck & Peck 1986 (23, 29); Schlumberger 1911 (27); Watson & Vazquez 1981 (29, 30).
▸Woodsiaceae
Arnautova 1988 (30, 33).
▸*Woodwardia*
Pérez-García & Riba 1993 (30); Raghavan 1977; Stone 1969 (30).
▸*Zamia*
Mizukami & Gall 1966 (24).